Necesidades energéticas y propuestas de instalaciones solares

Bernabé Jiménez Padilla

ic editorial

Necesidades energéticas y propuestas de instalaciones solares
© Bernabé Jiménez Padilla

1ª Edición

© IC Editorial, 2025

Editado por: IC Editorial
c/ Cueva de Viera, 2, Local 3
Centro Negocios CADI
29200 Antequera (Málaga)
Teléfono: 952 70 60 04
Fax: 952 84 55 03
Correo electrónico: iceditorial@iceditorial.com
Internet: www.iceditorial.com

ISBN: 978-84-1184-781-0
Depósito Legal: MA 678-2025

Impresión: PODiPrint
Impreso en Andalucía – España

Nota de la editorial: IC Editorial pertenece a Innovación y Cualificación S. L.

Presentación del manual

El **Certificado de Profesionalidad** es el instrumento de acreditación, en el ámbito de la Administración laboral, de las cualificaciones profesionales del Catálogo Nacional de Cualificaciones Profesionales adquiridas a través de procesos formativos o del proceso de reconocimiento de la experiencia laboral y de vías no formales de formación.

El elemento mínimo acreditable es la **Unidad de Competencia.** La suma de las acreditaciones de las unidades de competencia conforma la acreditación de la competencia general.

Una **Unidad de Competencia** se define como una agrupación de tareas productivas específica que realiza el profesional. Las diferentes unidades de competencia de un certificado de profesionalidad conforman la **Competencia General,** definiendo el conjunto de conocimientos y capacidades que permiten el ejercicio de una actividad profesional determinada.

Cada **Unidad de Competencia** lleva asociado un **Módulo Formativo,** donde se describe la formación necesaria para adquirir esa **Unidad de Competencia,** pudiendo dividirse en **Unidades Formativas.**

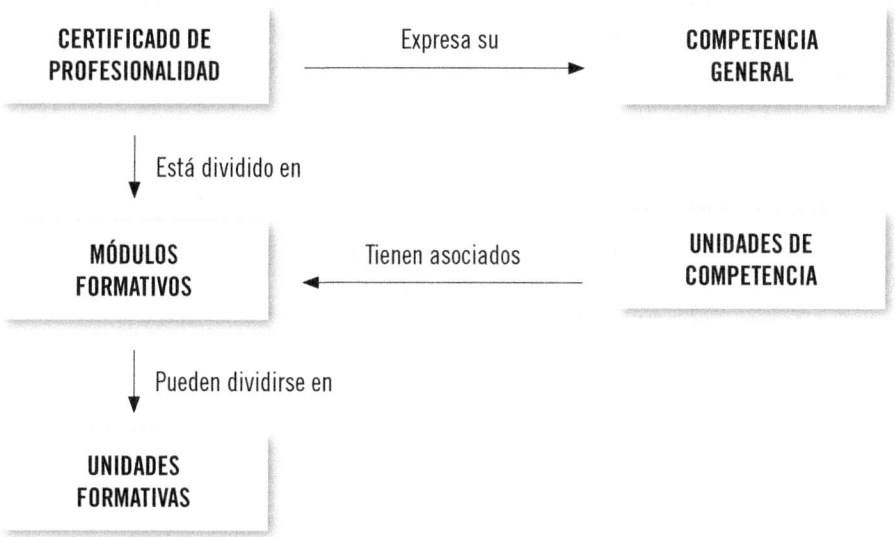

El presente manual desarrolla la Unidad Formativa **UF0213: Necesidades energéticas y propuestas de instalaciones solares,**

perteneciente al Módulo Formativo **MF0842_3: Estudios de viabilidad de instalaciones solares,**

asociado a la unidad de competencia **UC0842_3: Determinar la viabilidad de proyectos de instalaciones solares,**

del Certificado de Profesionalidad **Eficiencia energética de edificios.**

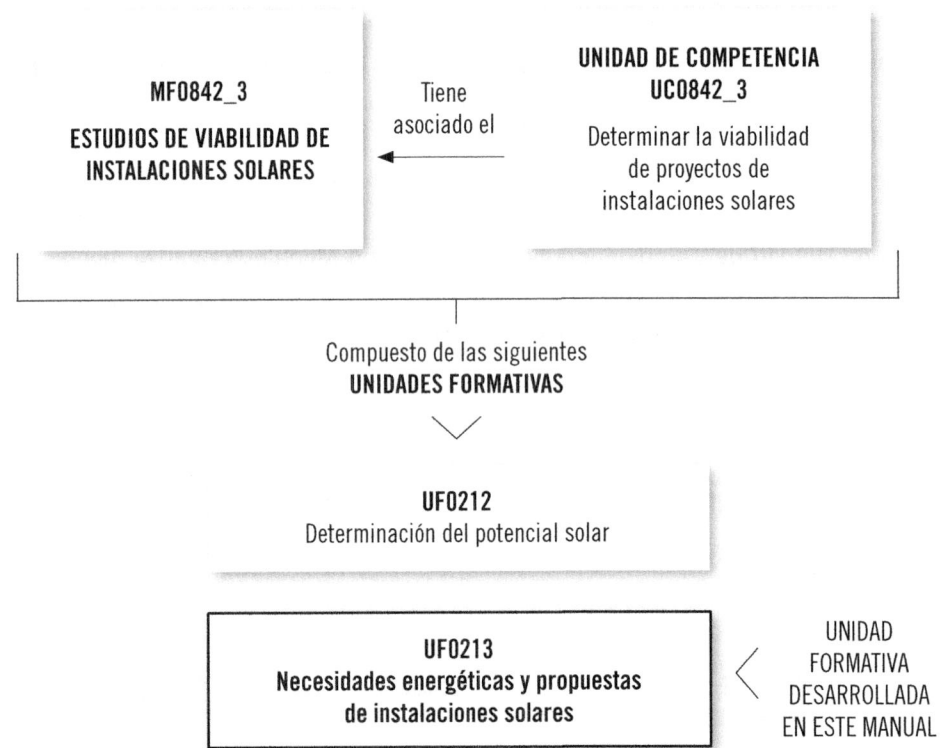

FICHA DE CERTIFICADO DE PROFESIONALIDAD

(ENAC0108) EFICIENCIA ENERGÉTICA DE EDIFICIOS (R. D. 643/2011, 9 de mayo)

COMPETENCIA GENERAL: Gestionar el uso eficiente de la energía, evaluando la eficiencia de las instalaciones de energía y agua en edificios, colaborando en el proceso de certificación energética de edificios, determinando la viabilidad de implantación de instalaciones solares, promocionando el uso eficiente de la energía y realizando propuestas de mejora, con la calidad exigida, cumpliendo la reglamentación vigente y en condiciones de seguridad.

Cualificación profesional de referencia		Unidades de competencia	Ocupaciones o puestos de trabajo relacionados:
ENA358_3 EFICIENCIA ENERGÉTICA DE EDIFICIOS (R. D. 1698/2007, de 14 de diciembre de 2007)	UC1194_3	Evaluar la eficiencia energética de las instalaciones de edificios.	• Gestor energético • Promotor de programas de eficiencia energética • Ayudante de procesos de certificación energética de edificios • Técnico de eficiencia energética de edificios
	UC1195_3	Colaborar en el proceso de certificación energética de edificios.	
	UC1196_3	Gestionar el uso eficiente del agua en edificación.	
	UC1197_3	Promover el uso eficiente de la energía.	
	UC0842_3	Determinar la viabilidad de proyectos de instalaciones solares.	

Correspondencia con el Catálogo Modular de Formación Profesional

Módulos certificado	Unidades formativas	Horas
MF1194_3: Evaluación de la eficiencia energética de las instalaciones en edificios	UF0565: Eficiencia energética en las instalaciones de calefacción y ACS en los edificios	90
	UF0566: Eficiencia energética en las instalaciones de climatización en los edificios	90
	UF0567: Eficiencia energética en las instalaciones de iluminación interior y alumbrado exterior	60
	UF0568: Mantenimiento y mejora de las instalaciones en los edificios	60
MF1195_3: Certificación energética de edificios	UF0569: Edificación y eficiencia energética en los edificios	90
	UF0570: Calificación energética de los edificios	60
	UF0571: Programas informáticos en eficiencia energética en edificios	90
MF1196_3: Eficiencia en el uso del agua en edificios	UF0572: Instalaciones eficientes de suministro de agua y saneamiento en edificios	60
	UF0573: Mantenimiento eficiente de las instalaciones de suministro de agua y saneamiento en edificios	40
MF1197_3: Promoción del uso eficiente de la energía en edificios		40
MF0842_3: Estudios de viabilidad de instalaciones solares	UF0212: Determinación del potencial solar	40
	UF0213: Necesidades energéticas y propuestas de instalaciones solares	80
MP0122 Módulo de prácticas profesionales no laborales		120

Índice

Capítulo 8
Promoción de instalaciones solares

Capítulo 1
Emplazamiento y viabilidad de instalaciones de energía solar

Contenido

1. Introducción

El Sol supone una gran fuente de energía cuyo aprovechamiento en la actualidad está poco desarrollado, y son las energías derivadas del petróleo las que abarcan en un gran porcentaje la base energética. Sin embargo, en la viabilidad de las instalaciones solares está el futuro de la energía en el Planeta.

Las formas en que se puede presentar la energía y sus diferentes transformaciones sirven para el diseño de máquinas que el hombre, a lo largo de la historia, ha inventado, proporcionándole mayor confort en el hogar y ayudándole en el desarrollo del trabajo.

Las necesidades térmicas y eléctricas hoy en día son elevadas, por lo que la posibilidad de aprovechar la energía que proporciona el Sol se hace necesaria.

Tanto en ciudades como en suelos interurbanos, las instalaciones de paneles solares ayudan a cubrir el aumento actual de la demanda energética de manera limpia y renovable.

El emplazamiento de estas instalaciones se debe realizar teniendo en cuenta el movimiento de la Tierra alrededor del Sol, estudiando tanto las variables de luz a lo largo del día como los cambios estacionales.

La inversión económica inicial se verá rentabilizada a medio y largo plazo, por lo que la viabilidad de las instalaciones solares será siempre materia de estudio previo.

2. Necesidades energéticas

Hoy en día la energía es necesaria para la vida, ya sea para proporcionar confort mediante el calor o el frío, para realizar desplazamientos o para conseguir un buen nivel de iluminación.

Asimismo, con la transformación de la energía se pueden conseguir diferentes aplicaciones en instrumentos y máquinas diseñados por los humanos.

2.1. Energía

En nuestro planeta, la energía procede en su gran mayoría de la estrella Sol, existiendo además una pequeña parte en el interior de la Tierra que se manifiesta por medio de los volcanes y los géiseres, y que produce movimientos de las placas tectónicas que forman montañas y depresiones. Estos movimientos producen terremotos.

La energía que se encuentra en la atmósfera genera rayos eléctricos, vientos, lluvia, etc.

El aprovechamiento que realiza el ser humano de esa energía natural se consigue por el desarrollo de instrumentos útiles diseñados y construidos por él.

Energía natural

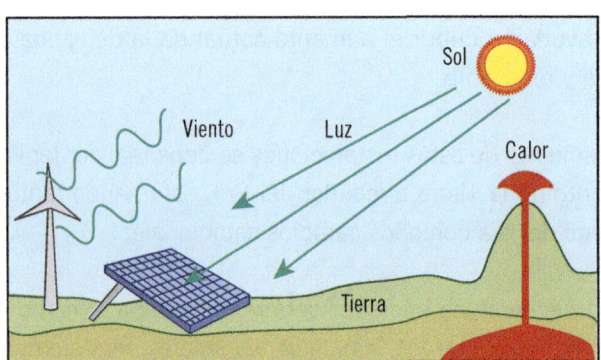

 Actividades

1. Realizar un listado de las diferentes placas tectónicas que tiene el planeta Tierra al observar un mapamundi y pensar qué ha producido sus movimientos.

2.2. Definición

La energía se define como la capacidad que tiene un cuerpo de realizar un trabajo, ya sea una máquina o el propio esfuerzo humano.

A lo largo de la historia, el ser humano, en su evolución, ha aprendido y desarrollado muchos sistemas para transformar la energía calorífica del Sol y el trabajo muscular para aplicaciones útiles como el calor del fuego, el desplazamiento de cargas, el arado de la tierra con el esfuerzo de los animales, la molienda del trigo con la fuerza del viento, la presión y la fuerza de movimiento en la máquina de vapor, el calentamiento de agua y la generación de electricidad, que es la forma de energía más consumida en la actualidad con los beneficios medioambientales que permite a la hora de su consumo.

Aprovechamiento de la energía

2.3. Unidades

Dependiendo de la forma en que se presenta la energía, lo cual se verá más adelante, existen varias unidades que se utilizan para medir la energía, el calor y el trabajo en los tres tipos de sistemas regulados:

- **Sistema Internacional (SI):** utiliza el julio, que es la energía cinética de movimiento que tiene un cuerpo con una masa de 1 kilogramo y que se está moviendo a una velocidad de 1 metro por cada segundo.

$$1 \text{ julio} = 1 \text{ newton} \cdot 1 \text{ metro}$$

$$1J = 1N \cdot m = \left(kg \cdot \frac{m}{s^2} \right) \cdot m = \frac{kg \cdot m^2}{s^2}$$

■ **Sistema Técnico (ST):** utiliza el kilográmetro, el cual es la energía necesaria para levantar un peso de 1 kilogramo a 1 metro de altura.

$$1 \text{ kilográmetro} = 1 \text{ kilogramo} \cdot 1 \text{ metro}$$

Por tanto, relaciona la masa en kilogramos-fuerza o kilopondio y la distancia en metros.

La relación del kilopondio con el newton es:

$$1 \text{ kilopondio} = 1 \cdot 9{,}80665 \text{ newton}$$

■ **Sistema Cegesimal (CGS):** utiliza el ergio y relaciona la distancia (cm), la masa (gramos) y el tiempo (segundos). Está ya anticuada, utilizándose más en EE. UU.

$$1 \text{ ergio} = 1 \text{ dina} \cdot 1 \text{ cm}$$

Su relación con el julio es:

$$1 \text{ ergio} = 1 \cdot 10^{-7} \text{ julios}$$

Segunda ley de Newton: Fuerza = masa x aceleración

F = m x a

? Sabía que...

Isaac Newton revolucionó la sociedad de su tiempo al no considerar un acto divino el movimiento natural de los objetos.

Existen además otras unidades para medir la energía, que son más utilizadas en la vida cotidiana, como son la caloría y el kilovatio hora.

La caloría es la cantidad de energía necesaria para elevar 1 grado de temperatura 1 gramo de agua en condiciones de presión atmosférica al nivel del mar y pasando de 14,5 a 15,5 ºC (grados centígrados). Se utiliza para medir la energía térmica.

 **Nota**

No existe una relación directa entre calorías y temperatura en grados centígrados, ya que en la primera interviene además la masa del cuerpo.

El kilovatio hora (KW.h) indica el trabajo o la energía desarrollada por una máquina o un ser vivo durante un tiempo de 1 hora y a una potencia de 1 kilovatio. Es utilizado para medir la energía eléctrica.

 Actividades

2. Revisar el recibo de la luz de su domicilio y observar los términos de potencia contratada y energía consumida en kilovatios hora.

2.4. Formas de energía

Hay que recordar que la energía se define como la capacidad que tiene un cuerpo de realizar un trabajo. Dependiendo de la manera en que se manifieste esa energía, se pueden encontrar diferentes formas de medirla con sus unidades correspondientes.

En general, la energía se puede presentar de seis maneras diferentes, aunque en las aplicaciones a menudo están relacionadas entre sí.

Se puede tener energía de forma eléctrica, mecánica, nuclear, química, radiante electromagnética y térmica.

Energía eléctrica

Es el tipo de energía más utilizado en la actualidad en los diferentes aparatos domésticos, siendo de fácil generación y transporte gracias a las características magnéticas de la electricidad.

Es importante indicar que cualquier tipo de energía se puede transformar en energía eléctrica, y por ello se encuentran las mayores aplicaciones en la industria y en las viviendas. Se trata de una energía que no es primaria ni final, sino que se emplea para hacer que los mecanismos de las máquinas se muevan o generen el calor necesario para calentar.

La generación de la electricidad alterna se realiza en grandes centrales hidroeléctricas, térmicas o nucleares; y antes del transporte a los puntos de consumo se somete a un cambio para conseguir alta tensión y baja intensidad por medio del transformador, de forma que se pueda consumir después a baja tensión con una nueva transformación realizada en los centros específicos de las poblaciones o las zonas industriales y urbanas.

Camino de la electricidad

INICIO
Generación de electricidad

Red de transporte

110-380 kW

22.000 v

500.000 v

Red de distribución

-Central hidroeléctrica
-Central térmica
-Central nuclear

Transformador
(Elevación V)

Red de transporte
(En alta tensión V)

Transformador
(Subestación)

Red de transporte (Media tensión)

230-400 v

25.000 v

130.000 v

Vivienda

Transformador
(Centro baja V)

Industria

Transformador
(Centro baja V)

Transformador
(Distribución)

FIN

La energía eléctrica se encuentra en la naturaleza y es proporcionada por los rayos de las tormentas atmosféricas, aunque esta aún no es aprovechable por lo imprevisible de su aparición.

La gran aplicación de la energía eléctrica se encuentra en la transformación de esta en energía mecánica para conseguir el motor eléctrico. Cuando la electricidad llega al motor, una bobina o arrollamiento de cables conductores (rotor) gira alrededor de un imán (estator), produciendo energía mecánica de giro.

Este giro se puede aprovechar para mover una polea con correa y transmitir y transformar ese movimiento en otros.

Motor de CA trifásica

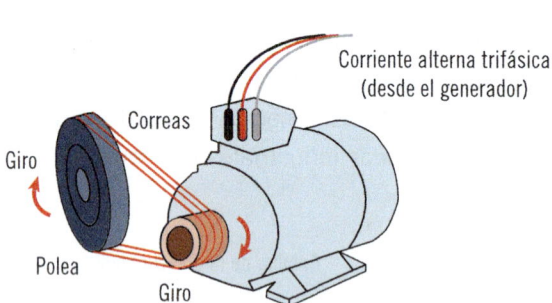

Energía mecánica

Está compuesta por dos tipos de energía: energía potencial y energía cinética. La primera está relacionada con la posición relativa en la que se encuentre la masa dentro de un sistema, y la segunda depende de la masa y la velocidad a la que esa masa se desplace.

Energía mecánica: Em = Ep + Ec

Energía potencial = masa · aceleración de la gravedad · altura

$$Ep = m \cdot g \cdot h$$

Energía cinética = ½ masa · velocidad lineal²

$$Ec = \tfrac{1}{2} m \cdot v^2$$

Nota

El valor de la aceleración de la gravedad puede variar dependiendo de la altitud respecto al nivel del mar, pero se utiliza 9,81 m/s².

Se puede observar en la siguiente imagen que, si se coloca una masa suspendida en el aire, este cuerpo tendrá más energía potencial (Ep) cuanto mayor sea la diferencia de altura con respecto al suelo.

Componentes de la energía mecánica

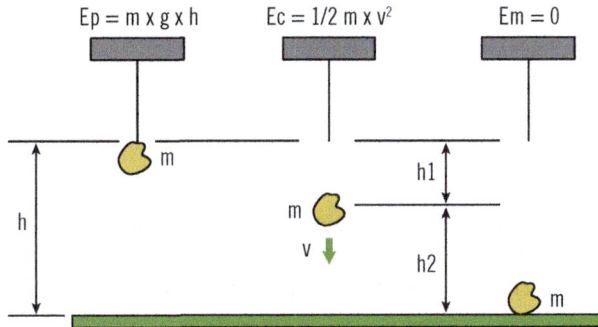

Si a continuación el cuerpo de masa (m) se deja caer, su energía potencial (Ep) se transformará, por su desplazamiento, en energía cinética (Ec), en la que influye la velocidad (v) de caída relacionada con la aceleración gravitatoria (g).

$$Ep = Ec$$
$$m \cdot g \cdot h = \tfrac{1}{2} m \cdot v^2$$

Eliminando la masa (m) de los dos lados de la igualdad:

$$g \cdot h = \tfrac{1}{2} v^2$$

Despejando ahora el valor de la velocidad se tiene:

$$v = \sqrt{2 \cdot g \cdot h}$$

Cuando el cuerpo de masa (m) está ya en el suelo, la energía mecánica (Em = Ep + Ec) que será cero, ya que con respecto a ese plano no tiene diferencia de altura (h) y está en reposo sin velocidad (v).

Aplicación práctica

Está realizando el montaje de un aparato de climatización subido en una escalera a 3 metros del suelo, donde se encuentra su compañero. Una vez apretados los pernos del soporte, deja caer el destornillador, de 200 gramos y desde una altura de 4 metros.

Continúa en página siguiente >>

<< Viene de página anterior

Si su compañero hubiera cogido el destornillador a 1 metro del suelo, ¿cuánta energía hubiese tenido que absorber en su mano?

SOLUCIÓN

La energía potencial del destornillador antes de su caída es:

$$Ep = m \cdot g \cdot h = 0,2 \text{ kg} \cdot 9,81 \text{m/s}^2 \cdot 4 \text{ m} = 7,848 \text{ julios}$$

Esta energía potencial se transforma en energía cinética cuando el destornillador se deja caer → Ep = Ec.

Al llegar al suelo, la altura, la velocidad y la energía potencial serán igual a cero, pero a 1 metro del suelo la velocidad será:

$$V = \sqrt{2} \cdot g \cdot h = \sqrt{2} \cdot 9,81 \text{m/s}^2 \cdot 3 \text{ m} = 41,62 \text{ m/s}$$

La energía cinética que tiene a 1 metro del suelo será:

$$Ec = \tfrac{1}{2} m \cdot v^2 = \tfrac{1}{2} \cdot 0,2 \text{ kg} \cdot 41,62^2 \text{ m/s} = 173,22 \text{ julios}$$

La energía potencial que aún le queda en ese punto, al estar a 1 metro del suelo, será:

$$Ep = m \cdot g \cdot h = 0,2 \text{ kg} \cdot 9,81 \text{ m/s}^2 \cdot 1 \text{ m} = 1,962 \text{ julios}$$

La energía mecánica total que hubiera tenido que absorber el compañero si hubiera recogido el destornillador a 1 metro del suelo será la suma de las energías cinética y potencial:

$$Em = Ec + Ep = 173,22 \text{ julios} + 1,962 \text{ julios} = 175,182 \text{ julios}$$

La propiedad electromagnética de la electricidad permite que el giro mecánico del rotor bobinado dentro del campo magnético de un imán genere electricidad (generación). De la misma forma, el giro del rotor bobinado dentro del campo magnético de un imán, por el magnetismo de la electricidad, genera un movimiento circular que se puede aprovechar como energía mecánica (consumo).

El generador eléctrico es capaz de mantener un voltaje mediante la transformación de energía mecánica en eléctrica. Se genera electricidad cuando un conductor o grupo de conductores (bobina) se mueven dentro de un campo magnético producido por un imán de tipo natural o artificial.

Esta electricidad se puede consumir en una lámpara o en otro tipo de resistencia de un circuito.

El origen de la utilización de la corriente alterna (CA) está en el descubrimiento de las propiedades magnéticas de la electricidad (Oersted), con las que se puede generar electricidad en las centrales a partir de energía de movimiento mecánico de las aspas de una turbina.

Generador o alternador de CA

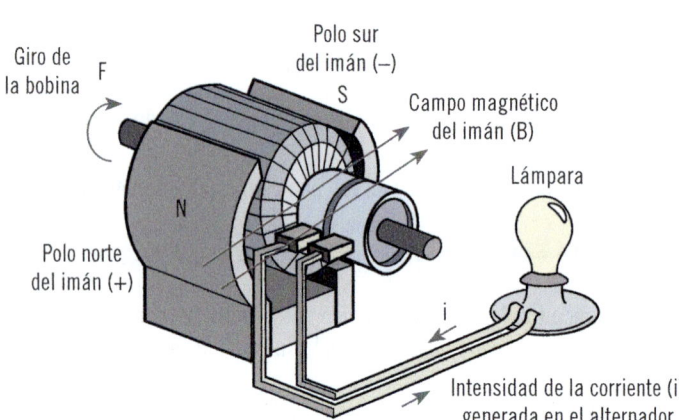

Giro de la bobina F

Polo sur del imán (−)

S

Campo magnético del imán (B)

Lámpara

N

Polo norte del imán (+)

i

Intensidad de la corriente (i) generada en el alternador

Esta electricidad generada será de corriente alterna, ya que la polaridad varía instantáneamente de positiva a negativa, y después de negativa a positiva.

Energía nuclear

Se encuentra en la masa propia del núcleo del átomo, el cual, al ser fisionado (dividido), produce una enorme cantidad de energía.

Cuando se divide por medio de un neutrón un átomo Uranio-235, el núcleo de este se vuelve inestable y se descompone en Kryptón-92, Bario-141 y neutrones, más una gran cantidad de energía en forma de calor.

Energía nuclear: fisión

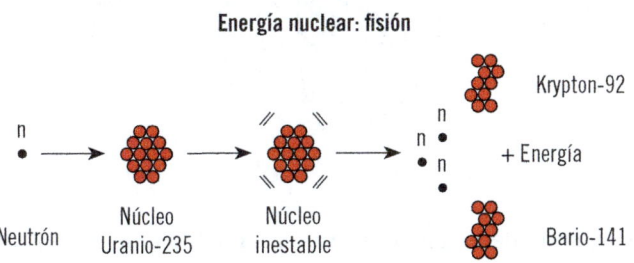

También se puede obtener energía por la fusión (unión) de dos átomos ligeros de deuterio y tritio, en el que se obtiene un nuevo átomo de helio, que es más pesado, un neutrón y una gran cantidad de energía.

Energía nuclear: fusión

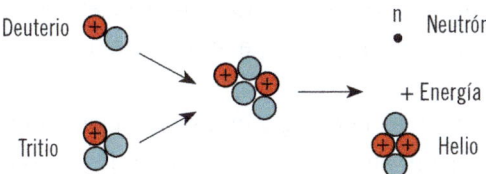

Los electrones en el átomo se encuentran realizando trayectorias alrededor del núcleo formado por protones (positivos) y neutrones (sin carga), de modo que cuando un material se une a otro el conductor hace de camino para que uno ceda electrones al otro y se consiga el equilibrio entre los dos.

Constitución del átomo

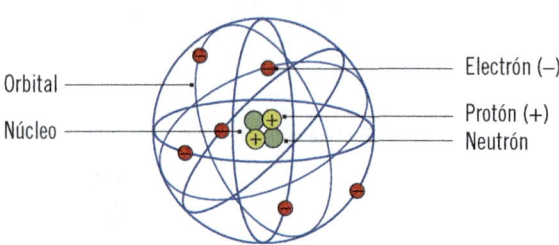

El primer método de fisión se utiliza en la actualidad en las centrales nucleares para la generación de electricidad, pero el segundo método de fusión se encuentra aún en fase de experimentación. El futuro de la producción energética se encuentra depositado en el descubrimiento de un reactor de fusión que controle estas cantidades enormes de energía de manera segura, y en la que además no existan residuos nucleares.

Energía química

La reacción de dos o más compuestos químicos en las condiciones de presión y temperatura adecuadas puede generar energía.

El ejemplo más claro es la energía que se produce en el interior de los seres vivos cuando ingieren alimentos, así como la descomposición de materias vegetales y animales, que producen carbón y petróleo.

El motor de explosión de los vehículos utiliza la energía química para mover el cilindro dentro del pistón. También, las baterías o las pilas son un claro ejemplo de generación de cargas eléctricas a partir de la reacción química de oxidación (pérdida de electrones) y reducción (ganancia de electrones) de ciertos materiales metálicos en el interior de un baño de electrolito.

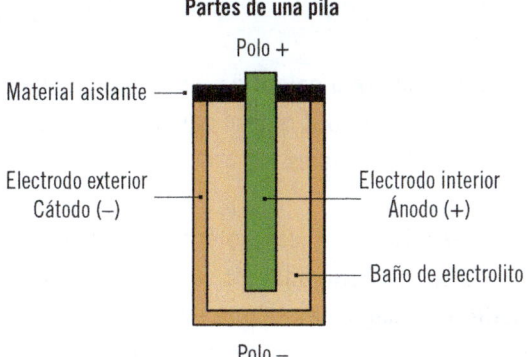

Partes de una pila

Polo +

Material aislante

Electrodo exterior
Cátodo (−)

Electrodo interior
Ánodo (+)

Baño de electrolito

Polo −

Energía radiante electromagnética

Esta forma de energía la poseen las ondas electromagnéticas visibles como la luz, e invisibles al ojo humano como las de radio, los rayos ultravioleta (UV) e infrarrojos (IR), así como las microondas.

Su principal característica es que se propagan incluso en el medio vacío (sin aire), encontrándose su aplicación principal a nivel doméstico en la iluminación y en los hornos microondas que calientan los productos por fricción.

La dirección de las microondas, que polarizan las moléculas de agua, cambia con una frecuencia muy alta. Por la continua orientación de las moléculas de agua se genera un roce y un calentamiento. Al calentarse el agua de los alimentos, se calienta el alimento. El plato giratorio facilita la homogeneización del calentamiento.

 ## Actividades

4. Realizar una lista de los electrodomésticos de su casa e indicar el tipo de energía final que utilizan.

Energía térmica

También denominada **energía calorífica,** es la más antigua que se ha utilizado, desde los primeros homínidos que se calentaban al fuego, hasta nuestros días en la calefacción de los hogares.

El fuego es una reacción química exotérmica (oxidación-reducción) en la que se desprende calor, es generada por la combinación de varios factores del llamado **tetraedro del fuego** y en la que entran en juego el combustible, el comburente y la energía de activación. Se provoca entre ellos una reacción en cadena que desprende calor.

Actividades

5. Buscar en Internet imágenes y dibujar un esquema en el que se diferencien los cuatro elementos que intervienen en el "tetraedro del fuego".

Existen tres formas de transmisión de energía térmica diferenciadas según el medio por el que se realice:

- **Transmisión de calor por conducción:** se produce al contacto directo entre dos cuerpos que se encuentran a diferente temperatura. El que está más caliente le transmite parte de su energía calorífica al más frío, hasta que los dos se encuentren a la misma temperatura.
  Un ejemplo sencillo es cuando se calienta un alimento en la sartén que está a su vez calentada por el fuego.
- **Transmisión de calor por convección:** el calor se propaga por medio de un fluido, como puede ser el agua o el aire.
  El calor que genera un radiador de calefacción asciende a la parte alta de la habitación al ser más ligero.
- **Transmisión de calor por radiación:** por medio de ondas electromagnéticas el calor del cuerpo más caliente se transmite al más frío a distancia.

Una estufa de resistencia transmite la energía calorífica debido al efecto Joule, en el que se consigue el aumento de la intensidad en el circuito cuando se dispone de una gran resistencia eléctrica.

$$Q = I^2 \cdot R \cdot t$$

El calor generado (Q) está en función del cuadrado de la intensidad eléctrica (I), la resistencia del circuito cerrado (R) y el tiempo durante el cual el circuito está cerrado (t), moviéndose los electrones (e-) a través de él.

Cuadro-resumen y aplicaciones

Las aplicaciones más habituales en el consumo de los tipos de energía se encuentran resumidas en los siguientes cuadros:

Energía eléctrica

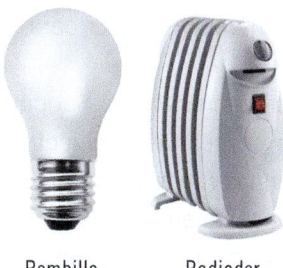

Bombilla   Radiador

Energía mecánica

Martillo   Motor   Vehículo en movimiento

Energía nuclear

Fisión   Fusión

Energía química

Motor de explosión   Batería o pila

Energía radiante electromagnética

Microondas

Energía térmica

Estufa de leña   Panel solar

Las radiaciones que llegan desde el Sol se pueden aprovechar para calentar materiales y fluidos, almacenando ese calor para las aplicaciones domésticas.

Además, la influencia de la energía del Sol puede servir para generar electricidad directa por medio de células fotoeléctricas o indirectamente por el viento en las llamadas **energías renovables,** que también incluyen la combustión de biomasa y el aprovechamiento de la energía potencial-cinética de los saltos de agua en los ríos, también llamada **energía hidráulica.**

Actividades

5. Pensar en qué beneficios medioambientales tiene el uso de las energías renovables y realizar un listado de ellos.

2.5. Sistemas abiertos y aislados

En la termodinámica, que es la rama de la física que estudia los estados de equilibrio de la materia y sus transformaciones, se consideran dos posibles sistemas: los abiertos y los aislados. Existe además otro tipo de sistema que se denomina **cerrado.**

Un sistema abierto sí puede intercambiar materia y energía con el exterior. Se corresponde con una piscina abierta.

Un sistema aislado no puede intercambiar ni masa ni energía con el exterior. Se corresponde con un termo para el café.

Un sistema cerrado solo puede intercambiar energía con el exterior. Se corresponde con una olla a presión cocinando.

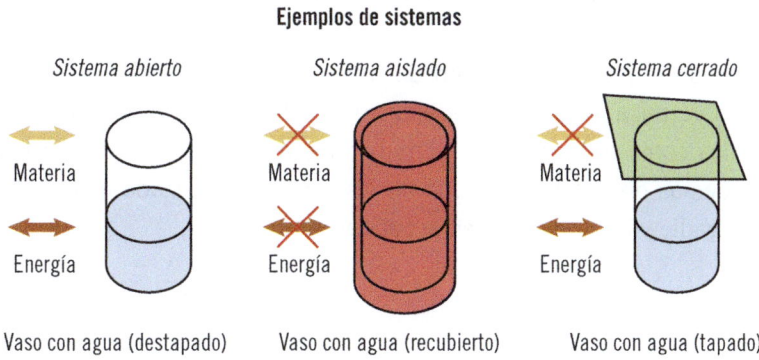

Ejemplos de sistemas

Sistema abierto	Sistema aislado	Sistema cerrado
Materia	Materia	Materia
Energía	Energía	Energía
Vaso con agua (destapado)	Vaso con agua (recubierto)	Vaso con agua (tapado)

2.6. Conservación de la energía

Es cierta aquella afirmación de "la energía ni se crea ni se destruye, solo se transforma" que corresponde al enunciado del primer principio de la termodinámica.

Con este principio se demuestra que la energía siempre se conserva, aunque se transforme de una forma a otra. Cuando un cuerpo está más caliente que otro, el primero cede calor al segundo hasta que los dos se encuentran a la misma temperatura.

Lo esencial en el desarrollo de la tecnología, que utiliza la técnica para crear aparatos que hagan más confortable la vida del ser humano, es la posibilidad de transformar un tipo de energía en otro para adaptarlo a la función de la máquina.

A los seis tipos de energía estudiados hay que sumar otro utilizado desde hace muchos años, la energía hidráulica. Este sistema toma la energía potencial del agua acumulada en un embalse y la transforma en cinética cuando se hace pasar por una tubería de pequeño diámetro. La fuerza del agua hace mover las paletas de una turbina, que a su vez hace girar el rotor del generador eléctrico, transportando esa electricidad hasta los electrodomésticos que se tienen en los hogares y en las máquinas de las industrias.

Este es el ejemplo más claro de transformación de energía mecánica en eléctrica, térmica y radiante. Por ello se considera este séptimo tipo de energía hidráulica como uno solo que se transforma en muchos otros, con la posibilidad además de regular el cauce de los ríos y ser utilizado como reserva de agua, regadío y cría de especies acuáticas.

 Nota

La energía nuclear supuso una revolución científica cuando se pudieron ver las consecuencias nefastas que produjo en las personas, tras su utilización en la 2ª guerra mundial en las ciudades japonesas de Hiroshima y Nagasaki.

El siguiente esquema representa las diferentes transformaciones que se pueden realizar desde las siete formas de energía consideradas:

Formas y máquinas empleadas para la transformación de la energía

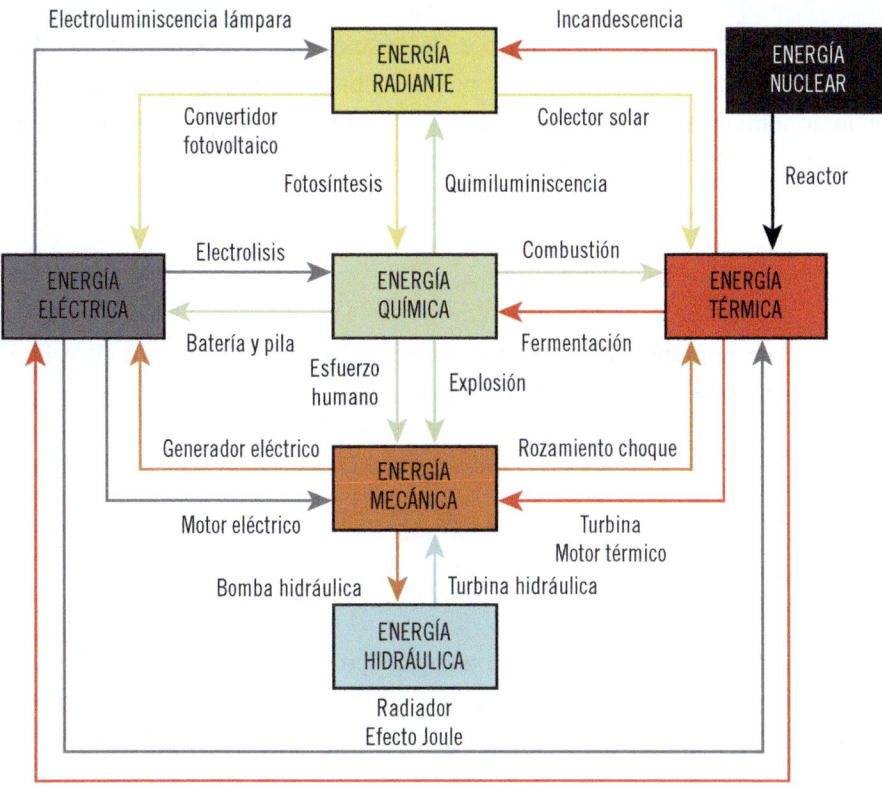

Esta transformación de la energía no es gratis, ya que los propios mecanismos de las máquinas que la realizan consumen parte de esa energía. De esta forma, se debe introducir el concepto de **rendimiento η,** que es variable dependiendo del tipo de máquina utilizada.

Este valor siempre es menor que 1, ya que relaciona el trabajo realizado y la energía suministrada por la máquina.

$$\eta = \frac{\text{Trabajo realizado}}{\text{Energía suministrada}}$$

3. Cálculos

Las necesidades de tipo térmico y eléctrico en las viviendas y en los edificios de viviendas es el primer paso que se debe tener en cuenta a la hora de estimar si una instalación solar va a ser o no rentable, ya que de otra manera la inversión no sería económicamente correcta.

3.1. Conceptos de termodinámica

El primer principio de la termodinámica, se recuerda, es que la energía ni se crea ni se destruye, solo se transforma:

$$Q = \Delta E + W$$

Siendo Q la cantidad de calor o energía que recibe el sistema y ΔE la variación de energía en el sistema (calor o frío), que se calcula con la diferencia entre la energía final (Ef) y la energía inicial (Ei). W representa el trabajo.

$$\Delta E = Ef - Ei = Q - W$$

En el caso de conseguir que el calor se transforme en trabajo, se producirá un aumento de la temperatura; por ejemplo, en una máquina que se calienta al desplazar sus mecanismos (motor térmico).

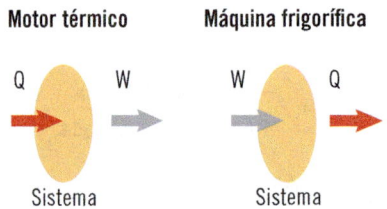

En el caso de una máquina frigorífica, empleada para bajar la temperatura ambiente de un recinto, esta se encarga de extraer calor, por lo que la energía interna aumenta, aumentando también la temperatura del gas incluido en el compresor. El trabajo que se tiene es el incremento de temperatura más el calor que se extrae.

$$W = \Delta E + Q$$

 **Actividades**

6. Escribir un listado de aparatos domésticos empleados para conseguir calor y frío.

3.2. Conceptos de electricidad

En cualquier instalación, normalmente se utiliza la electricidad para el funcionamiento de muchos de sus elementos. El conocimiento básico de las magnitudes que intervienen en la electricidad, tanto de corriente continua como alterna, ayuda a la identificación de los problemas que pudieran aparecer en las máquinas y las instalaciones de todo tipo.

La intensidad, la tensión y la resistencia están unidas por la ley de Ohm, básica en el cálculo de los circuitos eléctricos.

La corriente eléctrica

Es el fenómeno que se produce cuando se desplazan los electrones (e-) libres de un cuerpo que los tiene en exceso (electronegativo) hacia otro cuerpo que tiene menos electrones (electropositivo) cuando estos se encuentran unidos por un elemento conductor.

Como ya se señaló anteriormente, los electrones en el átomo se encuentran realizando trayectorias alrededor del núcleo formado por protones (positivos) y neutrones (sin carga), de modo que, cuando un material se une a otro, el conductor hace de camino para que uno ceda electrones al otro y se consiga el equilibrio entre los dos.

Importante

En cualquier material, el camino para el desplazamiento de los electrones libres a través de él se realiza por los huecos de su composición atómica.

Magnitudes elementales (V, I y R). Ley de Ohm

En cualquier circuito eléctrico, ya se trate de corriente continua (CC) o corriente alterna (CA), existen tres variables: la tensión (V), la intensidad (I) y la resistencia (R), relacionadas por la ley de Ohm.

La tensión, también llamada **diferencia de potencial,** es la diferencia de electrones que existe entre dos cuerpos cargados que se ponen en contacto. Un cuerpo estará a más tensión o tendrá mayor potencial cuando el número de electrones libres de los que dispone para abandonarlo hacia otro cuerpo es mayor que el cuerpo a donde llegan.

La unidad de tensión eléctrica es el voltio (V), por lo que tradicionalmente también se denomina **voltaje** a la tensión de un circuito.

La intensidad es la cantidad de corriente eléctrica que es capaz de circular por un conductor en un tiempo determinado cuando existe una diferencia de potencial entre los dos cuerpos. Siempre estará en función del tamaño de la sección y del material por donde se desplazan los electrones.

La unidad de intensidad eléctrica es el amperio (A).

La resistencia es la oposición que un cuerpo o el conductor que une dos cuerpos opone al paso de los electrones a través de él. Según el material y las dimensiones de la sección, un conductor puede tener mayor o menor resistencia, ya que los huecos que tiene en su estructura dejan más o menos paso a los electrones libres.

La unidad de resistencia eléctrica es el ohmio, representado por la letra griega omega (Ω).

La ley de Ohm relaciona las tres magnitudes de tensión, intensidad y resistencia:

Tensión en voltios (V) = Intensidad de corriente en amperios (A) · Resistencia eléctrica del material en ohmios (Ω)

$$V = I \cdot R$$

Potencia eléctrica en vatios (W) = Intensidad^2 (A) · Resistencia (Ω)

$$P = I^2 \cdot R$$

Y también:

Potencia eléctrica en vatios (W) = Tensión (V) · Intensidad (A)

$$P = V \cdot I$$

Para una potencia durante un período de tiempo se tiene:

Energía eléctrica = Potencia eléctrica (W) · Tiempo en segundos (t)

$$Ee = P \cdot t$$

El voltaje o diferencia de potencial que existe en un circuito eléctrico cerrado depende de la resistencia que el conductor oponga al paso de la intensidad de corriente eléctrica, representada por los electrones libres que realizan el camino.

Elementos fundamentales de un circuito de corriente continua (CC)

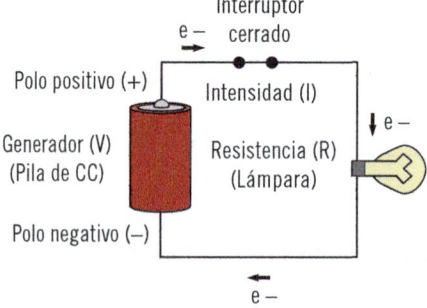

 Aplicación práctica

Está ayudando a su sobrina a realizar una práctica de electricidad para el colegio y necesita comprar una lámpara para un circuito de corriente continua. La pila es de 12 voltios y la intensidad máxima de seguridad permitida en el circuito es de 0,03 amperios.

Calcule la potencia que deberá tener la lámpara y la resistencia que tendrá una vez montada y con el circuito cerrado.

Continúa en página siguiente >>

<< Viene de página anterior

SOLUCIÓN

Potencia eléctrica en vatios (W) = Tensión (V) · Intensidad (A)

$$P = V \cdot I = 12 \text{ voltios} \cdot 0,03 \text{ amperios} = 3,6 \text{ W}$$

La potencia eléctrica es: $P = I^2 \cdot R$

Despejando el valor de la resistencia (R):

$$R = P / I^2 = 3,6 \text{ W} / 0,03^2 \text{ amperios} = 4.000 \text{ ohmios } (\Omega)$$

Siempre existen las tres magnitudes de tensión, intensidad y resistencia, relacionadas por la ley de Ohm, cuando el circuito se encuentre cerrado o **en carga.**

Interruptor y circuito eléctrico

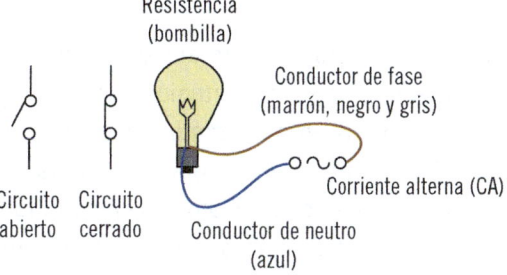

Resistencia
(bombilla)

Conductor de fase
(marrón, negro y gris)

Corriente alterna (CA)

Circuito   Circuito
abierto   cerrado   Conductor de neutro
(azul)

 Actividades

7. Cuando en su casa enciende y apaga la luz, ¿dónde está la resistencia eléctrica del circuito y por dónde llega a ella la corriente?

Materiales conductores, semiconductores y aislantes

Sabido es que un material conductor es el que permite el paso de la electricidad a través de él. En realidad, todos los materiales son conductores de la electricidad, pero, como cada uno es diferente, unos tienen más facilidad que otros para permitir el paso de los electrones libres.

Está en relación con los movimientos que se producen dentro del mismo cuerpo a nivel atómico, ya que por ejemplo los metales tienen sus átomos más quietos que los que contiene la madera.

Flujo de electrones libres

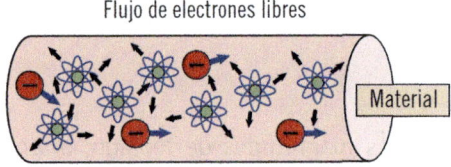

Movimiento de los átomos del material

De esta forma, un material, por su constitución propia, puede ser conductor, semiconductor o aislante:

- Un material conductor permite el paso de electrones libres a través de él. Los metales, por su constitución atómica en forma de red, tienen menos movimientos en sus átomos, de forma que existen más huecos por donde los electrones libres pueden circular.
- Un material aislante tiene sus átomos en continuo movimiento, de forma que no existen tantos huecos para el paso libre de los electrones. La madera y el plástico son algunos ejemplos de materiales aislantes de la electricidad.
- Un material semiconductor es aquel que puede permitir el paso de los electrones libres a través de él dependiendo de las condiciones de temperatura a la que se encuentre, así como la radiación o la presión a la que esté sometido. El silicio (arena) es el material más utilizado en la electrónica para realizar circuitos en los que se necesita en ocasiones dejar pasar o no la electricidad a través del elemento.

La resistividad, nombrada mediante la letra griega ro (ρ), es la capacidad que tiene cada material de permitir el paso de los electrones a través de él. Varía bastante en cada material, incluso en los metales considerados siempre buenos conductores de la electricidad.

 **Actividades**

8. Realizar de memoria un listado de materiales conductores y no conductores de la electricidad.

Corriente continua y alterna

Existen dos tipos de corriente eléctrica que se definen observando los cambios que se producen en sus variables de tensión y polaridad positiva o negativa.

La corriente continua (CC), también denominada **AC,** tiene a lo largo del tiempo de utilización siempre la misma tensión, de manera constante.

En la imagen se puede ver que la tensión es siempre la misma durante el tiempo de funcionamiento del circuito, siendo su polaridad positiva.

Diagrama de la corriente continua

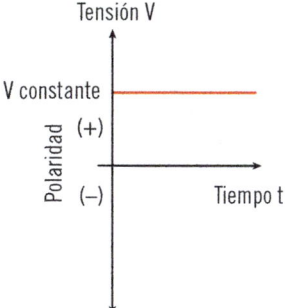

La corriente alterna (CA), también denominada **AC,** es la que cambia el valor de la tensión y su polaridad de positivo a negativo y de negativo a positivo de manera instantánea, siendo utilizada en casi todos los equipos habituales en viviendas, edificios, iluminación, etc.

En el gráfico se observa que, durante el tiempo de utilización, la tensión con el paso del tiempo varía el valor de cero al máximo y del máximo a cero, siendo su polaridad primero positiva y después negativa, describiendo una curva en forma senoidal.

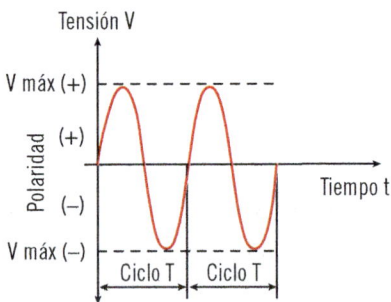

Diagrama de la corriente alterna

El ciclo T se repite, siendo el número de ciclos por segundo lo que se llama **frecuencia,** que se mide en hercios (Hz). La corriente alterna en Europa tiene una frecuencia de 50 Hz, y en América de 60 Hz.

Sabía que...

Existe, además, un tipo de corriente llamada "pulsatoria" que tiene valores constantes de polaridad con picos y valles en su tensión.

El origen de la utilización de la corriente alterna se debe al descubrimiento de las propiedades magnéticas de la electricidad (Oersted), y con las que se puede generar electricidad en las centrales a partir de energía de movimiento mecánico de las aspas de una turbina.

Actividades

9. ¿No siente curiosidad por saber en qué consistió el experimento de Oersted? Cuando lo conozca, nunca lo olvidará. Es sorprendente.

Transformador

Con el transformador se pueden variar los valores de tensión e intensidad de la corriente alterna, consiguiéndose en el devanado del secundario una reducción de la tensión y un aumento de la intensidad, o viceversa, debido a la influencia del núcleo ferromagnético y a la variación del número de espiras que lo envuelven (N1 → N2). Solo se pueden realizar estas variaciones en la corriente alterna (CA), en la que circulan los electrones de un extremo a otro del generador, cambiando su polaridad de manera instantánea cuando el circuito está cerrado.

Transformador de CA

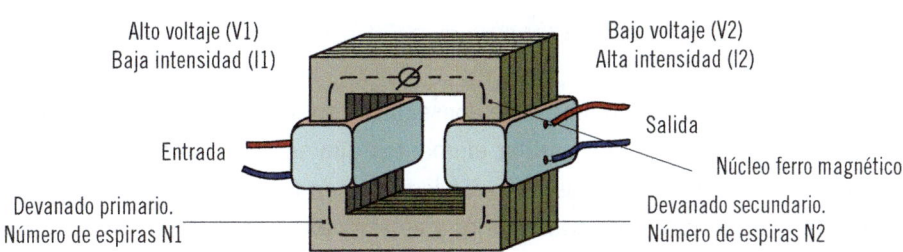

Relación de transformación: $m = \dfrac{N1}{N2} = \dfrac{V1}{V2} = \dfrac{I2}{I1}$

$$I2 = (N1 \cdot I1) / N2$$

 Definición

Núcleo ferromagnético
Es donde se genera el campo magnético de la electricidad, compuesto de hierro dulce y arrollamiento de hilo de cobre.

El transformador se emplea para reducir la intensidad y subir el voltaje de la electricidad a la salida de la planta generadora, así como para conseguir que en el transporte por la red no se produzcan calentamientos excesivos por el ya conocido efecto Joule. De esta manera, se podrá transportar la electricidad hasta los puntos de consumo, pero habrá que transformarla de nuevo antes de utilizarla, reduciendo su tensión y aumentando su intensidad para conseguir una tensión de 230 voltios, habitual en las viviendas.

Esquema del transformador

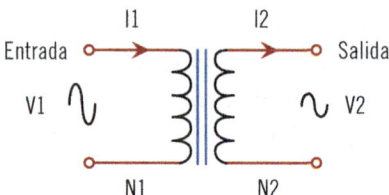

3.3. Estimación de necesidades térmicas

En una vivienda unifamiliar, para conseguir el confort en los días de verano y de invierno, se necesitan instalar elementos que se encarguen de enfriar o calentar las estancias. Además, influyen los picos de frío y calor que se pueden presentar dentro de los períodos diarios y estacionales.

Esquema de temperatura de enero a diciembre

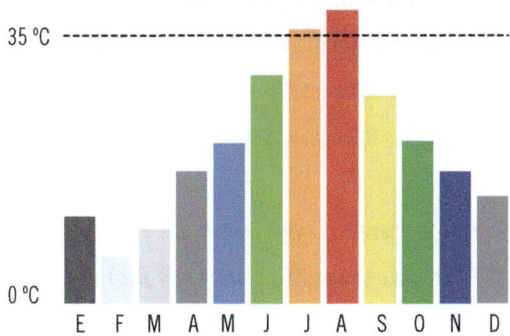

La estimación de la demanda necesaria depende del volumen de cada habitación y del período de tiempo que se estará en cada una de ellas a lo largo del día, ya que no es lo mismo un salón que un dormitorio, un baño o un pasillo.

Esquema de utilización de 0 a 24 horas

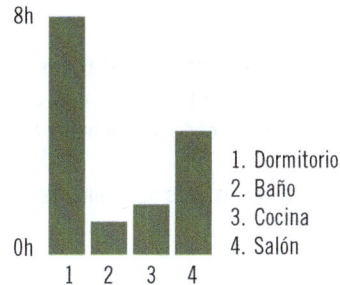

1. Dormitorio
2. Baño
3. Cocina
4. Salón

La instalación de calefacción, aire acondicionado (AA) y agua caliente sanitaria (ACS) se deberá proyectar en función de la situación geográfica y los usos, para lo cual se deberá calcular el volumen de aire a calentar o a enfriar, midiendo el tamaño real de las estancias.

Como información útil, se indican las fórmulas que se utilizan en los cálculos de energía calorífica:

1 julio (J) = 0,24 calorías (cal)

1 hora (h) = 60 minutos (min) · 60 segundos (s) / minuto = 3600 s

1 KWh = 1000 vatios (W) · 3600 s = 3600000 J

3600000 J · 0,24 cal = 864000 cal = 864 Kcal

Cuando la energía (E) viene expresada en Julios (J)

Cantidad de calor (Q) en calorías = 0,24 · E

Cuando la energía (E) viene expresada en kilovatios hora (KWh)

Cantidad de calor (Q) en Kilocalorías = 0,24 · 864 · E

 Aplicación práctica

Le avisan de que existe un problema en una instalación de climatización industrial, ya que el calor que desprenden unas estufas es menor del esperado. El rendimiento teórico debe ser del 80 %, y el calor que se cede actualmente es de 15.500 kcal al 55 %.

Calcule el consumo en kWh de las estufas actualmente.

SOLUCIÓN

$$\eta = \text{Trabajo realizado (W) / Energía suministrada (E)}$$

$$55\ \% = 0,55$$
$$0,55 = W / 15.500 \text{ kcal}$$
$$W = 0,55 \cdot 15.500 \text{ kcal} = 8.525 \text{ kcal}$$

Se tiene que 1 julio = 0,24 cal, por lo que aplicando una regla de tres:

$$1\ J = 0,24 \text{ cal}$$
$$A = 8.525 \text{ cal}$$
$$A = (1\ J \cdot 8.525 \text{ cal}) / 0,24 \text{ cal} = 35.520,83 \text{ julios}$$

Continúa en página siguiente >>

<< Viene de página anterior

Se tiene que 1 kWh = 3.600.000 julios, por lo que aplicando una regla de tres:

$$1 \text{ kWh} = 3.600.000 \text{ J}$$
$$B = 35.520,83 \text{ J}$$
$$B = (1 \text{ kWh} \cdot 35.520,83 \text{ J}) / 3.600.000 \text{ J} = 0,00986 \text{ kWh}$$

3.4. Estimación de necesidades eléctricas

En un edificio de viviendas donde existen zonas comunes de pasillos y escaleras que se deben iluminar, además de los servicios de ascensor y limpieza, es necesario realizar una estimación de las necesidades eléctricas diferente.

Además de influir los períodos temporales en las estancias de las viviendas, hay que tener en cuenta que la electricidad es la energía más utilizada debido a que cualquier otro tipo de energía se puede transformar en ella.

Por ello, desde el calentador de agua eléctrico, las estufas de calefacción fijas y portátiles, la iluminación y los electrodomésticos, hasta el eventual ascensor y la maquinaria de limpieza, se deben tener en cuenta a la hora de la estimación y el cálculo de consumos, así como el tamaño de la vivienda, en la que puede existir un nivel de electrificación básica o un nivel de electrificación elevada.

Sabido es que el tipo de electricidad que se utiliza es de corriente alterna (CA). Al existir motores interviene en el cálculo de consumos y potencias unas nuevas variables, llamadas **reactancia** y **capacitancia,** relacionadas con la resistencia (R), ya que las bobinas tienen un componente electromagnético.

Los circuitos domésticos e industriales pueden ser monofásicos o trifásicos, y el cálculo de la energía necesaria se realiza de manera diferente. Como información útil, se indican las fórmulas que se utilizan:

Cuando la energía (E) viene expresada en Julios (J)

En circuitos monofásicos

Energía (E) = Tensión (V) · Intensidad (I) · tiempo (t)

En circuitos trifásicos

Energía (E) = $\sqrt{3}$ · Tensión (V) · Intensidad (I) · tiempo (t)

t → tiempo en segundos (s)

Cuando la energía (E) viene expresada en Kilovatios hora (KWh)

En circuitos monofásicos

Energía (E) = Tensión (V) · Intensidad (I) · tiempo (t) / 1000

En circuitos trifásicos

Energía (E) = $\sqrt{3}$ · Tensión (V) · Intensidad (I) · tiempo (t) / 1000

t → tiempo en horas (h)

Ley de Ohm

Tensión (V) = Intensidad (I) · Resistencia (R)

Recuerde

La energía ni se crea ni se destruye, solo se transforma.

Durante el período anual, la calefacción se utiliza en los meses más fríos, y el aire acondicionado durante los meses más cálidos, variando muy poco la utilización del agua caliente sanitaria (ACS) a lo largo del año.

De esta forma, un sencillo gráfico expresa la demanda de consumo de energía eléctrica habitual durante todos los meses del año.

Esquema de consumo de enero a diciembre

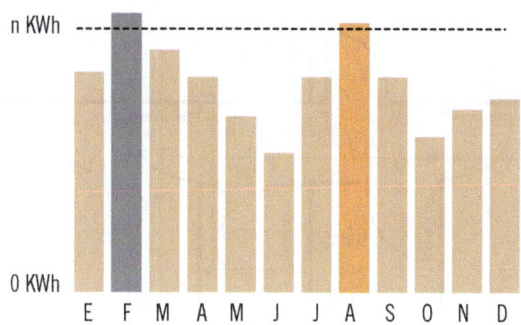

 Actividades

10. Revisar de nuevo su recibo de la luz y estimar en qué podría ahorrar en consumo.

Aplicación práctica

Esta mañana ha recibido la llamada de un cliente que requiere sus servicios profesionales como montador de instalaciones de energía solar. El primer paso es visitar la vivienda y analizar las necesidades térmicas de frío y calor.

Con el plano acotado de distribución de la vivienda, realice el cálculo de volúmenes de las habitaciones, teniendo en cuenta que la altura desde el suelo hasta el techo es de 2,5 metros.

Continúa en página siguiente >>

<< Viene de página anterior

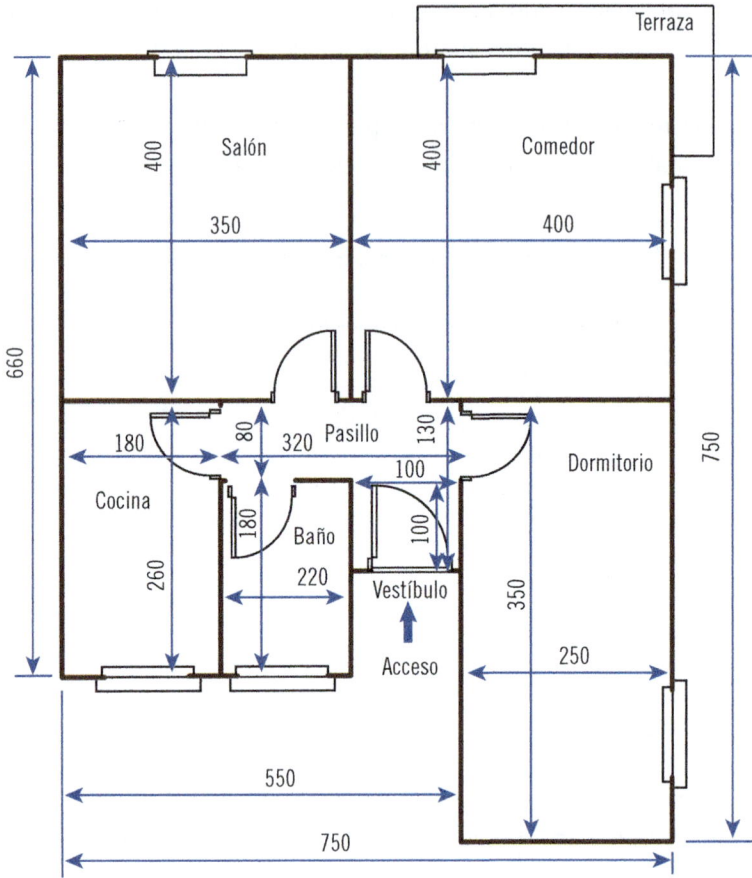

SOLUCIÓN

Se realiza el cálculo de volúmenes de cada estancia, y al final se calcula el volumen total de la vivienda a climatizar:

- **Vestíbulo:** $V1 = 1\ m \cdot 1\ m \cdot 2,5\ m = 2,5\ m^3$.
- **Pasillo:** $V2 = 3,2\ m \cdot 0,8\ m \cdot 2,5\ m = 6,4\ m^3$.
- **Baño:** $V3 = 2,2\ m \cdot 1,8\ m \cdot 2,5\ m = 9,9\ m^3$.
- **Cocina:** $V4 = 1,8\ m \cdot 2,6\ m \cdot 2,5\ m = 11,7\ m^3$.
- **Salón:** $V5 = 3,5\ m \cdot 4\ m \cdot 2,5\ m = 35\ m^3$.
- **Comedor:** $V6 = 4\ m \cdot 4\ m \cdot 2,5\ m = 40\ m^3$.
- **Dormitorio:** $V7 = 2,5\ m \cdot 3,5\ m \cdot 2,5\ m = 21,875\ m^3$.

Continúa en página siguiente >>

\<\< Viene de página anterior

▌ **Volumen total:** V1 + V2 + V3 + V4 + V5 + V6 + V7 = 127,375 m³.
▌ **Superficie total:** V total / 2,5 m = 50,95 m².

3.5. Normativa de aplicación en la estimación de necesidades energéticas

En España, las necesidades energéticas pueden variar del Norte (más frío) al Sur (más caluroso), por lo que el rendimiento debido al emplazamiento de la instalación puede variar con la latitud.

Independientemente de la situación de los paneles solares, ya sea urbana o interurbana, se ha de cumplir una legislación para la estimación de las necesidades energéticas, y continuar el estudio de la viabilidad de la instalación, cumpliendo además las demás exigencias normativas.

El Reglamento de Instalaciones Térmicas en los Edificios (RITE), junto con sus Instrucciones Técnicas Complementarias (ITC), es la base normativa para el desarrollo de las instalaciones solares. Además, se debe cumplir la legislación medioambiental y de seguridad, que se desarrollará en el capítulo correspondiente de este manual.

Las normas UNE en cuanto a necesidades energéticas son:

- **UNE-EN 94002/2005:** instalaciones solares térmicas para producción de agua caliente sanitaria. Cálculo de la demanda de energía térmica.
- **UNE-EN ISO 13789/2017:** prestaciones térmicas de los edificios. Coeficiente de pérdida por transmisión de calor. Método de cálculo (ISO 13789/1999).
- **UNE-EN ISO 10456/2012:** materiales y productos para la edificación. Propiedades higrotérmicas. Valores tabulados de diseño y procedimientos para la determinación de los valores térmicos declarados y de diseño. (ISO 10456:2007).
- **UNE-EN ISO 52016-1:2017:** eficiencia energética de los edificios. Cálculo de las necesidades energéticas de calefacción y refrigeración, temperaturas interiores y carga calorífica y de enfriamiento.

- **UNE-EN ISO 12241:2023:** aislamiento térmico para equipos de edificación e instalaciones industriales. Métodos de cálculo. (ISO 12241:2021).
- **UNE-EN ISO 6946/2021:** componentes y elementos para la edificación. Resistencia térmica y transmitancia térmica. Método de cálculo. (ISO 6946:2017)

4. Factores del emplazamiento

Es necesario el estudio pormenorizado de la colocación de los elementos captadores de la energía calorífica, así como la variación diaria y anual del Sol, que es la fuente de energía aprovechable en las instalaciones.

4.1. Orientación, inclinación y sombras

Las tres variables iniciales que se han de tener en cuenta a la hora de realizar una instalación de aprovechamiento de la energía solar deben ser la orientación de los paneles (ya sean térmicos o fotovoltaicos) respecto al Sol, la inclinación de los paneles respecto a la superficie donde estén situados y las posibles sombras que pudieran presentarse, tanto por edificios colindantes como por los propios paneles cercanos.

En cuanto a la orientación, si se sitúan en el hemisferio norte (Europa, EE. UU., Rusia, Japón, etc.), la superficie mayor debe estar siempre en dirección sur, de forma que se aprovechen al máximo los rayos emitidos por el Sol en la trayectoria de giro rotacional de la Tierra alrededor de él.

Importante

El sur geográfico no coincide con el sur magnético que indica la brújula debido a la inclinación del eje de la Tierra.

La inclinación debe ser tal que a las 12 del mediodía los rayos del Sol incidan perpendicularmente sobre la superficie mayor del panel. De esta forma se aprovecharán las horas previas y las horas posteriores, en las que los rayos van aumentando y disminuyendo su intensidad a lo largo del día.

En las instalaciones urbanas con edificios colindantes, las sombras no permiten que los rayos solares incidan el máximo tiempo sobre los paneles. De igual forma, la sombra propia del panel cercano, debido a una incorrecta inclinación o separación entre ellos, sería perjudicial para la instalación solar.

4.2. Cálculo de orientación óptima

Para conseguir que los paneles aprovechen al máximo la incidencia de los rayos solares, la situación del sur geográfico debe ser lo más exacta posible. No se puede realizar directamente con la ayuda de la brújula, ya que se debe corregir.

Existe un método **rutinario** pero muy útil para detectar la posición del sur geográfico, ya que esta es la orientación ideal para los paneles situados en el hemisferio norte. Los pasos a seguir son:

1. A las 9 o 10 de la mañana clavar una varilla en el suelo y colocarla verticalmente marcando el extremo de la sombra (punto A).
2. Dibujar una circunferencia con centro en la varilla y con radio en el extremo de la sombra.
3. Cuando por la tarde la sombra se haya desplazado y su extremo caiga sobre el punto de la circunferencia dibujada en el suelo, se marcará (punto B).
4. Uniendo los puntos A y B se obtiene una línea que es paralela al meridiano de la Tierra, que pasa por el Ecuador.
5. Se traza una línea que sea perpendicular a la AB, y esa es la dirección exacta del norte-sur geográfico; recta a la que deben colocarse perpendiculares los paneles para conseguir el máximo aprovechamiento de los rayos solares a lo largo del día.

Trazado del sur geográfico y colocación de paneles

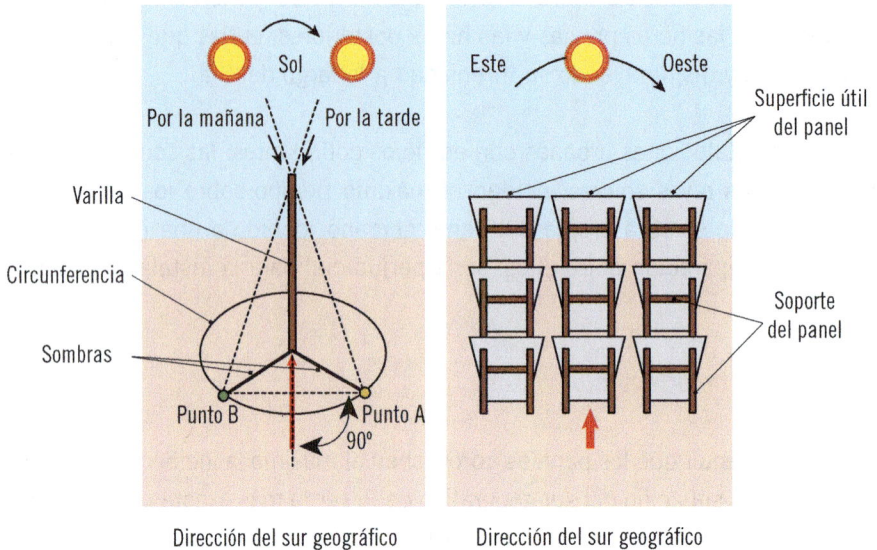

Dirección del sur geográfico   Dirección del sur geográfico

 **Importante**

La superficie del panel solar debe soportar muy bien las inclemencias meteorológicas del lugar en los días invernales.

4.3. Cálculo de inclinación óptima

Los paneles están compuestos por una superficie útil y un soporte que los mantiene inclinados a la vez que los sujeta estructuralmente a la superficie.

La latitud terrestre del punto donde se sitúen los paneles solares o fotovoltaicos será la que indique la inclinación óptima que estos deben tener con respecto a la superficie horizontal.

Definición de la latitud terrestre

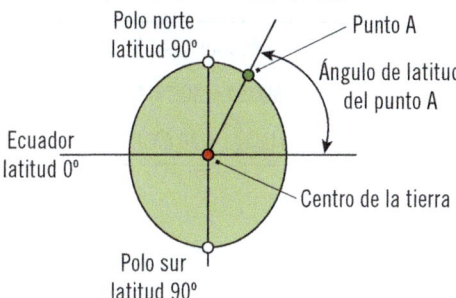

La latitud es el ángulo comprendido entre la línea horizontal que pasa por el centro de la Tierra, representada por el Ecuador, y la línea que pasa por el punto considerado (punto A), unida también con el centro de la Tierra.

Un punto en la superficie de la Tierra puede tener latitud norte, de 0° a 90°, y latitud sur, también de 0° a 90°. Los polos Norte y Sur son los extremos de latitud 90°, encontrándose el Ecuador a una latitud 0°.

Teniendo en cuenta todo lo anterior, la inclinación óptima de los paneles será de 10° por encima de la latitud del punto en invierno y de 10° por debajo en verano.

Tabla recomendada de inclinaciones óptimas	
Periodo de utilización	**Ángulo de inclinación ideal**
Consumo preferente en invierno $\longrightarrow$	α = latitud de la instalación +10°
Consumo preferente en verano $\longrightarrow$	α = latitud de la instalación −10°
Consumo anual constante $\longrightarrow$	α = latitud de la instalación

Como ejemplo, si la instalación se encuentra a 43° de latitud, el máximo aprovechamiento en verano de la incidencia de los rayos solares será cuando se sitúen los paneles con una inclinación de α = 33° con respecto a la horizontal donde estén situados.

Latitud de algunas ciudades españolas
San Sebastián = 43,19° N
Madrid = 40,24° N
Málaga = 36,43° N

Actividades

11. Buscar la latitud a la que se encuentra actualmente y estimar la inclinación óptima de los paneles en un campo cercano para la época actual del año.

4.4. Sombras y mapas de trayectoria

En el desarrollo del proyecto de instalaciones solares hay que tener muy en cuenta no solo la orientación del sur geográfico y la latitud, sino que interviene además el movimiento de la Tierra alrededor del Sol que, debido a la inclinación de su eje, genera las cuatro estaciones.

De esta forma, existen tres puntos importantes a lo largo del año: el solsticio de invierno, que se produce el 21 de diciembre y en el que la altura del Sol es la más baja, siendo el día más corto y las sombras más alargadas; el solsticio de verano, el día 21 de junio, con el máximo de horas solares por la máxima altura solar con sombras más cortas; y los dos equinoccios, el 21 de marzo y el 21 de septiembre, en los que coinciden en horas el día y la noche.

Las sombras de los edificios colindantes pueden reducir el rendimiento de la instalación, por lo que se estudiarán también las trayectorias a lo largo del año.

El siguiente esquema representa la trayectoria del Sol en los tres puntos, así como la orientación óptima de los paneles solares para un aprovechamiento máximo de la incidencia de los rayos solares.

Trayectoria diaria y anual del sol en el hemisferio norte

4.5. Cálculo de pérdidas por sombra

La rentabilidad de la instalación urbana en edificios y naves, o en los campos de paneles solares, siempre está en relación directa con las horas de Sol de las que se dispone, por lo que la existencia de sombras reduce notablemente el rendimiento de la instalación.

Para una superficie en planta, la separación óptima de los paneles inclinados deberá ser tal que no genere sombras en el panel contiguo. Como es lógico, la superficie de paneles siempre será menor que la superficie en planta de la instalación.

El estudio de la separación está unido a la inclinación del panel, y esta a la latitud geográfica.

Un colector solar dejará de ser rentable cuando el tiempo diario de sombras sea superior al 20 %. Una pérdida del 5 % se considera correcta, aunque siempre es ideal el máximo.

La óptima separación entre paneles contiguos se realiza teniendo en cuenta el ángulo de latitud, que será aproximadamente igual a la inclinación del panel con respecto a la superficie horizontal y a la longitud de este. Interviene además un factor de corrección denominado **k** cuyo valor varía entre 1 y 2, y que tiene que ver con la propia latitud del campo de paneles.

Cálculo de separación entre paneles

Sol

Orientación sur geográfico

L

h

α

$h = L \times \operatorname{sen} \alpha$
$p = L \times \cos \alpha$
$d = L \times \operatorname{sen} \alpha \times k$

d

p

D

Siendo h la altura vertical del panel inclinado, p la proyección en planta del panel inclinado, α el ángulo de inclinación, k el coeficiente de corrección y d la distancia entre la parte posterior de un panel y la delantera del contiguo.

Para el replanteo en el campo o la azotea de los paneles solares es más útil determinar la distancia D = d + p.

Aplicación práctica

Se dispone de una superficie rectangular de 160 m · 100 m para colocar paneles solares en una finca que se encuentra a latitud 45° norte. Considerando un factor k = 1,1, y colocando en principio los paneles inclinados a 40° con respecto a la horizontal, calcule la distancia de separación entre paneles para obtener la menor pérdida por sombra, sabiendo que son de dimensiones L = 3 m.

Continúa en página siguiente >>

<< Viene de página anterior

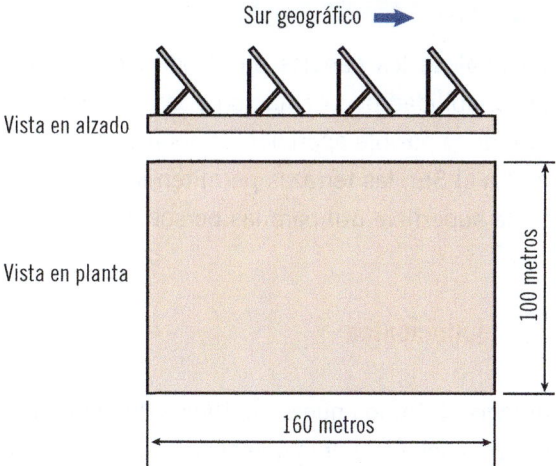

Calcule, asimismo, el número de filas que se pueden colocar en el lado de 160 metros, ya que este es el paralelo al sur geográfico.

SOLUCIÓN

Para el cálculo de la distancia mínima entre paneles solares, teniendo en cuenta la inclinación de estos, se calcula directamente con la fórmula:

$$d = L \cdot \text{sen}\alpha \cdot k$$
$$d = 3 \text{ m} \cdot \text{sen } 40° \cdot 1{,}1 = 2{,}12 \text{ m}$$

La distancia en proyección horizontal del panel a 40° es:

$$p = L \cdot \cos\alpha$$
$$p = 3 \text{ m} \cdot \cos 40° = 2{,}29 \text{ m}$$

La distancia entre el comienzo de un panel y el siguiente será la suma de la separación entre ellos más la proyección del panel en planta:

$$D = d + p = 2{,}12 \text{ m} + 2{,}29 \text{ m} = 4{,}41 \text{ m}$$

Por último, en el lado de 160 metros del campo solar se podrán colocar:

$$N = 160 \text{ m} / 4{,}41 \text{ m} = 36{,}28 \rightarrow 36 \text{ paneles}$$

5. Sistemas arquitectónicos y estructurales

La colocación final de los paneles en el edificio es una tarea a menudo difícil, ya que la variabilidad de orientación y las inclinaciones en los tejados dependen en parte de la posible aparición de sobrecarga de nieve en las latitudes más al norte. En el Sur, las terrazas permiten la instalación más sencilla a costa de eliminar la superficie útil para las personas.

5.1. Integración arquitectónica

Con la actual legislación, los nuevos edificios deben permitir la fácil instalación de instalaciones solares, por lo que el arquitecto que diseña los edificios de viviendas, o el ingeniero las naves industriales, debe adaptar las cubiertas para los paneles.

Con las cubiertas a diferentes inclinaciones, además de la orientación en los cuatro puntos cardinales (N, S, E y O), la labor de diseño debe realizarse con la idea de poder captar la mayor incidencia de los rayos solares a lo largo del día y para diferentes épocas del año.

Además, entra en juego, en el diseño arquitectónico, la funcionalidad de la instalación con la colocación de los paneles sobre la misma superficie del tejado, formando un conjunto agradable junto con los huecos practicados para las ventanas y la ventilación. Sería interesante que las instalaciones quedaran integradas en forma y color a la estética del tejado del edificio, colocándolas paralelas al borde (alero), y con tejas en tonos similares a los paneles solares o fotovoltaicos.

*Integración de una instalación
en la estructura del edificio*

Las empresas dedicadas a la fabricación y la instalación disponen de diferentes variables para poder anclar de manera correcta los paneles al soporte estructural, variando la inclinación para conseguir el mayor rendimiento en su utilización.

5.2. Estructura soporte

El panel solar se compone de la superficie útil, dedicada a la captación solar para energía térmica o fotovoltaica, y el soporte estructural, que permite la inclinación adecuada y la unión a la superficie, ya sea en cubiertas inclinadas de tejados, terrazas horizontales o campos solares.

Esta parte, la del anclaje, cobra una especial importancia cuando se deben realizar instalaciones en lugares urbanos elevados o desprotegidos, ya que la influencia del viento hace que se puedan llegar a levantar cuando se superan las acciones dinámicas de este.

El viento del norte es el más peligroso, ya que en esa dirección puede elevar los paneles por la parte de abajo debido a que estos siempre deben estar orientados al sur geográfico, donde existen más horas de luz y calor solar a lo largo del año.

Incidencia del viento del norte en el panel solar

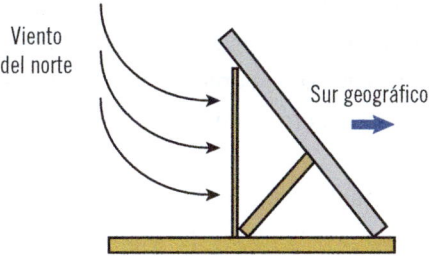

Por tanto, es muy importante realizar bien el anclaje a la superficie para conseguir una buena estabilidad aun con las peores inclemencias meteorológicas.

 **Nota**

Para el cálculo de estructuras siempre se tiene en cuenta la situación geográfica y las inclemencias meteorológicas definidas por la estadística.

6. Viabilidad

La legislación que se necesita cumplir para la instalación de captadores solares viene recogida en el Reglamento de Instalaciones Térmicas en los Edificios (RITE), así como en la diferente reglamentación de tipo medioambiental y de seguridad, y en la propia del plan general de ordenación urbana de cada ciudad o comarca.

Este es el primer paso en el estudio de viabilidad, antes que el económico, ya que la gran legislación a cumplir en este aspecto puede desencadenar en la no rentabilidad de una instalación ya pensada y calculada.

6.1. Estudio de viabilidad

Cualquier tipo de instalación necesita un estudio de viabilidad, ya que estas instalaciones solares son relativamente novedosas y las formas de calentar el edificio y las viviendas con métodos más clásicos empleando gas butano o derivados del petróleo para las calderas de calefacción y agua caliente sanitaria (ACS) se sabe que funcionan correctamente.

Existen factores importantes que se deben estudiar para tomar la decisión de instalar o no los paneles solares en los edificios, independientemente de que sea obligada por la legislación actual en los edificios y las naves de nueva planta. Algunos factores son:

- Tipo de instalación actual en el edificio para generar ACS y calderas de calefacción.

- Uso del edificio para viviendas, oficinas o naves industriales.
- Instalación de piscina climatizada comunitaria.
- Posibilidad física de montaje del número necesario de paneles solares o fotovoltaicos en la superficie del tejado o la terraza.
- Número de vecinos y posibilidad de acuerdo en la inversión.
- Necesidades caloríficas del edificio, dependiendo de su latitud y orientación.
- Instalación de caldera centralizada o individual a cada vivienda o local.
- Porcentaje de energía calorífica que se aporte en referencia a la actual.
- Estudio de venta posterior de la electricidad generada por los paneles fotovoltaicos una vez se ha consumido la electricidad necesaria en el edificio.
- En general, coste económico y rentabilidad al realizar el cambio a paneles solares térmicos o fotovoltaicos.

6.2. Factores económicos y financieros

La rentabilidad de un negocio es la base fundamental para que se piense en iniciarlo o en cesarlo, por lo que la inversión económica inicial en este tipo de instalaciones solares debe estar muy bien estudiada, habida cuenta de que se necesitan períodos de tiempo elevados para que se obtengan resultados económicamente medios o buenos.

La rentabilidad económica mide la tasa de devolución producida por un beneficio económico.

Por otra parte, los diferentes inquilinos de un edificio pueden no estar dispuestos a asumir el coste inicial de la instalación, ya que suele ser elevado, aunque a medio y largo plazo los resultados puedan ser satisfactorios.

No se debe olvidar que el mantenimiento de estas instalaciones solares es muy bajo, aunque los métodos térmicos que se encuentran en la actualidad (calderas de combustibles derivados del petróleo) son mucho más utilizados, a costa de un deterioro paulatino del medioambiente en las ciudades y el calentamiento global del Planeta.

Contaminación urbana

 Nota

En cualquier negocio debe estudiarse previamente el período de amortización de la inversión inicial para ver si este será rentable.

7. Resumen

La energía se puede presentar de seis formas diferentes: eléctrica, mecánica, nuclear, química, radiante electromagnética y térmica. La transformación de cada una de ellas en otras es necesaria para poder utilizar las máquinas que el hombre, a lo largo de la historia, ha desarrollado.

Las necesidades energéticas han ido aumentando a la vez que el desarrollo de las poblaciones, lo cual ha llevado a un consumo muy elevado de combustibles fósiles que no ayudan al medioambiente del Planeta.

La utilización de energías naturales que aprovechan la incidencia de los rayos solares ha permitido el gran desarrollo de los paneles de tipo térmico y fotovoltaico, que se suman a las necesidades energéticas que existen en la actualidad.

Teniendo en cuenta que la energía no se crea ni se destruye, sino que solo se transforma, las instalaciones solares tienen un gran campo de desarrollo actual.

La situación adecuada de las instalaciones solares, según el estudio del movimiento de la Tierra alrededor del Sol, hace que el aprovechamiento de la energía calorífica esté más al día que nunca con los beneficios obtenidos para el Planeta por la utilización de estas energías renovables, también llamadas limpias.

La orientación, la inclinación y el control de las sombras son factores necesarios a estudiar para las instalaciones. La viabilidad de estas tiene una componente económica esencial, ya que la inversión inicial en el proyecto y el montaje de los paneles solares siempre se recuperará a medio y largo plazo.

Ejercicios de repaso y autoevaluación

1. **La energía es:**

   a. La forma en que se manifiesta el trabajo mecánico.
   b. Lo que utilizan los mecanismos para moverse.
   c. La parte de la física que estudia el trabajo.
   d. La capacidad que tiene un cuerpo de realizar trabajo.

2. **El Sistema Internacional (SI) utiliza como unidad de energía el julio, que es:**

   a. Una unidad de fuerza superficial.
   b. Igual a un newton por un metro.
   c. Igual que el kilopondio, pero en otro sistema de medidas.
   d. Igual a una dina por cada metro cuadrado.

3. **La energía mecánica está compuesta por dos, que son la potencial...**

   a. ... y la dinámica.
   b. ... y la estática, que depende de la altitud respecto al nivel del mar.
   c. ... y la cinética de movimiento.
   d. ... y la teórica, en la que influye la gravedad (g).

4. **Realice un dibujo del átomo en el que aparezcan sus elementos y las polaridades.**

5. **Relacione los tipos de energía y las aplicaciones finales de ellos. Enlace ambas columnas según corresponda.**

   1. Energía eléctrica.
   2. Energía mecánica.
   3. Energía química.
   4. Energía radiante electromagnética.
   5. Energía térmica.

_ Radiador por convección.
_ Iluminación.
_ Motor de explosión.
_ Televisión.
_ Martillo.

6. **El rendimiento de una máquina relaciona el trabajo realizado y la energía suministrada, siendo:**

   a. Un valor necesario en el cálculo eléctrico.
   b. Siempre su valor entre 0 y 1.
   c. La característica fundamental para cuantificar la energía hidráulica.
   d. Mayor del 100 % en determinadas aplicaciones subatómicas.

7. **Complete.**

   El primer principio de la termodinámica dice que la _____ ni se crea ni se destruye, solo se _____. La cantidad de _____ (Q) es la suma de la variación de energía más el _____ (W).

8. **La potencia eléctrica es igual a...**

   a. ... la resistencia del circuito por el cuadrado de la intensidad.
   b. ... el voltaje dividido entre la intensidad en amperios.
   c. ... la intensidad por el cuadrado de la tensión.
   d. ... la resistencia (R) por la intensidad (I).

9. **Las propiedades magnéticas permiten transformar la tensión y la intensidad de la corriente eléctrica. La intensidad en el devanado secundario I_2 es igual...**

   a. ... a la del primario, pero solo en CC.
   b. ... $(N_1 \cdot I_1) / N_2$.
   c. ... $N_2 / (I_1 + N_2)$.
   d. ... $(N_2 \cdot I_1) / N_1$.

10. **De las siguientes afirmaciones, indique cuál es verdadera o falsa.**

    a. Con el transformador se pueden variar los valores de tensión e intensidad de la corriente continua.

        ☐ Verdadero
        ☐ Falso

    b. La CA es la que cambia el valor de la tensión y su polaridad de positivo a negativo y de negativo a positivo de manera instantánea.

        ☐ Verdadero
        ☐ Falso

    c. 1 julio corresponde a 240 kilocalorías.

        ☐ Verdadero
        ☐ Falso

    d. En la ley de Ohm, el voltaje es igual a la resistencia por la intensidad.

        ☐ Verdadero
        ☐ Falso

    e. RITE son las siglas del Reglamento de Instalaciones Térmicas en los Edificios.

        ☐ Verdadero
        ☐ Falso

11. **Para el aprovechamiento máximo de la energía solar en el hemisferio norte, la mejor orientación geográfica de los paneles será:**

    a. ... el Norte.
    b. ... el Sur.
    c. ... el Este.
    d. ... el Oriente.

12. La latitud terrestre...

a. ... puede ser norte o sur.
b. ... es el ángulo de referencia entre el Ecuador y el paralelo norte de la Tierra.
c. ... es un concepto antiguo, ya que ahora se utiliza la orientación cenital.
d. ... puede ser este u oeste.

13. Un colector dejará de ser rentable cuando las pérdidas por sombra sean:

a. Inferiores al 10 %.
b. Del 15 %.
c. Tales que los días de lluvia superen a los de buen tiempo.
d. Superiores al 20 %.

14. A la vista del panel solar inclinado, la distancia p es igual a...

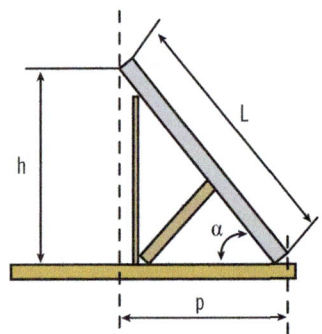

a. ... L por la tangente de h.
b. ... h por el seno de α.
c. ... L por el coseno de α.
d. ... L por h dividido por α.

15. La rentabilidad económica mide...

a. ... el porcentaje de beneficios antes de impuestos.
b. ... la cantidad de dinero a medio-largo plazo que se necesita invertir.
c. ... el valor del activo.
d. ... la tasa de devolución producida por un beneficio económico.

Capítulo 2
Instalaciones de energía solar térmica

Contenido

1. Introducción

Una de las formas de aprovechamiento de la energía calorífica es utilizarla para elevar la temperatura de un fluido y canalizarlo para el consumo de las personas. Otra es la generación de electricidad.

Los distintos niveles de captación van desde los colectores situados en los núcleos de población hasta las grandes instalaciones industriales que concentran las radiaciones en un punto donde se obtienen elevadas temperaturas.

La obtención de agua caliente sanitaria (ACS) es la aplicación más utilizada en la actualidad, aunque debe apoyarse en instalaciones más clásicas, como la caldera individual o colectiva, debido a que la captación de energía solar térmica durante todo el año se ve disminuida en los períodos estacionales más fríos.

Existen diferentes equipos de captación que se interconectan dependiendo de las distintas aplicaciones urbanas o industriales, en los que se pueden producir pérdidas hidráulicas debido a la excesiva longitud de los circuitos y a todos y cada uno de los elementos de regulación que debe atravesar el fluido caloportador.

La calefacción de estancias en las viviendas y las instalaciones de climatización de piscinas completan las formas de aprovechamiento de la energía solar térmica para el consumo en las poblaciones.

2. Clasificación de instalaciones solares térmicas

Existen dos formas de aprovechar la energía solar: para calentar un fluido que se utilizará en algunas aplicaciones y para generar electricidad.

La primera se refiere a transformar la energía proporcionada por las radiaciones solares en energía térmica o calorífica y la segunda a convertir esa radiación en energía eléctrica, ya sea directa o indirectamente.

Radiaciones solares - Aprovechamiento térmico o calorífico		
Instalación de	Tª hasta	Aplicación en
Colector plano	35 °C	ACS - Piscina
	60 °C	Calefacción
	120 °C	Industria
Recinto aislado	50 °C	Invernadero
	100 °C	Desalinizadora
Horno ecológico	90 °C	Cocina
Horno solar industrial	3500 a 4000 °C	Fusión de metales

Radiaciones solares - Aprovechamiento eléctrico			
Instalación de	Tª hasta	Aplicación en	De forma
Colector parabólico	100 a 300 °C	Generación de electricidad	Indirecta
Helióstato	600 °C	Generación de electricidad	Indirecta
Célula fotovoltaica		Generación de electricidad	Directa

Las formas de aprovechamiento eléctrico directo mediante células fotovoltaicas es materia del capítulo 5 del manual, pero es preciso indicar ahora su clasificación para poder diferenciarlas.

2.1. Tipos de instalaciones solares térmicas de baja, media y alta temperatura

La luz es una radiación electromagnética que emite calor. Este se puede utilizar para calentar un fluido líquido o gaseoso cuando la luz incide en una superficie. Sabido es que el color influye en la captación de los rayos solares, ya que el negro no refleja la radiación, a diferencia del blanco que lo refleja casi todo. El caso extremo sería una superficie brillante en la que la luz se refleja en su totalidad (espejo).

Dependiendo de la aplicación para la que la captación de luz solar se utilice, las instalaciones se pueden clasificar según la temperatura que se obtenga finalmente.

De esta forma, se pueden conseguir hasta temperaturas de 35 ºC con paneles o colectores solares descubiertos o **al aire,** en los que las tuberías están pintadas de color negro. Estas son las instalaciones solares térmicas de baja temperatura, con aplicaciones básicas en climatización de piscinas, duchas al aire libre, secaderos de productos y calefacción de invernaderos.

Equipo colector solar descubierto

En las anteriores instalaciones, la retención de calor será baja, ya que para conseguir una mayor es necesario un aislamiento que no deje escapar la luz, aprovechando además la reflexión. Este es el caso de las de media temperatura, cuyos paneles están cubiertos por un cristal o un plástico transparente que deja pasar las radiaciones solares, quedando retenido el calor. El panel se aísla térmicamente en el fondo con poliuretano o fibra de vidrio. Las superficies, así como las tuberías, están pintadas de color negro. Se encuentran aplicaciones de estos paneles para el calentamiento del agua caliente sanitaria (ACS) y la calefacción de viviendas y locales.

Por último, las aplicaciones industriales que necesiten agua muy caliente o vapor se consideran instalaciones solares de alta temperatura. Se pueden alcanzar, mediante paneles pintados de negro, aislados térmicamente y cerrados herméticamente al vacío, temperaturas de hasta 120 ºC, que permiten la generación de vapor a partir del agua.

Colector solar para alta temperatura

 **Actividades**

1. Buscar en internet algunas imágenes de colectores solares planos para empezar a diferenciarlos visualmente.

2.2. Rendimiento de los sistemas solares

Las variables que más influyen en el rendimiento de los sistemas solares son la latitud del lugar, la orientación y la inclinación.

Sabido es que la latitud norte elevada es perjudicial, y que la orientación siempre debe ser en dirección sur geográfico, pero que la inclinación y la posibilidad de existencia de sombras reducen la capacidad de captación de los paneles solares, que es el origen de la instalación.

La superficie total de captadores, así como su configuración, proporciona mayor o menor cantidad de calor en el circuito primario, el cual se hace pasar por el intercambiador de calor de donde parten los circuitos secundarios de agua caliente sanitaria (ACS), calefacción y climatización de piscinas.

El valor del calor (Q, en calorías) que llega a un punto de la superficie terrestre viene definido por tres variables: la superficie (S, en cm^2) considerada de los paneles, el tiempo (t, en minutos) de exposición y un coeficiente (k) que depende de las anteriores variables indicadas de latitud, orientación, período estacional y hora del día, cuyo valor puede variar de 0 a 1,3 calorías/minuto · cm^2.

$$Q = S \cdot t \cdot k$$

El cálculo exacto de la incidencia de las radiaciones solares sobre una superficie se efectúa con el radiómetro (pero habida cuenta de que en el rendimiento de una instalación influyen además las pérdidas de transmisión de calor en las tuberías y en los aislamientos propios de la red secundaria), y el método real de cálculo se realiza con un balance energético en el que se considera el consumo de agua caliente y las pérdidas en el acumulador o intercambiador de calor de la instalación.

 ### Aplicación práctica

La distribución de paneles solares de tamaño 3 x 3 metros en la superficie indicada es una parrilla de 25 x 36.

Para una captación continua de 12 horas, calcule la cantidad de calor (Q) que aportará al sistema en kilocalorías, sabiendo que el coeficiente de captación solar k es de 0,85.

Continúa en página siguiente >>

<< Viene de página anterior

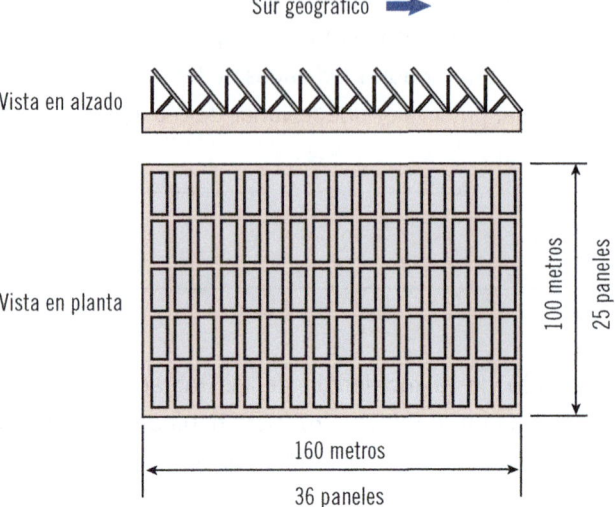

SOLUCIÓN

El tiempo de captación total es de 12 horas. Este tiempo se debe transformar en minutos:

$$t = 12 \text{ horas} \cdot 60 \text{ minutos/hora} = 720 \text{ minutos}$$

La superficie de captación de todos los paneles solares de la parrilla es:

$$S = 25 \text{ paneles} \cdot 36 \text{ paneles} \cdot 9 \text{ m}^2 = 8.100 \text{ m}^2$$

Teniendo en cuenta el coeficiente de captación solar, de valor 0,85, la cantidad de calor será:

$$Q = S \cdot t \cdot k$$

$$Q = 8.100 \text{ m}^2 \cdot 720 \text{ minutos} \cdot 0,85 = 4.957.200 \text{ calorías}$$

$$Q = 4.957,2 \text{ kilocalorías}$$

2.3. Aplicaciones de la energía solar térmica

El aprovechamiento de la energía que proporciona el Sol se puede emplear en varias aplicaciones, de forma pasiva o activa.

Los invernaderos son una aplicación pasiva. Las radiaciones solares de onda larga inciden en el plástico transparente de la cubierta, generándose su reflexión en la superficie del suelo de labor, transformándose en radiaciones de onda corta que intentan abandonar el invernadero. Estas, al no poder escapar, quedan retenidas en el interior provocando un aumento de la temperatura, llegándose a conseguir hasta 50 °C.

El invernadero retiene radiaciones solares

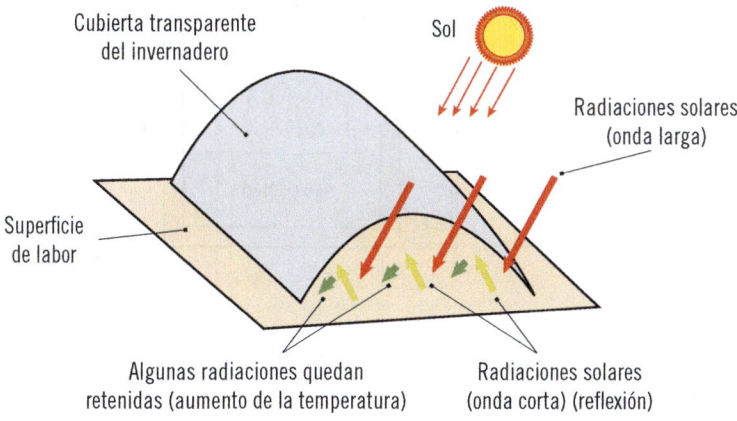

 Actividades

2. Indicar el lugar de España donde la aplicación de invernaderos está más extendida. Sea curioso y observe imágenes con el buscador de mapas. Es impresionante.

Otra aplicación pasiva es la desalinizadora de agua. Se trata de un recipiente, llamado **primario,** con una cubierta inclinada de vidrio o plástico transparente que deja pasar las radiaciones solares. Estas quedan retenidas, como en el caso del invernadero, y calientan el agua salada hasta la evaporación. La condensación del vapor de agua que queda en el interior, y que se desliza hacia la canaleta y el recipiente secundario, hace que el agua quede sin sal. Al final del proceso natural, la sal quedará en el fondo del recipiente primario.

La condensación de agua se utiliza para desalar agua

La forma activa de aprovechar la energía solar es concentrando las radiaciones en un punto determinado para sumarlas.

El horno ecológico es la primera aplicación que concentra la luz y el calor en el recipiente, calentándolo para que los alimentos se cocinen. Existen dos maneras diferentes de conseguir el horno solar: con un reflector parabólico abierto o con un reflector plano que concentra las radiaciones hacia un recipiente cerrado y aislado, a modo de invernadero, y que calienta el recipiente donde se encuentran los alimentos. El máximo de temperatura que se puede alcanzar con estas aplicaciones es de 90 ºC, suficiente para cocinar, pero en un tiempo elevado.

Diferencias entre dos hornos solares

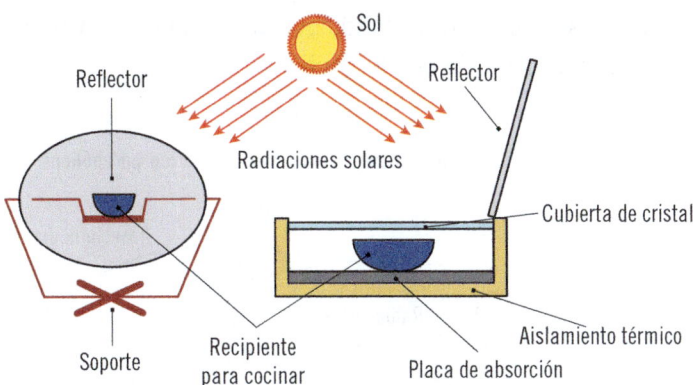

Las aplicaciones industriales de captación de radiaciones solares permiten la concentración de los rayos en un punto o superficie determinada para, de este modo, obtener altas temperaturas que se utilizan para calentar un fluido y utilizar esta energía calorífica en el calentamiento de agua que se convierte en vapor, el cual mueve la turbina de generación de electricidad.

Existen instalaciones activas que desplazan los espejos siguiendo la dirección de las radiaciones solares.

El horno solar que se encuentra en Odeillo (Pirineos franceses) se utiliza en la investigación de fusión de metales como el acero y el aluminio, consiguiéndose temperaturas elevadísimas de hasta 4.000 ºC.

Las radiaciones solares se concentran en un punto gracias a los espejos móviles.

La aplicación más utilizada son los colectores cilíndrico-parabólicos, que siguen las radiaciones solares durante el día, las concentran a lo largo de una tubería donde se encuentra un fluido que absorbe el calor y utilizan ese tipo de energía para la generación de electricidad.

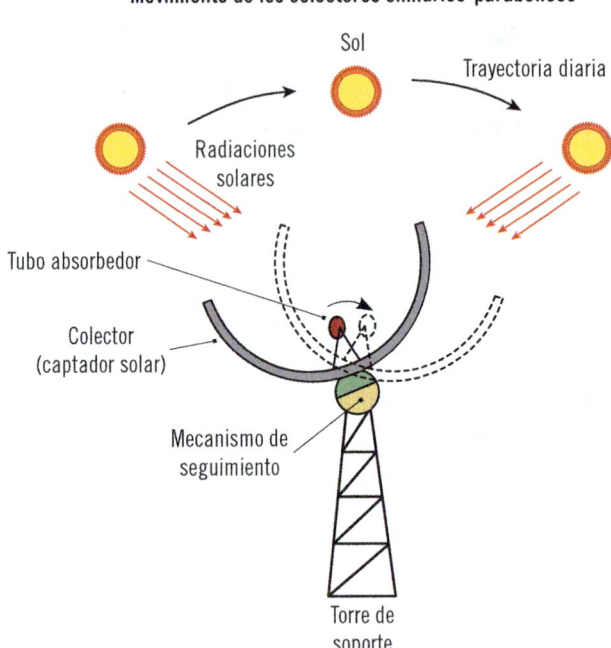

Movimiento de los colectores cilíndrico-parabólicos

La última aplicación industrial, hasta la fecha, es la instalación de espejos móviles o helióstatos, que se encargan de concentrar las radiaciones solares en el punto alto de una torre central donde se encuentra un depósito de sales frías. En el proceso industrial, estas sales pierden calor y producen el vapor de agua que se encarga de mover la turbina que genera electricidad, como en las anteriores aplicaciones de colectores cilíndrico-parabólicos.

En Sanlúcar La Mayor (Sevilla) se encuentra una instalación que utiliza más de 600 helióstatos para concentrar las radiaciones solares hacia la parte alta de una torre de 100 metros de altura.

Helióstatos móviles con tecnología de torre

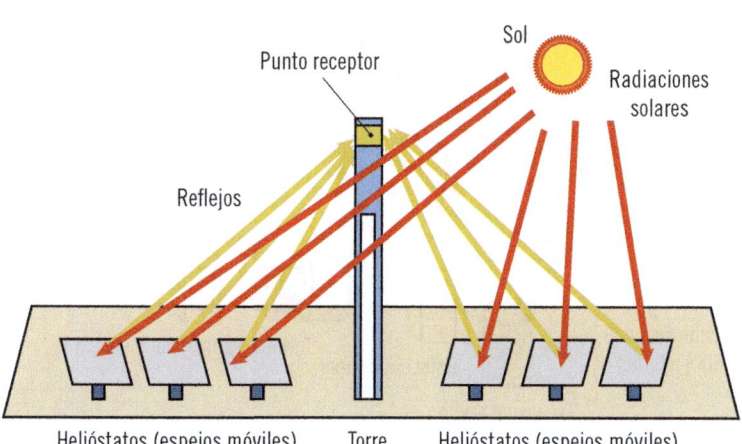

2.4. Funcionamiento global

En las instalaciones domésticas de aprovechamiento de calor, el circuito primario de agua calentada en el panel solar se distribuye hacia el intercambiador de calor desde donde parte el circuito secundario de agua caliente sanitaria (ACS) para el aseo personal, el cual termina en la red de evacuación de aguas.

Otros circuitos secundarios, de tipo cerrado, son el de calefacción de estancias, que emite el calor en los radiadores, y el de climatización de piscinas, el cual recibe el agua por la parte superior del vaso, saliendo por la parte inferior y elevándose mediante una bomba hidráulica.

Las instalaciones industriales que utilizan las radiaciones solares como energía calorífica captan el calor y lo almacenan en un fluido (aceite) para, en la mayoría de los casos, calentar agua que se transforma en vapor, el cual se utiliza para mover la turbina que se encuentra unida al rotor generador de corriente alterna (alternador). Esta electricidad se debe transformar para el transporte y el consumo en las viviendas y las industrias de las poblaciones.

Una forma de generar electricidad a partir de colectores solares cilíndrico-parabólicos

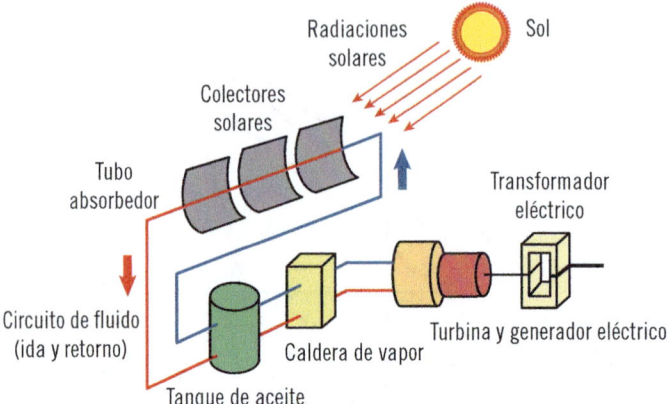

 **Actividades**

3. Realizar un esquema en el que se resuman las diferentes formas de aprovechamiento pasivo de las radiaciones solares.

3. Captadores solares

El punto inicial de cualquier instalación de aprovechamiento de energía calorífica a partir de las radiaciones solares es el llamado **colector, panel** o **captador solar.** De su eficiencia depende en gran parte que la instalación cumpla con las expectativas de ahorro energético que se esperan.

El estudio se va a realizar para su aplicación en las viviendas domésticas y las instalaciones comunes de las industrias, dejando aparte el aprovechamiento del calor y su transformación en energía eléctrica, del que ya se ha visto lo esencial.

3.1. Tipos de colectores y características

Los tres tipos de colectores de placa plana que se utilizan en las aplicaciones domésticas se diferencian básicamente en el nivel de aislamiento de la superficie captadora, ya que según este se podrán realizar instalaciones de baja, media y alta temperatura.

El más básico no tiene cubierta transparente aislante, el medio la tiene y el de alta gama tiene una carcasa cerrada herméticamente. En los tres casos la pintura de color negro se utiliza para absorber y retener la mayor cantidad de radiaciones solares, y el aislamiento del fondo consigue además una menor pérdida de calor.

Por tanto, existen colectores solares al aire, cerrados y herméticos.

Instalación solar de paneles al aire para climatización de piscinas

3.2. Descripción de funcionamiento de los captadores

El efecto invernadero, que ya se conoce, hace que parte de las radiaciones solares queden atrapadas en el interior del captador, de forma que se aumente la temperatura del recipiente, ayudando en el calentamiento de las tuberías por donde circula el fluido.

El vidrio o plástico transparente de la cubierta deja pasar las radiaciones solares. Cuando el fluido entra en el captador, se encuentra a una temperatura ambiente, pero esta se eleva debido a la incidencia de la radiación solar de onda larga, ayudada por el efecto invernadero que se produce cuando en el reflejo quedan retenidas aproximadamente el 50 % de las radiaciones de onda corta. Además, el color negro del que están pintados los tubos y la placa del fondo junto con el aislante aumenta el rendimiento del captador solar.

De esta forma, el fluido que se encuentra en el interior de las tuberías abandona el captador a una temperatura mucho más elevada.

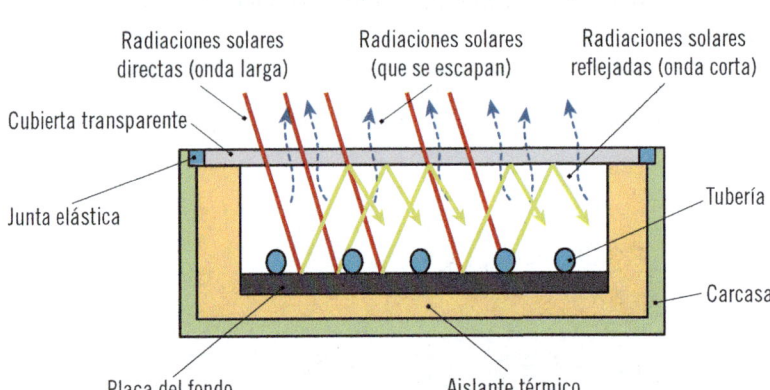

Retención de radiaciones solares en el captador

3.3. Características constructivas

En el elemento colector existirán diferencias de temperatura entre el material que debe absorber el máximo de radiaciones solares y la estructura propiamente dicha. Es por ello que la dilatación de la **parte caliente** no debe afectar a la **parte fría,** pero a la vez se debe asegurar un nivel de estanqueidad elevado para conseguir que el efecto invernadero que se está reproduciendo no permita las pérdidas de calor.

El elemento fundamental que permite la unión de las dos partes es la junta flexible, que puede estar construida de material caucho o de silicona. Esta junta será la encargada de absorber las diferencias de temperatura producidas a lo largo del día.

Los elementos principales, siempre respetando las diferentes tecnologías de cada empresa instaladora, son:

- Junta elástica.
- Material transparente.
- Parrilla de tuberías.
- Placa del fondo.
- Aislamiento.
- Carcasa.

Despiece de un panel solar estándar

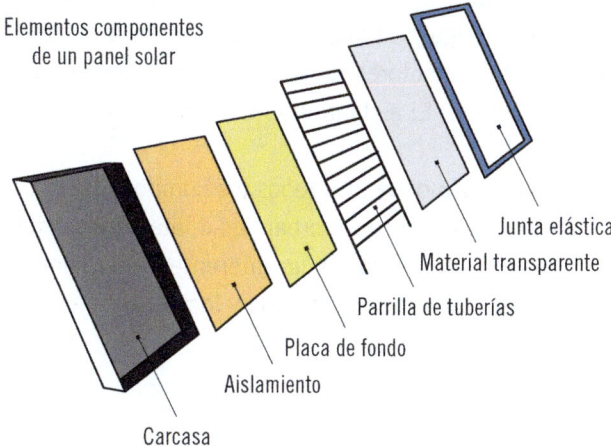

Elementos componentes
de un panel solar

Junta elástica

Material transparente

Parrilla de tuberías

Placa de fondo

Aislamiento

Carcasa

La junta elástica (de silicona) asegura la estanqueidad del panel a la vez que absorbe las deformaciones por las diferencias de temperatura que se presentan.

El material transparente puede ser de vidrio, aunque en algunos tipos de paneles puede ser plástico. Es fundamental que permita el máximo paso de las radiaciones solares, por lo que no sirven materiales traslúcidos, de color u oscurecidos.

La parrilla de tuberías está formada por líneas de tubos colocados en paralelo, los cuales desembocan en dos laterales, el primero por donde entra el fluido a temperatura ambiente y el segundo por donde sale ya calentado por las radiaciones solares. Es fundamental que la absorción de calor sea máxima, por lo que debe estar pintada de color negro que, como ya se sabe, aumenta la absorción de calor no dejando que se escape la radiación por no reflejarse.

En las aplicaciones para climatización de piscinas, las tuberías pueden estar construidas de material plástico (polímero), ya que se consideran instalaciones de baja temperatura, con paneles descubiertos que no llegan a deformarse por el calor.

Dos materiales fundamentales son el grupo que constituyen la placa del fondo y el aislamiento térmico que rodea el panel. Los dos son los encargados de retener el máximo de calor, el primero reflejando las radiaciones hacia la parte inferior de la parrilla de tuberías y el segundo no permitiendo que el calor se escape del panel. Algunos paneles pueden tener la placa del fondo pintada de negro, pero en los colectores de última generación se ha conseguido aprovechar incluso el reflejo. El aislante habitual es la fibra de vidrio.

Por último, la carcasa debe unir todos los componentes de manera hermética, permitiendo además que se absorban las dilataciones, así como no permitir la oxidación ni la corrosión debidas a las diferentes inclemencias meteorológicas que se pueden presentar a lo largo del día y los períodos estacionales del año.

 Importante

La estructura del panel debe permitir el fácil manejo por parte de los operarios montadores y una sencilla instalación en el soporte que permitirá obtener la inclinación óptima (latitud ±10°) y una orientación adecuada (sur geográfico).

Actividades

4. Describir en un párrafo el funcionamiento del invernadero, que es la base del aprovechamiento de las radiaciones solares.

3.4. Sistemas de conexión de captadores

El trabajo de captación de calor que un colector realiza de manera individual debe ser aprovechado por la red principal o primaria para llevar a los puntos de consumo el fluido caliente.

La conexión de los diferentes captadores debe asegurar que las pérdidas de carga debidas al rozamiento del fluido con las paredes interiores de las tuberías sea el mínimo posible de manera que el rendimiento sea máximo.

Hay que tener en cuenta también la longitud del circuito primario, ya que se ha de colocar una bomba hidráulica que permita el desplazamiento del fluido en su retorno.

Importante

Los sistemas por gravedad no funcionan en estas instalaciones solares como lo hacen en el suministro normal de abastecimiento y consumo de agua fría y ACS.

La pérdida de calor en el trasiego del fluido caliente puede reducirse utilizando aislamientos en las canalizaciones de forma que el calor se mantenga latente.

3.5. Conexión en serie y conexión en paralelo

La forma de conexión de los captadores solares siempre deberá estar en función de las aplicaciones para las que se quiera el fluido caliente, ya sea para un proceso industrial a alta temperatura o una instalación doméstica de calefacción y/o ACS.

En el primer caso, con la instalación de los captadores en serie, en los que la salida de un captador se conecta a la entrada del siguiente, se obtiene una temperatura del fluido más elevada, ya que el calor absorbido por el anterior se mantiene en el siguiente, aumentando paulatinamente.

Conexionado en serie de paneles solares

Entrada de fluido a T.ª ambiente

Salida de fluido caliente

Este tipo de conexión de captadores permite menor longitud de tuberías, por lo que el caudal de fluido y la bomba hidráulica para forzar su desplazamiento pueden ser de menor potencia que en otros sistemas, como puede ser el paralelo.

La aplicación habitual en instalaciones domésticas es la conexión en paralelo, en la que se obtienen temperaturas no tan elevadas como anteriormente, aunque es necesaria una inversión mayor en racores de conexión, longitud de tuberías y bomba hidráulica para el desplazamiento del fluido caloportador.

Conexionado en paralelo de paneles solares

Entrada de fluido a T.ª ambiente

Salida de fluido caliente

Al obtenerse temperaturas del fluido moderadas, no superiores a 35 ºC, este tipo de conexión es muy recomendado para la instalación de ACS y la climatización de piscinas.

En los edificios de viviendas, y en las viviendas particulares, la distribución de radiadores en las habitaciones suele realizarse en paralelo, utilizando una línea de fluido caliente hasta el último punto y una tubería de fluido frío donde se conectan las salidas de cada unidad radiante.

 Aplicación práctica

La primera decisión que debe tomar como responsable de una pequeña empresa de instalaciones de energía solar es la modificación de una planta industrial de aprovechamiento solar térmico.

Realice un esquema tipo de la nueva conexión en sistema mixto (serie-paralelo) de los seis captadores solares pertenecientes a la ampliación.

Entrada de fluido a T.ª ambiente

Salida de fluido caliente

SOLUCIÓN

En la disposición de los captadores en serie se enlaza la salida de uno con la entrada de otro, mientras que en la disposición en paralelo se realizan las conexiones a dos líneas.

Teniendo en cuenta lo anterior, y siendo seis los captadores a unir en sistema mixto, se dispondrán dos líneas en serie que se conectarán en paralelo.

La solución adoptada es la siguiente:

Continúa en página siguiente >>

<< Viene de página anterior

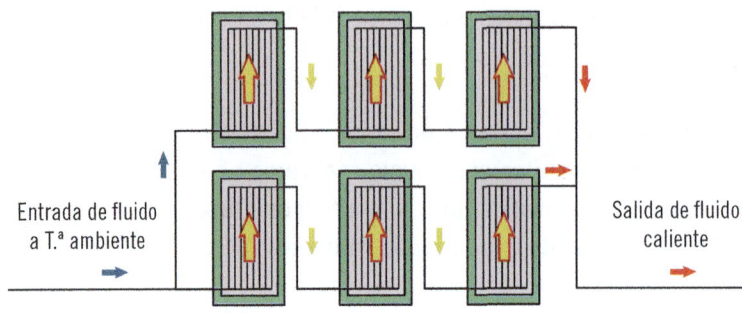

Entrada de fluido
a T.ª ambiente

Salida de fluido
caliente

3.6. Estudio energético de los captadores

La energía que los captadores toman directamente de las radiaciones solares no se transmite en su totalidad al fluido caloportador que se distribuye por las canalizaciones.

Es lógico pensar que en la pérdida de energía influyen todos y cada uno de los elementos de los que consta el captador, dependiendo de la calidad de los materiales y de los aislamientos que debe llevar.

La energía total (Et), por tanto, será el resultado de sumar la energía captada (Ec) y la energía que se pierde (Ep).

$$Et = Ec + Ep$$

El panel solar tiene una capacidad de captar energía que será la energía total o incidente en él, menos la energía que se pierde.

$$Ec = Et - Ep$$

El estado meteorológico influye en los valores de captación de energía total, siendo igual a la intensidad radiante (Ir), medida en W/m², por la superficie del panel (S). Influyen además la transmitancia de la cubierta transparente (coeficiente τ) y el coeficiente α de absorción de la placa.

$$Et = \tau \cdot \alpha \cdot S \cdot Ir$$

En cuanto a la energía perdida (Ep) por superficie (S), el fabricante del panel proporciona un valor empírico (U) en el que entran en juego los coeficientes de radiación, convección y conducción propios del diseño, además del valor de temperatura de la placa del fondo (Tf) y la temperatura ambiente (Ta).

$$Ep = S \cdot U \cdot (Tf - Ta)$$

Sustituyendo y agrupando estos valores, la capacidad de captación de energía en el panel solar será:

$$Ec = Et - Ep = [\tau \cdot \alpha \cdot S \cdot Ir] - [S \cdot U \cdot (Tf - Ta)]$$

$$Ec = S\,[Ir\,(\tau \cdot \alpha) - U\,(Tf - Ta)]$$

Es una expresión en la que influyen todos los elementos del panel en cuanto a materiales y pérdidas que se pueden tener.

Además, el rendimiento η del panel se obtiene de la relación entre la energía captada y la total.

$$\eta = Ec / Et$$

Gráfica en la que (Tf-Ta)/Ir representa la influencia de la intensidad radiante y la diferencia de temperaturas que se tiene entre la placa del fondo y la del ambiente

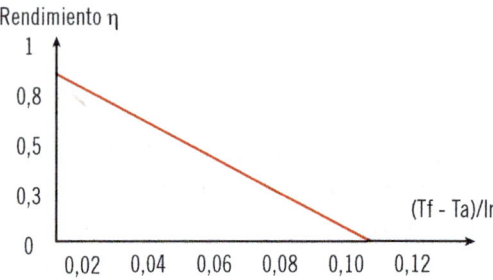

3.7. Cálculo de pérdidas hidráulicas en montajes serie-paralelo

El cálculo teórico de las pérdidas hidráulicas en las canalizaciones es complejo, ya que influyen variables como el coeficiente de rozamiento del fluido (λ) y su densidad respecto a la del agua (dr), el diámetro D y la longitud del tramo de tubería que se está calculando (L) junto con la velocidad del fluido (v) y la aceleración de la gravedad (g).

La expresión que las une es:

$$Pc = \lambda \, [dr(L / D)(v^2 / 2 \, g)]$$

En la que Pc es la pérdida de carga en un tramo de tubería horizontal expresada en metros de columna de agua (mca).

Nota

1 atmósfera de presión es equivalente a 10,3 mca.

La expresión anterior es similar a la ecuación de Bernoulli, de carácter físico-teórico, en la que intervienen la velocidad (v) y la densidad (ρ) del fluido, la presión (P) a la que este se encuentra, junto con la aceleración (g) de la gravedad y la diferencia de altura (z) entre los dos puntos considerados.

$$(v^2 \rho \,/\, 2\,g) + P + \rho g z = \text{constante}$$

Actividades

5. Buscar información, en imágenes, sobre la ecuación de Bernoulli y su aplicación en depósitos de líquido.

En los dos distintos tipos de conexión de colectores solares, serie y paralelo, se observó anteriormente que el primero empleaba menos longitud de tuberías, ya que la salida de un captador se conectaba con la entrada del siguiente, de forma que la cantidad de curvas y codos es menor. En la conexión en paralelo existe, por tanto, más pérdida de carga en el fluido caloportador.

Existe una forma de cálculo más sencillo basado en la pérdida de carga teórica (Ptc) de cada tipo de elemento que interviene en el trazado de tuberías, y su longitud equivalente (Le) en metro lineal de tubería recta.

$$Pco = Pct \cdot Le$$

Siendo Pco la pérdida de carga en el obstáculo.

De esta forma, se encuentran tabulados algunos elementos:

Accesorio	Le
Unión lisa	0,1
Derivación en T	2,2
Codo de 45°	0,7
Codo de 90°	1,5
Curva de 90°	0,4
Válvula de bola (abierta)	1
Reducción cónica	0,5
Entrada a depósito	1,5

El cálculo de la pérdida de carga total, utilizando los valores de la tabla de equivalencias, quedaría así:

$$Pctotal = Pc + Pco = Pc + (Pct \cdot Le)$$

Recuerde

En la pérdida de carga influye el rozamiento del fluido con la pared interior de la tuberías. Influyen además las posibles fugas e incrustaciones por el envejecimiento de la instalación.

Los valores, que la experiencia en montajes ha demostrado, consideran un porcentaje de pérdidas por los elementos considerados obstáculos (Pco) de entre el 20 % y el 30 %, que se debe sumar a la pérdida de carga en los tramos rectos (Pc) para obtener la pérdida de carga total (Pctotal).

Aplicación práctica

Se debe realizar un nuevo trazado en la red de tuberías de ACS en una instalación industrial, ya que se debe evitar un soporte estructural perteneciente a la ampliación en las zonas comunes de vestuarios.

Sabiendo que la pérdida de carga actual en el tramo recto que se debe modificar es de 1,3 mca, calcule la nueva pérdida de carga total para la distribución de tubería del croquis adjunto.

Estado actual (teórico)   Estado modificado

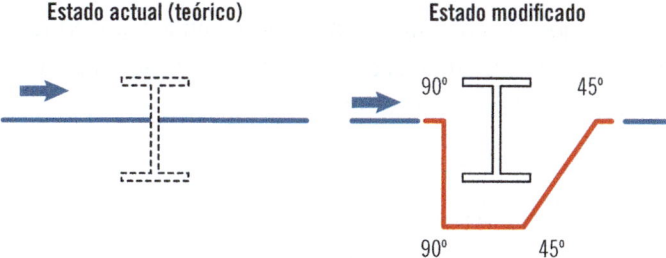

SOLUCIÓN

Los elementos que generan la nueva pérdida de carga en las tuberías son dos codos de 90° y dos codos de 45°, a lo que hay que sumar las uniones de estos a los tubos rectos. En total se tendrán ocho uniones debidas a los nuevos cuatro elementos.

La pérdida de carga de cada elemento será:

Codo de 90° → Pco 90° = 1,3 mca · 1,5 = 1,95 mca
Codo de 45° → Pco 45° = 1,3 mca · 0,7 = 0,91 mca
Uniones → Pco unión = 1,3 mca · 0,1 = 0,13 mca

Pérdida de carga en la ampliación = (2 · 1,95) + (2 · 0,91) + (8 · 0,13)
Pc ampliación = (3,9) + (1,82) + (1,04) = 6,76 mca
Pctotal = (Pc actual) + (Pc ampliación) = (1,3) + (6,76) = 8,06 mca

Actividades

6. Realizar dos dibujos en los que se recuerde la forma de conexión de los captadores solares en serie y en paralelo.
7. Indicar la similitud con los montajes eléctricos de resistencias en serie y en paralelo.

4. Elementos de una instalación solar térmica y especificaciones

Hasta ahora se ha hablado de las diferentes formas de captar la energía proporcionada por el Sol: en forma de radiaciones, por medio de los denominados colectores, captadores o paneles solares.

Para la utilización del calor almacenado en el fluido caloportador existen un circuito primario y otro, u otros, secundario que lo llevarán hacia las estancias que se pretenden calentar o consumir.

4.1. Captadores, circuitos primario y secundario, intercambiadores, depósitos de acumulación, depósitos de expansión, bombas de circulación, tuberías, purgadores, caudalímetros, válvulas y elementos de regulación y control

Los elementos de los que consta una instalación de aprovechamiento de la energía solar y su transformación en energía térmica cumplen su misión individual, tanto en la captación como en el almacenamiento, sin olvidar la distribución hacia los lugares de consumo y los puntos de control de presión, temperatura y caudal.

Se pueden clasificar en varios grupos:

- **De captación:** colector solar.
- **De distribución:** tuberías en los circuitos primario y secundario y bomba hidráulica.

- **De acumulación:** intercambiador y depósito de acumulación y aislamiento.
- **De seguridad:** depósito de expansión y purgador.
- **De control:** válvulas, caudalímetro y elementos de regulación.

Elementos principales en la distribución de agua caliente en una vivienda

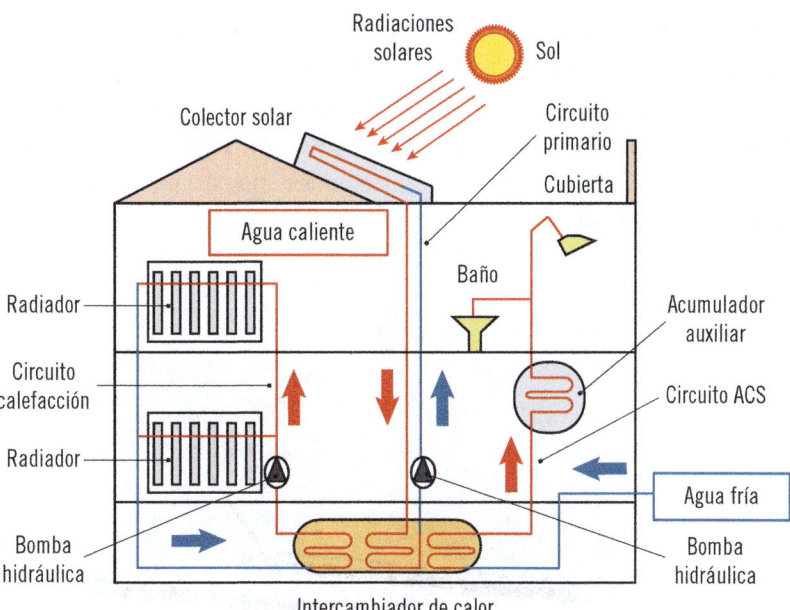

Además, el fluido caloportador (habitualmente agua potable), en el circuito primario, puede estar mezclado con un anticongelante como el etilenglicol, así como con otros aditivos anticorrosivos que favorecen la durabilidad de las tuberías por donde circula.

El circuito secundario de ACS nunca debe llevar aditivos, ya que se podría producir una contaminación en los consumidores.

4.2. Función de cada elemento dentro de la instalación

Como ya se dijo, cada elemento de la instalación cumple su misión, y todos unidos hacen que la instalación funcione de manera correcta y sin peligro, tanto para las personas que lo utilizan en su consumo, como para la propia instalación, consiguiendo el mayor rendimiento en el aprovechamiento del calor que proporcionan las radiaciones solares.

Captadores

Son los elementos principales donde se inicia la instalación. La elección del tipo de captador o colector, su forma de conexión y superficie útil dependerán de la verdadera aplicación para la que se utilice, ya sea una instalación de ACS, calefacción o climatización de piscinas, para los usos domésticos en edificios de viviendas, o en las aplicaciones industriales para generación de vapor y electricidad.

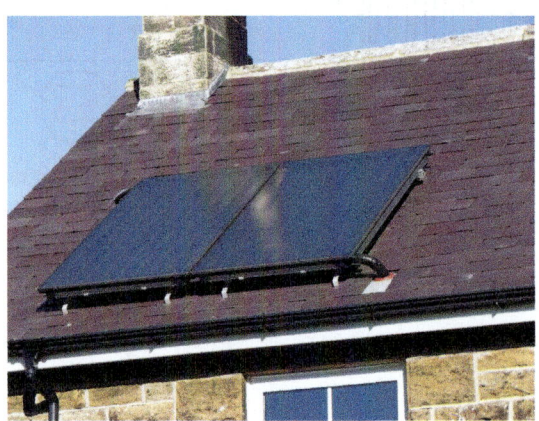

Captadores solares de apoyo al consumo energético en una vivienda

Lo fundamental de un captador en una instalación doméstica es que se encuentre orientado correctamente, con la inclinación óptima, sin sombras y en número suficiente para poder ser la principal energía calorífica del edificio, o servir de apoyo o complemento a otras más habituales, como puede ser la caldera de combustión o eléctrica.

Circuito primario

Se denomina así al circuito de fluido caloportador que forma parte de los captadores solares y que transporta el calor hacia el intercambiador de calor y/o acumulador. La circulación está forzada por una bomba hidráulica que mantiene el fluido en movimiento.

La longitud de este circuito primario deberá ser lo más reducido posible para que las pérdidas de calor sean mínimas.

Circuito secundario

Normalmente, en la edificación se utilizan dos o tres circuitos secundarios, dependiendo de para cuántas aplicaciones se vaya a utilizar la energía calorífica.

Uno puede ser de agua caliente sanitaria (ACS), que se apoya en un acumulador auxiliar de agua potable para poder utilizarlo en los días en que la captación de radiaciones solares no es muy elevada, situación muy habitual en los días de otoño e invierno.

Otra aplicación-circuito será para calefacción, en la que el fluido caloportador puede ser aceite o agua con aditivos anticongelantes, de modo que se distribuya el calor a las diferentes estancias de la vivienda y a las zonas comunes de los edificios o locales. Este circuito de calefacción también puede complementar la demanda calorífica del edificio que disponga de calefacción central.

La climatización de piscinas es la tercera aplicación del circuito secundario, utilizado para elevar la temperatura del agua hasta valores adecuados para los baños en épocas otoñales o invernales.

Intercambiador de calor

Es el sistema que se encarga de transmitir el calor acumulado en el fluido caloportador y transmitirlo a los circuitos secundarios de la instalación. Se encuentran dos disposiciones, con el intercambiador incluido en el depósito acumulador o colocado de manera independiente.

El intercambiador de calor colocado en el interior del depósito puede ser de doble envolvente o de serpentín, e irá colocado siempre en la parte inferior. El intercambiador independiente se construye de placas de material acero inoxidable o cobre, cuyas características técnicas debe suministrarlas el fabricante.

Entrada y salida de fluido en el intercambiador de calor de placas

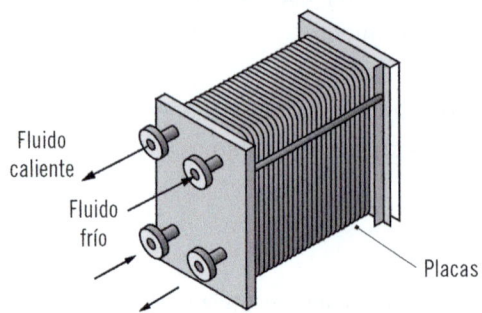

Fluido caliente

Fluido frío

Placas

Depósito de acumulación

La calefacción en los edificios de viviendas se suele utilizar en los meses más fríos, pero el ACS se utiliza a lo largo de todo el año para la higiene personal.

Es necesario un depósito de agua potable que se mantenga a una temperatura adecuada para la demanda en un determinado momento, habida cuenta de que cuando menos radiaciones solares existen (en otoño e invierno) más necesaria es el agua caliente sanitaria.

Por tanto, el depósito acumulador es una reserva útil y necesaria para cualquier instalación de ACS, ya sea la generación de calor mediante energía solar térmica o con métodos más clásicos como la caldera de combustión o el calentador eléctrico.

 Sabía que...

Las instalaciones de ACS con calentador instantáneo a gas no necesitan un depósito acumulador, ya que calientan el agua en un serpentín en el momento del consumo.

Depósito de expansión

También llamado **vaso de expansión,** es el elemento que se encarga de absorber las presiones que se generan por la diferencia de volumen en la dilatación del agua caliente que se encuentra en el interior del circuito secundario de ACS. En los casos de aumento de volumen del líquido se canalizará un rebose, que se canaliza hacia otro depósito.

Existen vasos de expansión cerrados (de membrana) y abiertos, estos últimos utilizados también para el relleno de líquido en la instalación mediante un sistema de flotador en un depósito anexo.

El sistema de flotador es muy utilizado por su sencillez

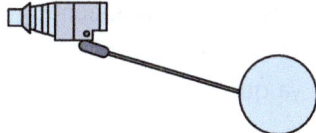

Se debe colocar en la aspiración (detrás) de la bomba hidráulica, y a una altura mínima de 2,5 metros por encima de la red de tuberías.

Como es normal, debe estar construido de materiales que soporten los picos de presión que se pueden llegar a producir.

Actividades

8. Investigar sobre el funcionamiento del flotador en los depósitos.
9. Realizar un listado de los lugares en los que este se encuentra en su vivienda.

Bomba de circulación

Es necesario el uso de una bomba hidráulica que mueva el líquido por el circuito primario de captación de energía solar térmica y por los circuitos secundarios de calefacción y climatización de piscinas. Se necesita también en determinados circuitos de ACS, cuando son de grandes recorridos.

Este elemento crea una depresión en el circuito hidráulico de forma que se mueve el fluido en el interior de las tuberías. El accionamiento de las paletas suele ser eléctrico, a unas revoluciones que se pueden graduar, y con diferentes niveles de presión, dependiendo de la longitud del circuito y el fluido calo-portador que se deba desplazar, ya que la densidad puede ser mayor o menor (agua-aceite).

Existen bombas de diferentes construcciones (engranajes, pistones, husillos, paletas), pero la que más se utiliza, por su sencillez y facilidad de montaje, es la de paletas, ya que las otras se utilizan más en aplicaciones de hidráulica industrial.

**Vista interior de una bomba hidráulica de paletas
con salida tangencial**

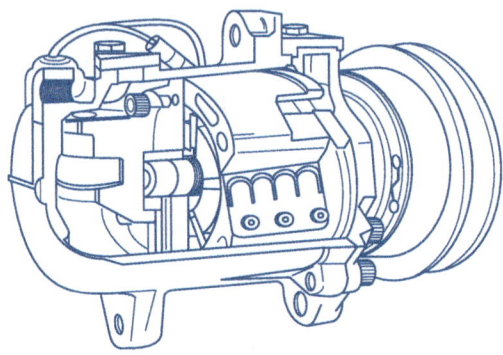

Tuberías

Se encargan de distribuir el fluido caloportador por los circuitos primario y secundario.

Las tuberías pueden estar construidas de elementos metálicos como el cobre o el acero, así como de materiales plásticos siempre que aguanten las diferencias de temperatura que se pueden presentar en el fluido. Cada vez más se utilizan materiales plásticos, ya que su ligereza y facilidad de montaje reducen las horas de trabajo total en la instalación.

Aislamientos

El aislamiento no es un elemento en sí mismo, pero es muy necesario si se quiere obtener el mayor rendimiento de la instalación.

Forma parte de otros elementos como los captadores, los intercambiadores y los depósitos acumuladores, realizando el trabajo de aislar convenientemente el equipo para evitar las fugas de calor al exterior.

 Nota

Con el perfecto aislamiento de las tuberías de transporte se puede ahorrar hasta un 35 % de la energía total en la instalación.

Purgador

Es un elemento importante, ya que se encarga de eliminar las posibles burbujas de aire que se forman en el interior de las tuberías, que en ocasiones pueden producir sobrepresiones incómodas para la instalación.

Deben soportar las temperaturas a las que está sometido el fluido caloportador y se instalan en las partes altas y en las salidas de los colectores solares. En las redes de calefacción, cada uno de los radiadores dispone de un purgador acoplado.

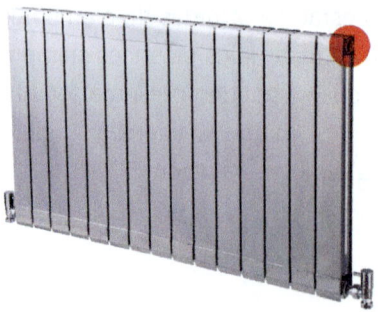

Purgador automático en radiador de calefacción

Caudalímetro

Se encarga de medir el caudal volumétrico de fluido que se encuentra en el interior de las tuberías mediante la medición del volumen que pasa por una cámara intermedia o mediante el cálculo del número de vueltas que realizan unas aspas al circular el fluido.

El caudalímetro de aspas es el más utilizado como contador de volumen de fluido en las instalaciones domésticas de agua potable.

El caudalímetro de aspas cuenta las vueltas.

Es necesario conocer el caudal de fluido que circula por los circuitos, ya que con él se puede determinar el consumo instantáneo que se está realizando, así como las necesidades futuras para una posible ampliación.

Válvulas

Estos elementos se encargan de regular el movimiento del fluido de la instalación permitiendo los desvíos, los cortes, los aislamientos, la seguridad y la regulación a voluntad. Se pueden encontrar en las instalaciones de ACS, calefacción y climatización de piscinas.

Existen muchos tipos de válvulas que se agrupan en el siguiente cuadro:

Trabajo	Tipo
Interrupción	De compuerta
	De bola
	De macho
	De mariposa
Regulación	De asiento o globo
	De husillo en "Y"
	De aguja o punzón
	De diafragma
	De manguito elástico
Retención	De clapeta
	De pistón
	De bola
	De disco ascendente
	De platillos

Esta clasificación de las válvulas se ha realizado dependiendo del trabajo que son capaces de realizar.

Elementos de regulación y control

Además del control manual, que se puede llevar a cabo con las válvulas, existen equipos electrónicos que detectan, informan y corrigen las posibles desviaciones que se producen en las instalaciones de calefacción, ACS y climatización, de forma que tienen salida en un display de fácil lectura.

Es muy importante en las instalaciones domésticas de agua caliente sanitaria que la temperatura no supere determinados límites, ya que puede llegar a ser peligroso al contacto con las personas.

Los sensores distribuidos por la instalación informan, de manera instantánea, de las diferentes variables de temperatura, caudal y presión, permitiendo un perfecto control y corrección.

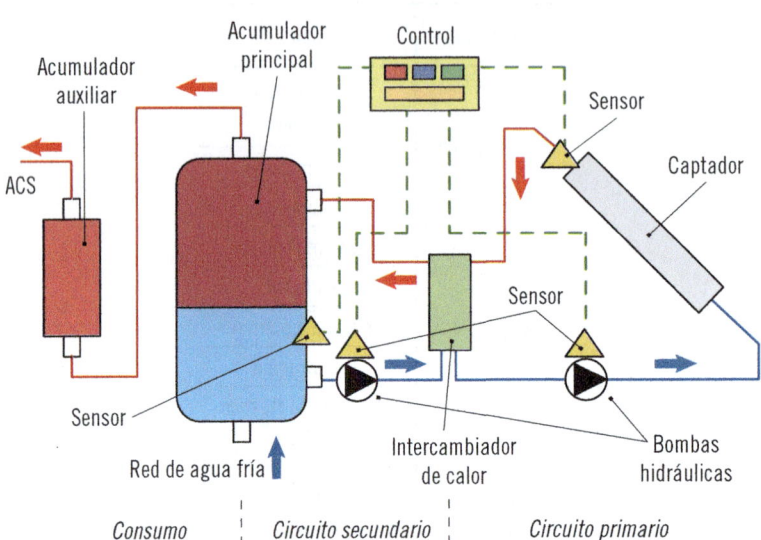

Situación de detectores y control de la instalación

4.3. Características de cada elemento y descripción del mismo

El funcionamiento individual de los diferentes elementos que componen la instalación se suma para conseguir el aprovechamiento máximo de la energía calorífica tomada de las radiaciones solares en los captadores.

Captadores

Se caracterizan por estar construidos con elementos que son capaces de retener el máximo de la energía calorífica que suministra el Sol. Por ello se reproduce el efecto invernadero, para que las radiaciones solares no abandonen el captador al reflejarse en el fondo. El color negro, del que están pintadas las tuberías y la placa del fondo, ayuda a esa retención de calor. El aislamiento térmico permite además que la energía calorífica no se pierda en el movimiento hacia el circuito primario de la instalación.

Circuito primario

Está compuesto por tuberías de material metálico (acero o cobre) que transportan en su interior el fluido caliente desde los captadores de energía solar hasta el punto en el que se toma el calor para los circuitos secundarios. La red de tuberías puede ser de material plástico siempre que el compuesto polímero aguante, sin deformase, las temperaturas que puede llegar a tener el fluido caloportador.

Dispone de elementos dentro del circuito que regulan y aseguran el buen desplazamiento del fluido, evitando los peligros de sobrepresión e inclusión de aire que se pueden producir.

Circuito secundario

La característica fundamental del circuito secundario es que debe tomar el calor y distribuirlo por las estancias de la forma más sencilla posible, no permitiendo la pérdida de calor en las canalizaciones.

Como ya se indicó, existen tres tipos de circuitos secundarios para ACS, calefacción y climatización de piscinas que pueden apoyar a la instalación de calefacción central o acumulación individual, o central de agua para el consumo.

Se inicia en el intercambiador de calor, terminando en el saneamiento cuando se trata de ACS, retornando en circuito cerrado al acumulador cuando ya se ha transmitido el calor, como en el caso de calefacción por radiación, o simplemente iniciando de nuevo en los paneles solares para la climatización de piscinas.

Intercambiador de calor

Algunos intercambiadores se encuentran anexos a los colectores solares de forma que el circuito primario tenga el menor recorrido en longitud.

Montaje del intercambiador de calor en el colector solar

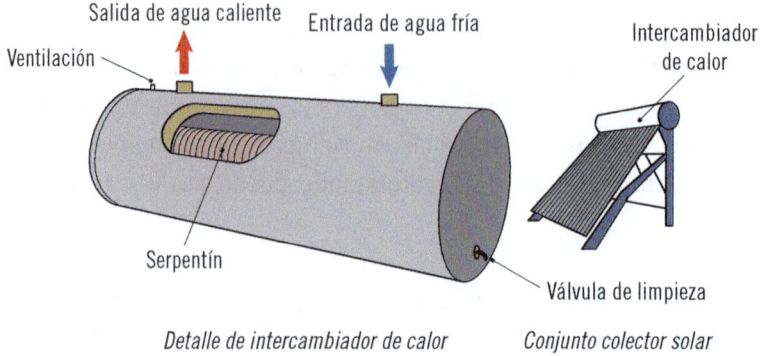

Detalle de intercambiador de calor *Conjunto colector solar*

Algunas características constructivas que deben tener los intercambiadores de calor son:

- Soportar bien la temperatura máxima del fluido que se tiene en el circuito primario de la instalación.
- Estar fabricados en materiales compatibles con el fluido caloportador, ya que pueden presentarse corrosiones e intoxicaciones.
- Que no supongan una pérdida de carga superior a 3 mca en el movimiento del fluido por su interior.
- Que transmitan el mayor poder calorífico a los circuitos secundarios.

De modo orientativo, y para las tres aplicaciones que se desarrollan en los edificios de viviendas, se indican algunos rangos de temperatura que se pueden presentar en los intercambiadores de calor:

Intercambiador de calor	Aplicación y temperatura en °C		
	ACS	Calefacción	Piscina
Entrada del circuito primario	60	60	50
Salida al circuito secundario	50	50	28
Entrada del circuito secundario	45	45	24

Actividades

10. Realizar un esquema de cómo se intercambia el calor desde el circuito primario al secundario de ACS.

Depósito de acumulación

El agua del circuito secundario de ACS toma el calor del intercambiador y lo circula mediante una bomba hidráulica hacia el depósito acumulador, donde se almacena a temperatura adecuada para ser consumida en cualquier momento.

Este depósito está construido con un aislante térmico que se encarga de mantener la temperatura en su interior. Existen de mayor o menor tamaño, pero todos proveen de ACS de manera instantánea, pero con el inconveniente de que al consumirse el volumen del depósito se reduce y hay que esperar a que el agua caliente se vuelva a acumular.

Depósito de expansión

El funcionamiento es sencillo: cuando se produce un aumento del volumen del líquido por la elevación de temperatura, el vaso abierto permite que rebose el agua hacia un depósito de relleno que lo devuelve de nuevo al vaso. Se puede utilizar este depósito de relleno como elemento de llenado automático mediante un sistema de flotador, como ya se indicó anteriormente.

Situación del vaso de expansión abierto en el circuito secundario

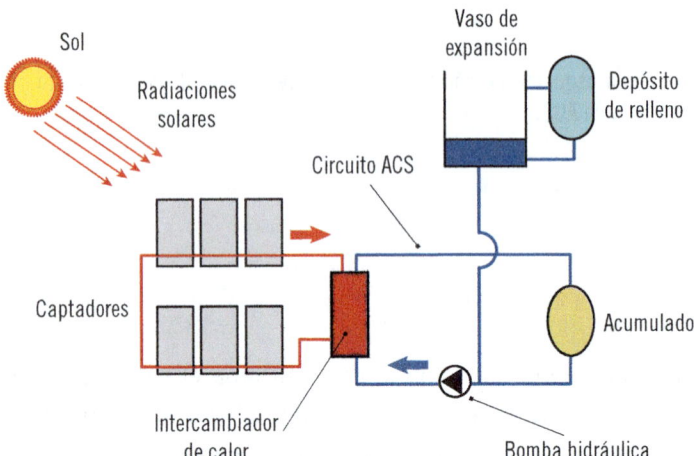

En las redes de fontanería, este depósito de expansión también se denomina **antiariete,** ya que absorbe las sobrepresiones de utilización en las instalaciones de agua fría y caliente al ser abiertas y cerradas repentinamente en la utilización normal.

Bomba de circulación

Una bomba hidráulica dispone de unas paletas móviles que se encuentran unidas al rotor del motor eléctrico, que lo hace funcionar por medio de resortes. En la carcasa se encuentran elementos de apoyo del rotor como las bridas de unión, el eje y los rodamientos.

Al moverse alternativamente las paletas, se crea una aspiración que hace que el líquido entre en los huecos y salga impulsado a mayor presión.

Interior de una bomba hidráulica de paletas

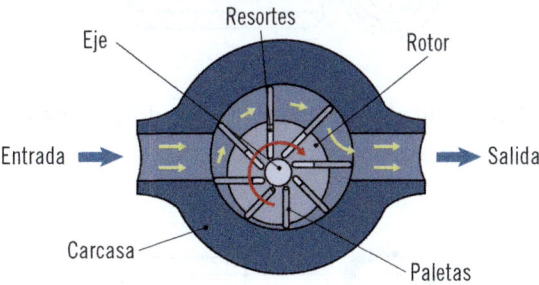

El tamaño de la instalación será el indicativo del tamaño de la bomba necesario, tanto en presión como en caudal de circulación del fluido, para obtener el mejor rendimiento.

Tuberías

Los extremos de los tubos y los accesorios como codos, curvas, conos, válvulas, etc., están construidos de diferentes formas atendiendo a su utilización posterior. Así, pueden distinguirse:

- **Extremo roscado:** poseen una rosca por la que se unen los diferentes elementos para conseguir la continuidad de la instalación.

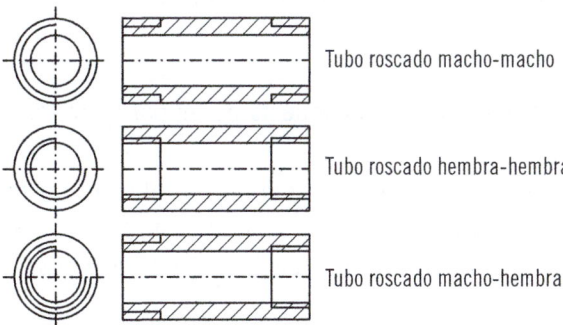

- **Extremo biselado:** están preparados para realizar uniones soldadas de los elementos, consiguiendo una estanqueidad segura en las instalaciones.

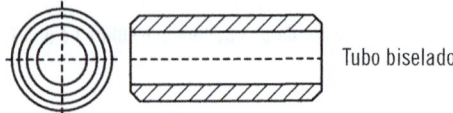

Tubo biselado

■ **Extremo plano (soldadura a enchufe):** se utilizan manguitos de unión o bridas desmontables para la continuidad.

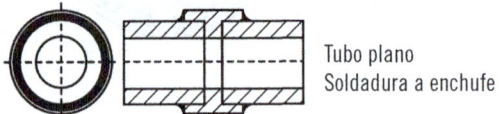

Tubo plano
Soldadura a enchufe

Importante

En las instalaciones de tuberías donde se utilicen dos materiales hay que tener muy en cuenta la protección electrolítica.

La fuerza electromotriz que se origina entre dos metales distintos puestos en contacto en un ambiente húmedo lleva a una corrosión anódica que tiene por efecto la destrucción por oxidación del metal más electronegativo (el metal menos noble).

El acero galvanizado está compuesto por el par hierro-cinc.

El hierro del acero, con un potencial de –0,34 voltios, y el cinc, con un potencial de –0,77 voltios, al unirlos, y siendo este último más electronegativo, se tendrá que, mientras exista cinc en la unión, será el cinc el que se corroerá, preservando al hierro.

En el caso del par cobre-acero, el cobre tiene un potencial de +0,33 voltios y el hierro del acero uno de –0,34 voltios. En este par se corroe primeramente el hierro, protegiendo de la corrosión al cobre. Según esto, en las instalaciones de tuberías mixtas constituidas con tubería de acero (hierro + carbono) y tubería de cobre se ha de tener presente la siguiente precaución:

> NO INSTALAR NUNCA LA TUBERÍA DE COBRE DELANTE DE LA TUBERÍA DE ACERO EN EL SENTIDO DE CIRCULACIÓN DEL AGUA.

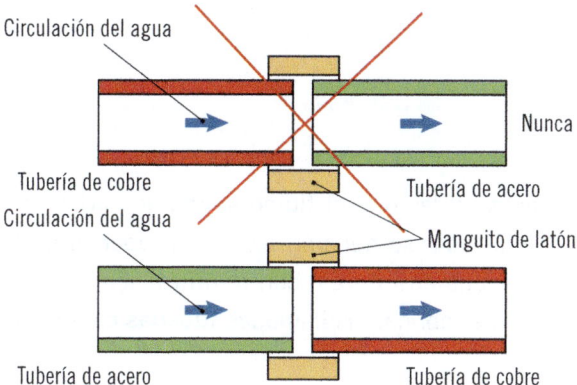

La causa es que, cuando se coloca la tubería de cobre delante de la de acero en el sentido de circulación del agua, los limos y las partículas de cobre que se desprenden por el desgaste del líquido son arrastrados por la corriente hacia la tubería de acero, depositándose sobre esta última y generando puntos de corrosión en ella.

En resumen, en una instalación mixta de tubería de cobre y acero se debe montar siempre la tubería de acero delante de la tubería de cobre en el sentido de circulación del agua.

Para evitar el contacto directo entre el cobre y el acero, en el punto de unión se debe colocar un manguito de latón que hará de puente electrolítico.

Aislamientos

El material más utilizado como aislante térmico es la fibra de vidrio, ya que es ligera y manejable.

Rollo de fibra de vidrio

Para instalaciones en las que el fluido supere los 40 ºC, y se encuentren en locales sin calefacción, se deberán aislar las tuberías de transporte, manualmente mediante una envoltura o con la utilización de tuberías que ya se encuentran aisladas de fábrica, las llamadas **tuberías calorifugadas.**

En los equipos de la instalación, el espesor mínimo de aislante en el intercambiador será de 20 mm, y de 30 a 50 mm dependiendo de si la superficie del acumulador es menor o mayor de 2 m².

Purgador

Este elemento, construido en bronce, cobre o acero inoxidable, retira el aire de la instalación de forma manual mediante el giro de un tornillo de regulación, o automáticamente en las soluciones más actuales.

Purgador automático

Dispone en su interior de un pequeño flotador que, cuando se produce una pequeña sobrepresión, abre la válvula y deja salir el aire al exterior. Se cierra automáticamente con el muelle de retorno.

Caudalímetro

En su interior se encuentran unas aspas que permiten el giro libre cuando el fluido caloportador está desplazándose impulsado por la bomba hidráulica de la instalación.

Su funcionamiento es muy sencillo: un contador se encarga de sumar el número de vueltas que las aspas realizan, multiplicando ese valor por el volumen que se tiene por cada vuelta.

La colocación del caudalímetro debe realizarse en lugares accesibles, donde se observe claramente la lectura.

Se trata de un elemento que debe estar perfectamente calibrado, ya que pequeños desajustes pueden llevar a grandes errores en el cálculo, habida cuenta del funcionamiento normalmente continuo de la instalación.

Válvulas

Existen diferentes válvulas que se clasifican según la función (o el trabajo) que pueden realizar en la instalación.

Las dos válvulas más utilizadas en las instalaciones que se están estudiando son la interruptora de bola y la retentora, también llamada **antirretorno.**

La válvula interruptora de bola es la más utilizada para la apertura y el cierre de un tramo de la instalación.

Esta válvula tiene una bola con un agujero igual al diámetro de la tubería. No regula el flujo ya que deja pasar el fluido totalmente cuando está abierta, cortándolo también totalmente cuando está cerrada.

Vista interior y exterior de una válvula interruptora de bola

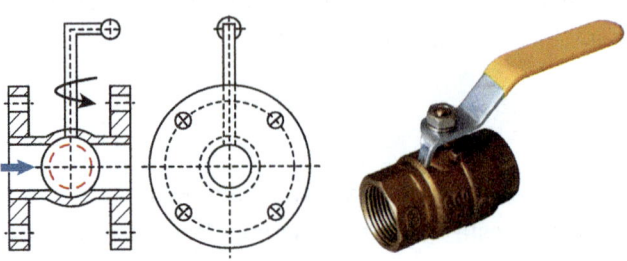

 **Nota**

La válvula de compuerta puede cortar o regular el caudal en una instalación de tuberías de transporte de productos gaseosos, líquidos o sólidos.

La válvula antirretorno realiza la función de impedir que el fluido cambie de sentido de circulación por defectos en la instalación. Dispone de un elemento característico que evita el retroceso de manera automática.

Existen los siguientes tipos de válvulas antirretorno:

- **De clapeta:** que bascula cuando el fluido pasa en un sentido, cerrándose si este circula en el sentido contrario.
- **De pistón:** el cual asciende libremente cuando el fluido pasa en un sentido, descendiendo por su propio peso cuando circula en el sentido contrario.

Vistas interiores de válvulas antirretorno de clapeta y de pistón

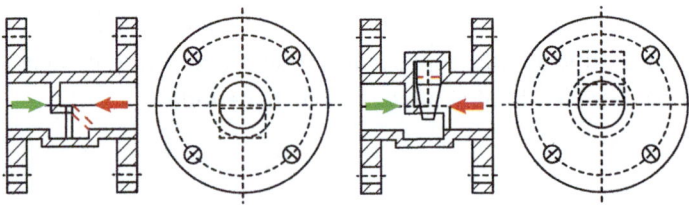

Actividades

11. Escribir la clasificación de los tipos de válvulas dependiendo del trabajo que son capaces de realizar dentro de las instalaciones.

Elementos de regulación y control

La instalación de sistemas avanzados de control por monitorización aún no es muy habitual en redes domésticas, pero en las de tipo industrial es una parte fundamental si se pretende obtener un rendimiento máximo.

En instalaciones industriales que ya superan los 20 m^2 de superficie de captación es necesario realizar diferentes mediciones:

- Temperatura del agua fría en la entrada al sistema.
- Temperatura del agua que suministra el sistema solar.
- Temperatura del agua en el momento del consumo.
- Caudal de agua.

La toma y el almacenamiento de los datos de la instalación se repiten cada minuto, realizando las correcciones automáticas según el programa que se haya realizado.

Es importante colocar sensores en los circuitos primario y secundario, así como en la bomba hidráulica, para no superar en ningún caso las presiones para los que las canalizaciones y los elementos tipo de la instalación son capaces de absorber.

4.4. Instalaciones térmicas auxiliares y de apoyo

Las instalaciones que se están estudiando de aprovechamiento de energía térmica a partir de la captación de radiaciones solares no son suficientes, en la mayoría de las ocasiones, para la demanda de consumo de agua caliente hoy en día en las viviendas.

Es por ello que sirven más de apoyo para otras instalaciones más clásicas de calefacción central por combustión de derivados del petróleo, carbón o biomasa.

No obstante, el aprovechamiento de la energía solar constituye una opción muy válida para las nuevas edificaciones, pues el diseño inicial debe ser tenido en cuenta por las normas indicadas en el Código Técnico de la Edificación (CTE), aprobado mediante el Real Decreto 314/2006.

El calor que se genera en la instalación solar se suma al calor que suministra la instalación de la caldera, unidos en el depósito acumulador y el intercambiador de calor centralizado para una vivienda aislada o para un edificio de viviendas unifamiliares.

Instalación doméstica de apoyo por caldera centralizada

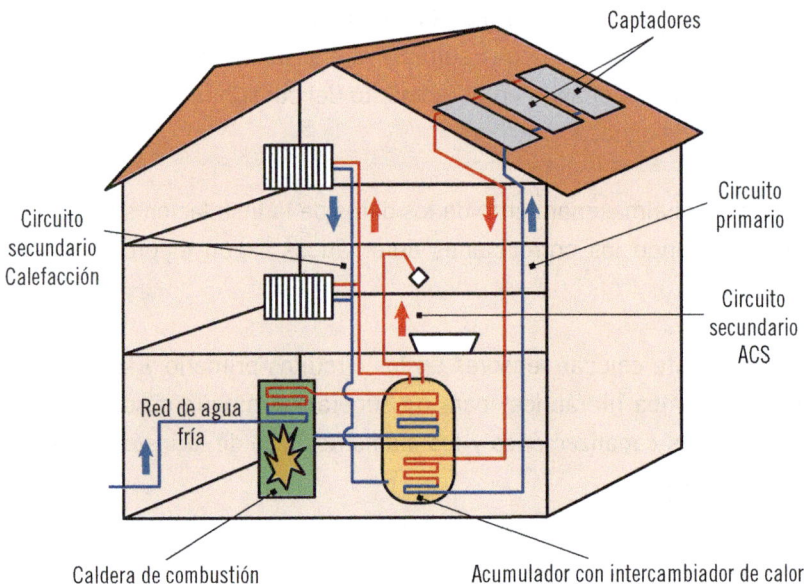

Captadores

Circuito primario

Circuito secundario ACS

Circuito secundario Calefacción

Red de agua fría

Caldera de combustión

Acumulador con intercambiador de calor

4.5. Calefacción

La calefacción es la instalación que permite proporcionar calor a las estancias en una vivienda, industria o local.

Está compuesta por tres partes bien diferenciadas: la producción de calor, compuesta por la caldera de combustión a la que se suma el calor producido por la instalación solar; la distribución a través de las tuberías y el consumo proporcionado por los radiadores que disipan el calor del fluido cuando pasan a través de su estructura en forma de serpentín.

La forma de entrada del fluido caloportador en los radiadores, que normalmente es aceite aunque también puede ser agua, puede ser en serie o en paralelo. El primero aprovecha la salida de un radiador para conectarse con la entrada del siguiente y el segundo toma y evacúa el fluido a una doble red de tuberías (ida y retorno) que recorre las estancias.

Es necesario indicar que una instalación de calefacción realizada en exclusiva por captación solar es, actualmente, casi imposible debido a que las bajas temperaturas que se alcanzan en los días de mayor consumo de otoño e invierno coinciden con los días en que las radiaciones son de menor intensidad, tanto por la menor elevación del Sol como por la disminución de horas de luz al día.

Los datos técnicos de las instalaciones de calefacción son:

- El cálculo de la demanda calorífica estará en función del volumen de las estancias y las temperaturas medias del lugar.
- La capacidad de la caldera siempre dependerá del número de estancias y la longitud de la red, ya que puede ser para una vivienda aislada o para un edificio comunitario de viviendas.
- Los materiales para las tuberías utilizados en la distribución son el acero o el cobre.
- El mantenimiento se ha de llevar a cabo cada año por tratarse de una instalación en la que pueden aparecer problemas de fugas o incendios en los puntos de origen de producción de calor.

Aplicación práctica

El presidente de su comunidad de vecinos se ha enterado que está realizando un curso de instalaciones solares y le ha solicitado un estudio previo con la distribución de las tuberías de calefacción.

Antes de pedir el presupuesto a la empresa especializada, realice un dibujo esquemático del recorrido de las tuberías y la conexión en paralelo de los radiadores que se indican en el plano de distribución de su vivienda a partir de la situación del acumulador de fluido para conseguir la mayor eficiencia en pérdida de calor.

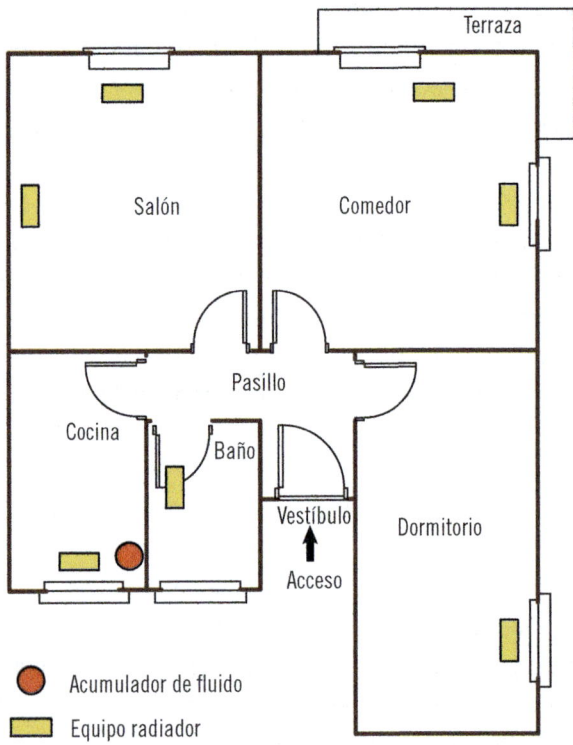

SOLUCIÓN

El recorrido más eficiente debe cumplir el requisito de ser lo más corto posible.

Continúa en página siguiente >>

<< Viene de página anterior

La conexión a los diferentes radiadores se debe realizar en paralelo, por lo que existirá una canalización de ida y una canalización de vuelta, realizándose las tomas a los radiadores desde ellas.

La ida de fluido caliente y el retorno de fluido frío no se deben mezclar, por lo que las tomas individuales de entrada y de salida se realizarán en cada una de las tuberías.

El esquema de distribución y tomas a los radiadores quedará así:

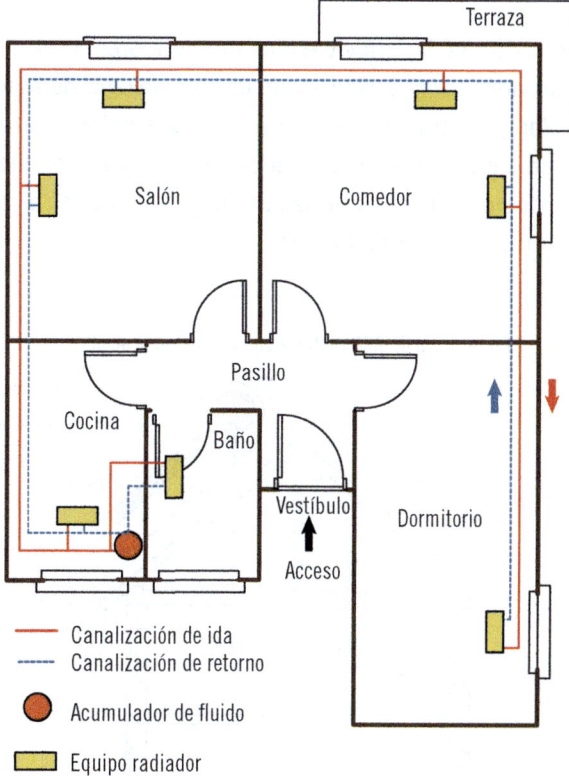

Con esta distribución se consigue el mejor aprovechamiento de la energía calorífica, ya que el recorrido es el mínimo, además de poderse empotrar en las paredes sin tener que atravesar los tabiques interiores que dividen la vivienda en estancias.

4.6. Agua caliente sanitaria

La red de fontanería de una vivienda o edificio de viviendas siempre parte de una acometida que proporcionan el ayuntamiento y la empresa que es concesionaria del servicio.

Como agua caliente sanitaria (ACS) se entiende la red de fontanería que distribuye el agua potable a una temperatura no superior a 40 °C hacia los **locales húmedos,** donde se consume en fregaderos, bañeras, duchas, lavabos y bidés.

En instalaciones de ACS para viviendas unifamiliares, en las que el consumo no es muy elevado, se ha desarrollado una tecnología de aprovechamiento de la energía solar y su transformación en energía calorífica compuesta por captadores que tienen anexo el acumulador, de forma que el circuito primario es mucho más reducido que si se utiliza un intercambiador de calor hacia el o los circuitos secundarios de distribución.

Instalación de ACS unitaria con acumulador auxiliar

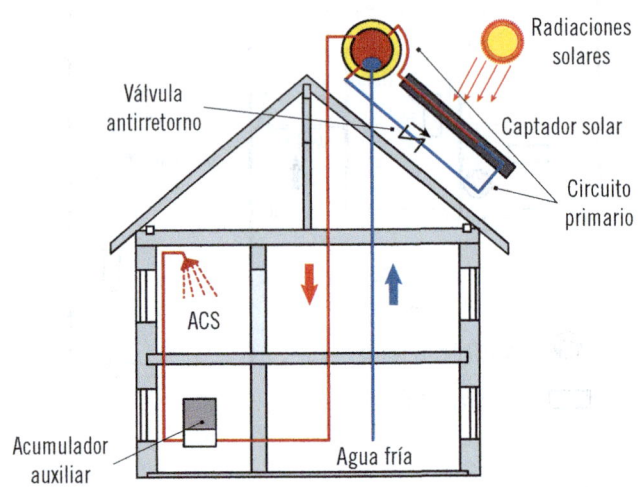

En esta solución tecnológica, la red de agua fría entra en el circuito, siendo calentada por los paneles o captadores solares y almacenándose caliente en el acumulador. Cuando se demanda ACS, esta se distribuye en red hacia los aparatos sanitarios, dejando paso de nuevo al agua fría que entra en el circuito primario y a la que no le está permitida su salida por la válvula antirretorno que se instala.

Eventualmente puede ser necesaria la utilización de un equipo auxiliar que complete el poder calorífico para el consumo del agua caliente sanitaria. El accionamiento no necesita una bomba hidráulica, ya que el agua se distribuye por gravedad desde el acumulador.

 Actividades

12. Realizar una medición de la cantidad de puntos de consumo de agua fría y de agua caliente que tiene en su domicilio y en las zonas comunes de su lugar de trabajo.

4.7. Piscinas

En la climatización de piscinas, la actual legislación (Real Decreto 314/2006) exige que sea realizada mediante energía solar térmica, para lo cual se ha ideado una instalación de circuito cerrado en la que el agua de la piscina se canaliza, ayudada por una bomba hidráulica, hacia los captadores solares que se encargan de calentar el fluido hasta temperaturas no superiores a los 35 ºC.

El agua se devuelve al vaso ya caliente, iniciando de nuevo el proceso que se detendrá cuando el control detecte mediante los sensores instalados que la temperatura del agua es la correcta.

Existen válvulas antirretorno y unas bombas hidráulicas que se encargan de elevar el agua hacia los captadores, así como un filtro de arena que proporciona depuración del fluido.

Este tipo de instalaciones no disponen de intercambiador de calor ni de circuitos secundarios, siendo el acumulador de calor la propia agua de la piscina.

El esquema básico de funcionamiento es el siguiente:

La instalación de climatización de piscinas es un circuito cerrado

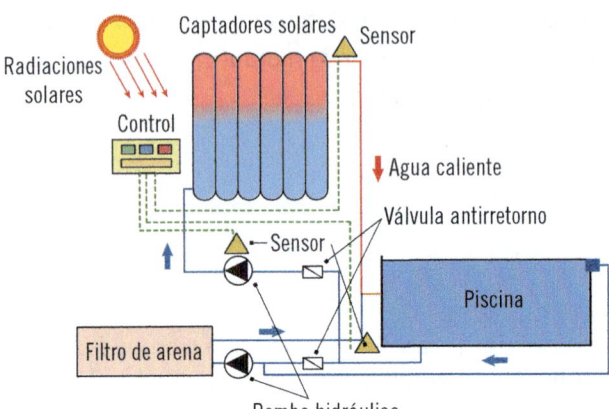

Los materiales que se utilizan en las canalizaciones suelen ser polímeros plásticos tratados para que no se deterioren por los aditivos de depuración, como puede ser el cloro. Debido a que las temperaturas necesarias no son elevadas, se pueden igualmente eliminar los aislantes en las tuberías.

5. Resumen

Las instalaciones, que aprovechan las radiaciones solares y las transforman en energía térmica, pueden ser de baja, media y alta temperatura dependiendo de la aplicación en la que se utilice, ya sea en consumo doméstico o industrial.

El rendimiento de los sistemas solares está relacionado con la latitud, la orientación y la inclinación de los captadores, y es por ello que, en las épocas en que las radiaciones son de menor intensidad, se deben apoyar en instalaciones más clásicas de caldera de combustión para asegurar la mejor calidad en el consumo.

Los colectores solares se pueden conectar entre ellos en serie, con lo que se obtienen temperaturas más elevadas, y en paralelo, con mayor pérdida de carga en el circuito hidráulico. La conexión mixta tiene las ventajas y los inconvenientes de las dos anteriores.

Los elementos de regulación, corte, distribución y control de las instalaciones están formados por válvulas, tuberías, caudalímetros, intercambiadores-acumuladores y sensores que se utilizan para el control eléctrico de sistemas de climatización de piscinas y calefacción.

Las aplicaciones industriales de la energía solar van desde las que aprovechan el calor acumulado en un fluido para generar vapor, mover una turbina y generar electricidad, hasta las que reflejan los rayos hacia un punto concreto y alcanzan temperaturas elevadísimas e investigan la fusión de metales.

El poder de la energía radiante del Sol es motivo de aplicación actual en la idea de conseguir que las energías renovables puedan complementar a las clásicas, que se obtienen de la combustión de fósiles, y que tanto contaminan el medioambiente del Planeta.

Ejercicios de repaso y autoevaluación

1. Los paneles, en las instalaciones de media temperatura, ...

   a. ... se utilizan para concentrar las radiaciones solares en un punto.
   b. ... siempre están cubiertos por un cristal.
   c. ... pueden estar cubiertos por un plástico transparente.
   d. ... se deben conectar en paralelo para obtener la mayor temperatura en el fluido caloportador.

2. No es aplicación de aprovechamiento térmico de la energía solar...

   a. ... el desalado de agua de mar.
   b. ... la célula fotovoltaica.
   c. ... el ACS.
   d. ... la generación de electricidad de corriente alterna.

3. Escriba la expresión que se utiliza para calcular la cantidad de calor (Q, en calorías) que llega a un punto de la superficie terrestre.

   _____
   _____

4. ¿Qué se utiliza en el captador solar plano para aprovechar las radiaciones solares?

   a. El efecto invernadero.
   b. El fondo plano pintado de negro.
   c. El movimiento de seguimiento al Sol.
   d. La orientación sur geográfica.

5. Realice un croquis-esquema en el que se indique el recorrido del fluido en una instalación de aprovechamiento de la energía solar para la generación de electricidad por captación en paneles cilíndrico-parabólicos.

6. **Mediante la conexión de los colectores solares en serie se obtiene...**

   a. ... una mayor capacidad de captación de radiaciones solares.
   b. ... un fluido menos caliente al final del circuito primario.
   c. ... una pérdida de carga mayor en el fluido.
   d. ... una temperatura del fluido más elevada.

7. **La energía total (Et) es el resultado de sumar la energía captada (Ec) y la energía que se pierde (Ep), pero ¿cuál es la expresión que se utiliza para el cálculo del rendimiento η del panel?**

   _____

   _____

8. **En la columna A se indican diferentes misiones de los elementos de una instalación de aprovechamiento de la energía solar y en la B algunos elementos de los que constan las instalaciones. Enlace ambas columnas según corresponda.**

   1. De control.
   2. De acumulación.
   3. De captación.
   4. De seguridad.
   5. De distribución.

   __ Colector solar.
   __ Bomba hidráulica.
   __ Intercambiador.
   __ Purgador.
   __ Caudalímetro.

9. **El depósito de expansión se encarga de...**

   a. ... dar ligereza a la red de tuberías.
   b. ... reducir la pérdida de carga.
   c. ... reponer fluido caloportador al sistema.
   d. ... absorber las presiones por la diferencia de volumen.

10. Enumere los tipos de válvulas que realizan el trabajo de regulación en las instalaciones de ACS, calefacción y climatización de piscinas.

_____
_____
_____
_____

11. Complete los elementos principales de los que consta una bomba hidráulica de paletas.

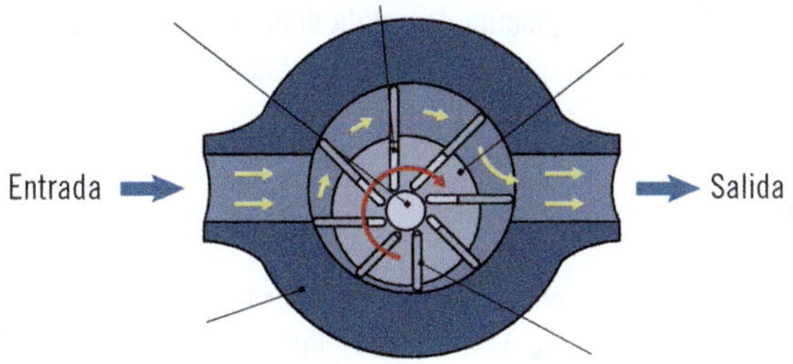

Entrada ➡ ➡ Salida

12. De las siguientes afirmaciones, indique cuál es verdadera o falsa.

a. Se puede instalar la tubería de acero delante de la tubería de cobre en el sentido de circulación del agua.

☐ Verdadero
☐ Falso

b. El purgador acumula el aire de la instalación cuando se produce una condensación de vapor de agua.

☐ Verdadero
☐ Falso

c. La válvula antirretorno realiza la función de impedir que el fluido cambie de sentido de circulación por defectos en la instalación.

☐ Verdadero
☐ Falso

13. **El Código Técnico de la Edificación (CTE), en el que se regula el aprovechamiento de la energía solar térmica, se aprobó mediante...**

    a. ... la Ordenanza General del aprovechamiento solar en viviendas (13/2012).
    b. ... la Ley de Prevención de Riesgos Laborales.
    c. ... la Ley de Industria 2/2009.
    d. ... el Real Decreto 314/2006.

14. **Se deben colocar sensores para el control de climatización de piscinas en...**

    a. ... la salida del captador, la salida de la piscina y la bomba hidráulica.
    b. ... la entrada al captador, la salida del captador y el filtro.
    c. ... el interior de la piscina, la salida del filtro y los captadores.
    d. ... la entrada de la piscina y la bomba hidráulica.

15. **Complete.**

    La instalación de calefacción está compuesta por tres partes que son la producción de _____, la distribución a través de las _____ y el consumo proporcionado por los _____ que disipan el calor del fluido cuando pasan a través de su estructura en forma de _____.

Capítulo 3

Sistemas de climatización

Contenido

1. Introducción

Los sistemas de climatización han experimentado un gran crecimiento en los últimos años gracias a la aplicación de las propiedades físicas y químicas que tienen los fluidos.

La refrigeración se consigue aplicando las leyes de la termodinámica por medio de los cambios de fase líquido-sólido y la extracción del frío del local. La calefacción invierte el proceso para emitir calor en las estancias.

La buena combinación de temperatura, humedad y ventilación se analiza para conseguir que los ambientes del hogar y del trabajo se encuentren en las mejores condiciones para las personas, así como en los procesos industriales para el mantenimiento de los alimentos y el secado de algunos productos.

Una aplicación muy interesante es el aprovechamiento del calor que se capta en los colectores solares, ya que se puede canalizar en un fluido como el agua o el aire para evaporar el fluido frigorígeno, que es el que cambia de fase absorbiendo o aportando calor al ambiente del local.

Los métodos clásicos de compresión han dejado paso a los de absorción y adsorción, caracterizados estos dos últimos por la posibilidad de transportar el fluido frigorígeno a través del proceso consiguiendo utilizar menos energía.

Los diferentes procesos de climatización por refrigeración o calefacción han hecho que el confort en las viviendas aumente sin un consumo elevado de energía eléctrica, y con ello una mejora del rendimiento.

2. Instalaciones y equipos de acondicionamiento de aire y ventilación

En las sociedades donde habitamos, el nivel de vida permite que muchas personas se puedan beneficiar de una tecnología reciente en cuanto a la climatización de las estancias, ya sea en edificios públicos y de trabajo, en los medios de comunicación públicos y privados, así como en los locales particulares o las viviendas.

La climatización, o adecuación del ambiente a voluntad, permite que espacios que se encuentran a una temperatura se puedan refrescar o calentar para permitir un mayor confort.

2.1. Definiciones y clasificación de instalaciones

Climatizar es la operación que se realiza para adecuar de manera artificial la temperatura ambiente de una estancia, local o habitáculo, cuyo concepto abarca tanto la refrigeración para bajar la temperatura, como la calefacción, con la que se persigue elevar el valor de la temperatura en el medio.

La base fundamental en la climatización, para obtener frío o calor, está centrada en la ganancia o la cesión de calor cuando la materia se transforma debido a los cambios de fase. Sabido es que existen tres fases en la materia, que son: sólido, líquido y gaseoso, estos dos últimos denominados conjuntamente **fluidos,** por adaptarse a la forma del recipiente que los contiene.

Cambios de estado en la materia

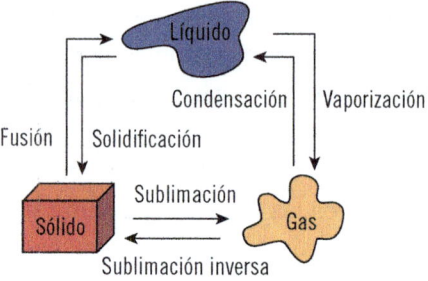

Establecer una única clasificación de los equipos de climatización no resulta fácil, ya que la variedad en cuanto a tamaños, formas y tecnología es grande, pero sea cual sea, el fin último es conseguir que el local se encuentre a la temperatura que se desee.

Toda instalación se compone de tres partes diferenciadas: la producción, la distribución y la emisión al local que se pretende climatizar.

En cuanto a la producción, existen dos formas distintas de conseguir que el fluido (gas o líquido) permita adecuar la temperatura de un ambiente. El ciclo más utilizado es el de compresión, que actúa sobre un gas enfriándolo y haciendo que se vuelva líquido para que absorba el calor del ambiente. El otro sistema es el de absorción, que utiliza sustancias como el bromuro de litio, que es capaz de absorber el vapor de agua (o refrigerante) en su transformación del estado líquido al estado gaseoso.

En la refrigeración, ya sea por compresión o por absorción, se utiliza el concepto de **transmisión de calor,** correspondiente al segundo principio de la termodinámica.

Si dos cuerpos (sólidos, líquidos o gaseosos) que se encuentran a distinta temperatura se ponen en contacto, el más caliente (o de mayor temperatura) siempre cede calor al más frío (o de menor temperatura). Si el contacto entre los dos cuerpos no se detiene, la cesión de calor se efectuará hasta que los dos cuerpos se encuentren a la misma temperatura.

Actividades

1. Pensar lo que sucede antes de que las nubes en estado gaseoso empiecen a descargar el agua.

La máquina frigorífica tiene dos fases muy importantes:

- En la evaporación, el refrigerante (en forma de líquido) está muy frío y actúa tomando el calor del local, por tanto, el local se enfría. El calor que se ha extraído calienta el refrigerante y lo evapora.
- En la condensación es donde el refrigerante (en forma de gas) baja su temperatura y pasa a ser líquido, cediendo calor al medio.

Esquema de la máquina frigorífica

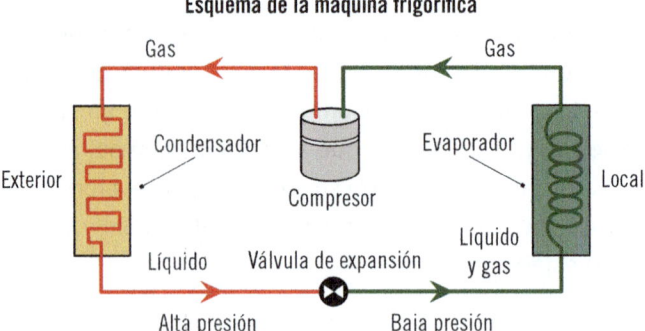

Dependiendo del fluido que se utiliza para la producción de frío o calor, se puede realizar una primera clasificación, denominando primero el que se evapora (en el interior del local) y después el que se condensa (en el exterior del local):

- Aire-aire.
- Aire-agua.
- Agua-agua.
- Agua-aire.

La distribución del aire que se genera en la máquina frigorífica (frío) o la bomba de calor (frío o caliente) se transporta a las estancias mediante tuberías o conductos en los que el fluido puede ser aire, agua o un refrigerante que posee características específicas que permiten un mayor rendimiento en la instalación.

La tercera parte del proceso es la emisión hacia las estancias, donde se pretende adecuar la temperatura del aire a las exigencias. Se realiza a través de rejillas o difusores que conectan los conductos con las estancias. Esta emisión también puede ser sin conducto, ya que los pequeños equipos emiten directamente el calor o el frío desde el evaporador.

Una segunda clasificación de los equipos de climatización tiene en cuenta el fluido que llega a las estancias para conseguir enfriarlas o calentarlas:

- **Todo refrigerante:** que corresponde a sistemas de expansión directa.
- **Refrigerante-aire:** en el que llegan los dos fluidos.

- **Todo aire:** que emite solamente aire al local.
- **Todo agua.**
- **Aire-agua:** con los dos fluidos en el local.

Una tercera clasificación general de los equipos se puede realizar teniendo en cuenta si estos son compactos o individuales, o centralizados con reparto de aire o agua a varias estancias o locales.

Por último, una cuarta clasificación en la que se estima si los equipos de climatización funcionarán durante todo el año (bomba de calor), o solo durante el verano para enfriar.

Debido a la gran variedad existente, se realiza el estudio teniendo en cuenta el fluido que se emite al local o locales que se van a climatizar, para de esta forma simplificar el aprendizaje.

 Actividades

2. Realizar un dibujo con los cambios de fase en los dos sentidos del agua dulce y nombrar cada uno de ellos con las temperaturas en grados centígrados.

2.2. Partes y elementos constituyentes

El ciclo por compresión desde siempre ha sido el más utilizado por los equipos de refrigeración, aunque está teniendo un gran desarrollo el aprovechamiento del calor que emiten las radiaciones solares para el ciclo por absorción.

En la primera parte de este capítulo se abordará el ciclo de compresión, dejando la absorción para la segunda.

Los cinco elementos fundamentales que forman parte de la máquina frigorífica o bomba de calor son el compresor, el condensador, la válvula de expansión, el evaporador y el fluido refrigerante, también denominado **fluido frigorígeno.**

Compresor

Es el elemento encargado de conseguir que el gas se comprima, aumentando así su temperatura.

Consta de un cilindro, con válvulas de admisión y de escape, donde se comprime, por medio de un pistón en cámara cerrada, el fluido en forma de gas. Se obtiene de esta forma un aumento de la temperatura y una alta presión.

Existen compresores alternativos, rotativos y de tornillo, estos últimos compuestos de dos tornillos que no engranan, pero que crean una reducción de la cámara al girar en sentido contrario.

Tornillos del compresor de tornillo

El compresor alternativo de pistón actúa como el motor térmico de explosión de los vehículos.

En el compresor rotativo el aire se hace pasar por una cámara de menor sección, empujado por un rotor de paletas o unos lóbulos en movimiento, comprimiéndose y aumentando su temperatura.

Compresores alternativos y rotativos

Alternativo de pistón

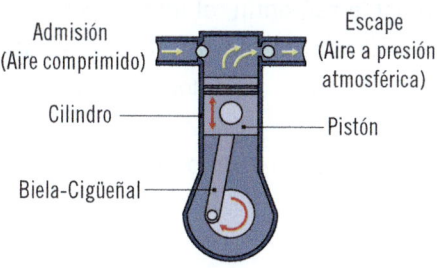

Admisión
(Aire comprimido)

Escape
(Aire a presión
atmosférica)

Cilindro

Pistón

Biela-Cigüeñal

Rotativo de lóbulos

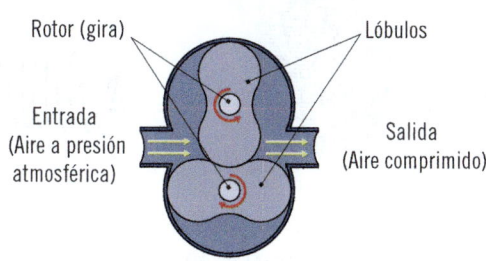

Rotor (gira)

Lóbulos

Entrada
(Aire a presión
atmosférica)

Salida
(Aire comprimido)

Rotativo de paletas

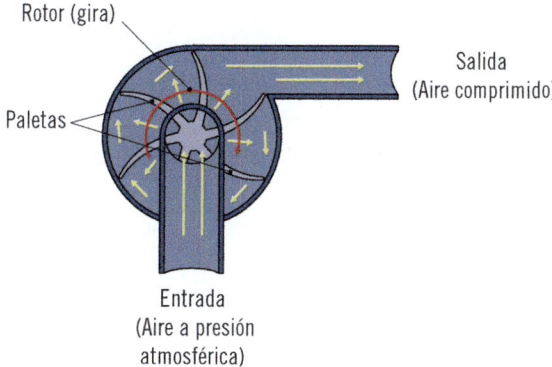

Rotor (gira)

Salida
(Aire comprimido)

Paletas

Entrada
(Aire a presión
atmosférica)

Condensador

Es el elemento encargado de conseguir que el gas, ya comprimido, sufra un cambio de fase y pase a ser líquido.

Existen de varios tipos, para aire o para agua. El condensador de aire de tiro forzado dispone de un ventilador que facilita el intercambio, y el de agua está compuesto por un doble serpentín, el interno por donde circula agua y el interior por donde circula el refrigerante en estado gaseoso. La contracorriente de los serpentines facilita la cesión del calor que tiene el refrigerante.

El condensador siempre se sitúa exteriormente en la zona o el local que se quiere climatizar.

En el condensador se produce el cambio de fase de gas a líquido.

Actividades

3. Sea curioso. Cuente el número de condensadores que se ven en la calle o el edificio de su vivienda.

Válvula de expansión

Es el elemento encargado de bajar la presión y la temperatura del refrigerante líquido haciendo que se transforme en estado gaseoso de nuevo.

Cuando al refrigerante se le hace circular por una restricción o disminución de sección se produce una gran pérdida de carga. A la salida de ese capilar se produce una repentina expansión que hace que parte del líquido se evapore y facilite su evaporación.

Existen válvulas de expansión fijas, sin regulación de caudal y regulables. Las primeras disponen de un tubo capilar muy largo y las segundas de un presostato de control y regulación.

El tubo capilar produce la pérdida de presión por pérdida de carga.

Evaporador

Es el elemento visible dentro del local o recinto a climatizar encargado de realizar el intercambio de calor.

El fluido refrigerante, que se encuentra en parte líquido y en parte gaseoso, a temperatura y presión bajas, se pone en contacto con el ambiente del local a enfriar, el cual se encuentra a una temperatura mayor. El calor huye del local al mezclarse con el refrigerante frío por el segundo principio de la termodinámica y se encarga de calentarlo y evaporarlo para convertirlo de nuevo en gas.

El calor que se extrae del local hace que el aire que se encuentra en él baje su temperatura. Se obtiene así la refrigeración.

Climatización de un local

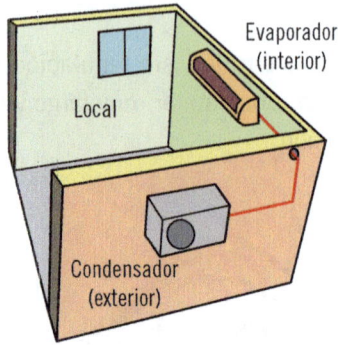

Los evaporadores se pueden clasificar, según su alimentación, en secos e inundados y, según el fluido a enfriar, para aire o para agua.

 **Actividades**

4. Buscar en Internet imágenes de evaporadores. Existen varios modelos dependiendo de su trabajo interior y su aspecto exterior.

Fluido frigorígeno

Es el encargado de llenar el circuito de refrigeración, de forma que con los cambios de presión cambia de fase gaseosa a líquida en el condensador, y de fase líquida a gaseosa en el evaporador.

El fluido frigorígeno o refrigerante evoluciona en el interior de la máquina de manera cíclica, vaporizándose y condensándose alternativamente, mientras absorbe y cede calor respectivamente.

Como propiedades físicas se pueden destacar:

- Baja temperatura de ebullición, por debajo de la ambiental a presión atmosférica, y baja temperatura de congelación
- Alto calor latente de evaporización: número de calorías de ebullición muy elevado, a fin de necesitar poco refrigerante para la evaporación.
- Temperatura y presión de condensación bajas, para que la condensación del refrigerante se realice a presiones de trabajo y a la temperatura normal del medio enfriador que se utilice (aire o agua).
- Bajo volumen específico del vapor.
- Altos puntos de presión y temperatura crítica para que el refrigerante sea estable.
- Inocuo sobre el aceite lubrificante utilizado en el compresor.
- Temperatura de descarga no muy elevada.

Es importante decir que los fluidos frigorígenos a utilizar no serán nunca inflamables, explosivos o corrosivos, y deben ser fácilmente absorbibles por el medioambiente.

Actividades

5. Establecer las diferencias entre calor latente y calor sensible.

2.3. Análisis funcional

Una vez conocidos los elementos que componen la instalación de climatización se debe estudiar qué le sucede al fluido frigorígeno en el interior del circuito durante su recorrido, así como sus diferentes cambios de presión y temperatura a los que es sometido.

Recuerde

Cuando dos cuerpos que se encuentran a distinta temperatura se ponen en contacto, siempre el de mayor temperatura cede calor al de menor temperatura.

Observando de nuevo el proceso, se pueden ver las cuatro líneas que unen los cuatro elementos y las transformaciones que se realizan en el fluido, que es el quinto elemento.

Circuito de refrigeración

Alta presión

Línea de descarga
100 % estado gaseoso
Alta presión
Alta temperatura

Línea de aspiración
100 % estado gaseoso
Baja presión
Baja temperatura

Baja presión

Exterior del local — Condensador — Compresor — Evaporador — Interior del local

Válvula de expansión

Alta presión

Línea de líquido
100 % estado líquido
Alta presión
Media temperatura

Línea de expansión
80 % estado líquido
20 % estado gaseoso
Baja presión
Baja temperatura

Baja presión

El circuito de refrigeración es continuo, pero se estudia desde que el compresor ha sometido al fluido a gran presión.

- **Línea de descarga:** enlaza la salida del compresor con el condensador. El refrigerante se encuentra totalmente en estado gaseoso, a alta presión y a alta temperatura al haberse tenido que confinar en menos espacio al comprimirse. Su temperatura se sitúa entre 70 y 90 °C.

- **Línea de líquido:** enlaza la salida del condensador con la entrada en la válvula de expansión. El refrigerante se encuentra totalmente en estado líquido, aún a alta presión, aunque ha bajado su temperatura que ahora se encuentra entre 40 y 50 °C.
- **Línea de expansión:** enlaza la salida de la válvula de expansión con el evaporador que está situado en el interior del local a refrigerar. En este camino, el refrigerante pasa de estar a alta presión a baja presión debido al gran aumento de volumen que pasa a ocupar después de atravesar el capilar de la válvula. Se tiene refrigerante en estado líquido y gaseoso mezclado en porcentajes del 80 % y 20 % respectivamente. La temperatura baja bruscamente y se obtiene un refrigerante muy frío.
- **Línea de aspiración:** enlaza la salida del evaporador y la entrada en el compresor. En el evaporador es donde el refrigerante, debido a su baja temperatura, ha sido capaz de tomar el calor que se encontraba en el local a refrigerar por el ya conocido segundo principio de la termodinámica.

El calor que se extrae del local es el encargado de hacer que el 80 % de refrigerante que estaba en estado líquido pase a ser 100 % gaseoso por evaporación, a una presión baja.

El ciclo se inicia de nuevo en el compresor, el cual crea un vacío de aspiración en su cámara que hace que el refrigerante en estado gaseoso pueda volver a ser comprimido, con el aumento de temperatura consiguiente.

Sabía que...

La conducción de calor es un mecanismo de transmisión de energía en la que las partículas de los sólidos deben estar en contacto.

2.4. Procesos de tratamiento y acondicionamiento del aire

Con el tratamiento y el acondicionamiento del aire en un ambiente localizado se persigue adecuarlo a las características necesarias para conseguir una determinada temperatura y humedad, así como una circulación y renovación del aire para evitar condensaciones, purificando por medio de filtrado y eliminando a la vez las posibles partículas nocivas, más por su elevada concentración que por su tamaño o toxicidad.

De esta forma, se puede actuar en el aire de cuatro maneras distintas, aunque complementarias, para conseguir el confort en el ambiente del local:

- **Control de la temperatura:** para conseguir que en épocas de calor medio o intenso (primavera y verano) se pueda mantener en las estancias un valor fijado previamente. Se actúa sobre la composición del aire, creando rápidos movimientos en sus moléculas las cuales friccionan entre sí calentándose, o haciendo que estas permanezcan quietas, con lo que el valor de la temperatura descenderá.
- **Control de la humedad:** referida a la cantidad de agua que se encuentra en el aire, la cual se puede aumentar o disminuir mediante humidificación o condensación respectivamente.
- **Circulación de aire:** para su renovación, consiguiendo que la concentración de partículas que pueden presentarse en la estancia, debidas a la actividad habitual, la abandonen y no lleguen a concentrarse en exceso. Las corrientes ligeras de aire deben proporcionar confort, no quitarlo por la velocidad de circulación. Este tratamiento es denominado comúnmente **ventilación.**
- **Limpieza, purificación y filtrado:** son objetivos que se consiguen con la anterior actividad de circulación de aire siempre que la renovación se realice con aire en mejores condiciones por la mayor pureza y la menor concentración de partículas. El filtrado de aire es una medida esencial si se quiere conseguir que los microorganismos perjudiciales que habitan en el aire no formen parte del ambiente del local.

En general, se puede decir que los sistemas de aire acondicionado (AA) pueden adecuar el ambiente de un local, enfriándolo en la estación calurosa mediante la extracción del calor interior, o calentándolo tomando calor del ambiente externo incluso a bajas temperaturas.

El aire acondicionado tradicional funciona como una máquina frigorífica solo enfriando el ambiente del local, mientras que nuevas tecnologías de aire acondicionado con bomba de calor permiten su funcionamiento durante todo el año, tanto en modo refrigeración como en modo calefacción.

Bomba de calor con funcionamiento a lo largo de todo el año

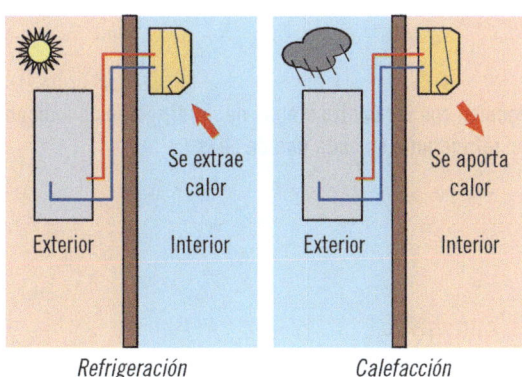

Refrigeración   *Calefacción*

Una unidad de tratamiento del aire (UTA) centralizada se puede montar de manera modular, de forma que se controlen conjuntamente la temperatura, la humedad, la ventilación y el filtrado del aire que se aporta a un local.

UTA de tipo modular

Se trata de máquinas de medianas o grandes dimensiones. Para su colocación en las terrazas o en las salas de máquinas, desde donde se distribuye el aire tratado a los diferentes locales, se debe tener en cuenta el peso, para lo que hay que estudiar el tipo más adecuado de estructura portante.

Actividades

6. Realizar un resumen con las cuatro etapas de la refrigeración indicando en qué fases se encuentra el refrigerante en cada una de ellas.

2.5. Diagrama psicométrico

En el ambiente de un local cerrado se pueden encontrar variables que hacen que sea agradable o no para el ser humano (frío/calor), o que se encuentre en condiciones de temperatura y humedad para cualquier proceso industrial.

El aire siempre posee una cantidad de agua (aire húmedo) y las variables que dependen de su calidad son la temperatura, la humedad (cantidad de vapor de agua presente en el aire) absoluta por unidad de volumen y relativa del local, la entalpía (H), o energía ganada o cedida por el aire, el calor sensible que puede llegar a tomar ese aire y el calor latente para sufrir un cambio de fase. Otras variables son la humedad específica, que es la cantidad de vapor de agua contenida en el aire por cada kg de aire húmedo, el volumen específico en la relación m^3 de aire húmedo/kg de aire seco y el punto de rocío, que es la temperatura a la que empieza a condensarse el vapor presente en el aire.

El diagrama psicométrico relaciona todas estas variables:

Diagrama psicométrico conceptual

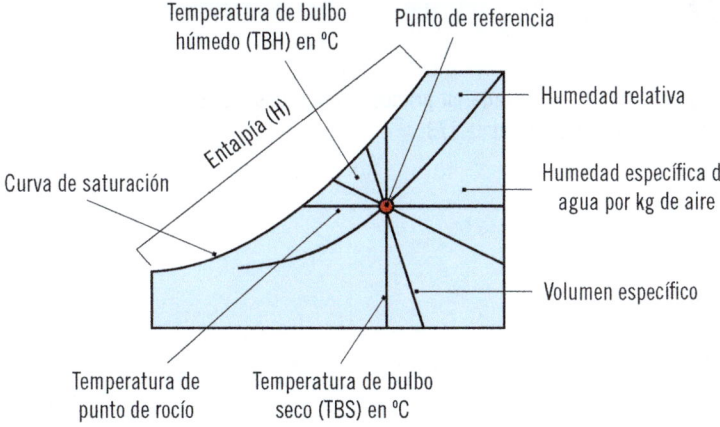

Temperatura de bulbo húmedo (TBH) en ºC

Punto de referencia

Entalpía (H)

Humedad relativa

Curva de saturación

Humedad específica de agua por kg de aire

Volumen específico

Temperatura de punto de rocío

Temperatura de bulbo seco (TBS) en ºC

El cuerpo humano tiene en su composición un alto porcentaje de agua, por lo que la temperatura ambiente que detecta está muy relacionada con la humedad. Para conseguir que un termómetro exprese la temperatura ambiente, relacionándola a la vez con la humedad del aire, se debe cubrir su bulbo con una tela empapada en agua. Esta temperatura es la que se denomina **temperatura de bulbo húmedo (TBH).** La temperatura de bulbo seco (TBS) es aquella que indica el termómetro normalmente.

El ser humano es casi todo agua

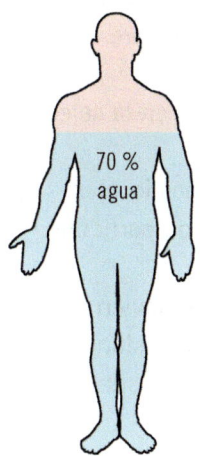

70 % agua

Sabía que...

Una temperatura expresada en grados centígrados (ºC) se puede pasar a grados Kelvin (ºK) simplemente sumándole 273.

Actividades

7. Con un termómetro, realizar mediciones de bulbo seco y de bulbo húmedo de varias habitaciones de su casa. Realizar un cuadro en el que se representen las mediciones para obtener diferencias.

2.6. Dimensionado y selección de equipos

Dada la extraordinaria variedad de sistemas de aire que se encuentran hoy día en el mercado, cualquier local a climatizar dispone de unas enormes posibilidades. El primer paso fundamental es la selección de los equipos que mejor se adapten a las exigencias particulares.

Algunos factores que influyen en la selección son:

- Superficie o volumen de los locales.
- Tipo de industria o vivienda particular.
- Inversión económica.
- Intervalos de temperaturas invierno-verano.
- Latitud y orientación de las estancias.
- Posibilidad de instalación de equipos centralizados.

Los modelos de climatización que se pueden encontrar en el mercado van desde los equipos pequeños de tipo portátil o en muro/ventana, hasta los equipos medianos de consola, partido o split. Para instalaciones consideradas grandes, los equipos pueden ser de techo, de armario, de cubierta o los denominados multisplit.

En aplicaciones para viviendas, los antiguos modelos de muro/ventana, que necesitaban una obra menor para su instalación, han dejado paso a los partidos, en los que el evaporador se sitúa en el interior del local y el condensador en el exterior.

Equipo tipo split

Para la correcta elección de los equipos de climatización en instalaciones medianas o grandes se debe realizar un estudio más minucioso del diseño, las cargas térmicas que influyen, así como un cálculo de los caudales de aire hacia el local a partir de la capacidad calorífica o de refrigeración que se instale.

■ **Condiciones de diseño:**

> ▌ Condiciones exteriores del local: latitud, altitud, humedad relativa, TBS, TBH, velocidad del aire y presión barométrica.
> ▌ Condiciones interiores del local: TBS y humedad relativa.
> ▌ Balance de carga térmica.
> ▌ Ganancia de calor por transmisión en elementos constructivos.
> ▌ Diferencia de temperatura exterior/interior.
> ▌ Área del local.
> ▌ Coeficientes de revestimiento en paredes, suelos y techos.
> ▌ Coeficiente global de transferencia.
> ▌ Calor por transmisión.

▮ Ganancia de calor por ocupantes.

▮ Ganancia de calor por iluminación.

▮ Ganancia de calor por electrodomésticos.

■ **Selección del equipo:**

▮ Análisis psicométrico del local.

▮ Características del equipo enfriador: eléctricas, dimensionales y peso.

▮ Caudal de aire en aporte y en retorno: caudal (Q) = velocidad (v) · sección (S).

▮ Tamaño de los conductos en aporte y en retorno.

En cuanto al cálculo manual de instalaciones de refrigeración en viviendas, la experiencia dice que 1 m^2 de local habitualmente requiere entre 110 fgr/h y 140 fgr/h (frigorías/hora), dependiendo de la latitud y la orientación. Otros datos de partida son la superficie y el grado de aislamiento, la carga térmica del local debida a las personas, los electrodomésticos, la iluminación y la ventilación general.

Son muchos los datos que se necesitan para realizar un cálculo correcto, pero utilizando el cuadro siguiente se pueden estimar las necesidades de potencia en kilovatios (kW) para el equipo de refrigeración.

Superficie (m²) a refrigerar (h = 2,6 metros)	Potencia de refrigeración (en Kw)
9 a 14	1,5
15 a 20	1,8
20 a 25	2,1
25 a 30	2,4
30 a 35	2,7
35 a 40	3
40 a 50	3,6
50 a 60	4,52

Los programas informáticos que se utilizan en la actualidad permiten un rápido ajuste a las exigencias de caudal de aire, así como la obtención de datos reales de dimensiones para los conductos. De esta manera, existen empresas que permiten, a través de Internet, obtener el cálculo inicial con los datos de partida, en la idea de ofrecer sus propios productos adaptados a las exigencias particulares.

■ **Datos:**

▮ Selección del equipo.
▮ Introducción del caudal de aire (Q) en m³/segundo.

■ **Resultados:**

▮ Velocidad del aire en m/s.
▮ Pérdida de carga en Pa/m.
▮ Diámetro equivalente en mm, para conducto circular.
▮ Lado del conducto cuadrado en mm.
▮ Combinación de dimensiones: base b y altura h en mm.

Con los datos obtenidos se pueden volver a repetir los cálculos para nuevas velocidades y pérdidas de carga. También se puede calcular esa pérdida de carga, conocida la longitud en metros del conducto.

 Aplicación práctica

Realice dos presupuestos previos para la refrigeración de una vivienda que tiene la distribución en planta que se indica a continuación. Las superficies de las estancias ya están calculadas previamente.

Continúa en página siguiente >>

<< Viene de página anterior

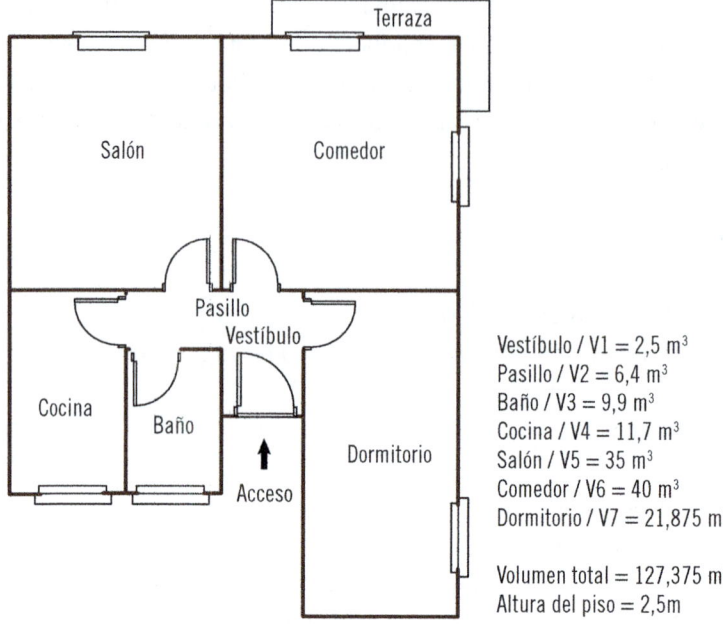

Vestíbulo / V1 = 2,5 m³
Pasillo / V2 = 6,4 m³
Baño / V3 = 9,9 m³
Cocina / V4 = 11,7 m³
Salón / V5 = 35 m³
Comedor / V6 = 40 m³
Dormitorio / V7 = 21,875 m³

Volumen total = 127,375 m³
Altura del piso = 2,5m

Cuantifique para el primer presupuesto la potencia de refrigeración necesaria en kW para climatizar el comedor en dos puntos y el dormitorio en uno; y el segundo presupuesto para todos las estancias de la vivienda, incluidos el baño y la cocina.

SOLUCIÓN

Se utiliza la tabla de potencias de refrigeración en kW dependiendo de las superficies de las estancias.

Primer presupuesto: comedor + dormitorio.

Comedor: $S6 = 40$ m³ / 2,5 m = 16 m².

Dormitorio: $S7 = 21,875$ m³ / 2,5 m = 8,75 m².

Superficie total = 16 m² + 8,75 m² = 24,75 m².

Continúa en página siguiente >>

<< Viene de página anterior

Consultando el cuadro se tienen:

Superficie (m²) a refrigerar (h = 2,6 m)	Potencia de refrigeración (en Kw)
9 a 14	1,5
15 a 20	1,8
20 a 25	2,1
25 a 30	2,4
30 a 35	2,7
35 a 40	3
40 a 50	3,6
50 a 60	4,52

De 20 a 25 m² = 2,1 kilovatios (kW)

Segundo presupuesto: todas las estancias.

Superficie total = 127,375 m³ / 2,5 m = 50,95 m²

Consultando también el anterior cuadro se tienen:

De 50 a 60 m² = 4,52 kilovatios (kW)

Estos presupuestos previos habrá que modificarlos, debido a que no se conocen aún las características de aislamiento, orientación, latitud, etc., de la vivienda en cuestión.

2.7. Equipos de generación de calor y frío para instalaciones de acondicionamiento de aire

En general, los sistemas de climatización se pueden realizar con equipos montados directamente en el local o con grupos externos centralizados que se encargan además de tratar el aire en temperatura, humedad y limpieza.

De esta forma, se puede hacer una clasificación de los sistemas de climatización en:

- **Sistemas directos:** cuando el evaporador o el condensador del sistema de climatización está en contacto directo con el medio que se enfría o calienta.
- **Sistemas indirectos:** cuando el evaporador o el condensador del sistema de climatización, situado fuera del local donde se extrae o cede calor al medio a tratar, enfría o calienta un fluido secundario que se hace circular por unos intercambiadores para enfriar o calentar el medio citado.

Importante

La convección de calor utiliza solo fluidos como medio de transmisión de energía a diferentes temperaturas.

Sistemas todo agua

El agua, gracias a su alto calor específico, es capaz de transportar el calor o el frío que contiene, debido a su temperatura, a lo largo de un circuito. Esta propiedad se aprovecha para hacer pasar una corriente de aire y emitir por convección el calor o el frío que contiene.

El equipo ventiloconvector, denominado comúnmente fancoil, está compuesto por un ventilador que toma el aire del ambiente y lo expulsa hacia una tubería que contiene agua en circulación, de forma que el calor o el frío que contiene se disperse dentro del local que se pretende climatizar.

El ventilador está movido por un motor eléctrico y el equipo dispone además de un filtro a la entrada de aire para disponer de una emisión exenta de pequeñas partículas en movimiento.

Existen varios modelos de ventiloconvector según el lugar donde se quiera instalar, en la parte alta de una pared, en el falso techo o en el suelo.

Fancoil tipo cassette para instalación en el falso techo

La primera solución para la climatización por distribución de agua dispone de dos tubos, uno de ida y otro de retorno, que se hacen pasar por los fancoils, cuyo origen se sitúa en el evaporador de la unidad de climatización, refrigeración (frío) o calefacción (bomba de calor).

Mediante este único circuito de agua se puede enfriar en verano o calentar en invierno el local por convección. Debe disponer de una bomba hidráulica que permita el movimiento del agua dentro de las tuberías. Ese sistema está limitado a un número de equipos y se suele instalar como máximo para tres locales de medianas dimensiones.

Refrigeración con sistema agua-agua a dos tubos

Unidades fancoil

Circuito de agua   Retorno

Unidad de climatización (frío o calor)

Bomba hidráulica   Ida

Una mejora con respecto al sistema anterior es que utiliza tres tubos, dos de ida (fría y caliente) y uno de retorno común para el agua fría. Las unidades fancoil disponen de dos pasos de tuberías por las que evidentemente pasará agua caliente en la época otoño-invierno y agua fría en primavera-verano.

Cada una de las unidades de climatización, tanto de calor como de frío, es independiente. Los circuitos disponen de válvulas-puente que permiten el paso del agua sin entrada en el fancoil, y de termostatos en ellas que miden la temperatura del agua para luego repartir de manera conveniente el caudal de agua a los equipos.

Las bombas hidráulicas independientes, de accionamiento eléctrico, impulsan el agua para conseguir su movimiento, cada una de ellas dentro de su propio circuito.

Se aplica este sistema para locales a climatizar de mayores dimensiones.

Refrigeración y calefacción con sistema agua-agua a tres tubos

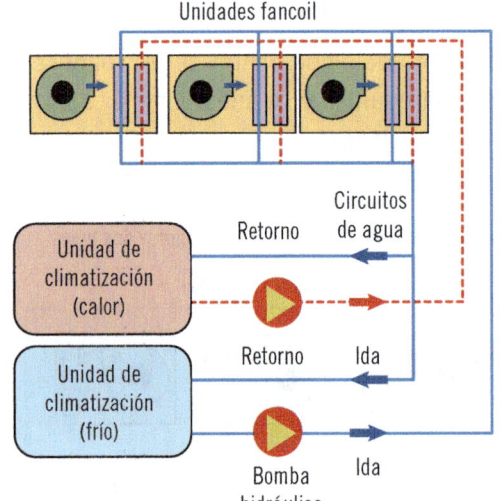

El sistema con el que más rendimiento se obtiene es el de cuatro tubos, formado por dos circuitos de agua totalmente independientes en los que tanto la ida como el retorno se realizan desde una unidad de climatización para refrigeración y otra unidad de climatización para calefacción.

Disponen de válvulas bypass con termostatos para regular el caudal de agua en épocas de temperatura media (otoño y primavera), así como la necesaria bomba hidráulica que mueve el agua dentro de cada circuito independiente.

Es lógico pensar que es la instalación de mayor rendimiento, pero la inversión en distribución de tuberías es más elevada, así como en su aislamiento para que el fluido caloportador no pierda la energía calorífica en el transporte hacia los locales a climatizar.

Refrigeración y calefacción con sistema agua-agua a cuatro tubos

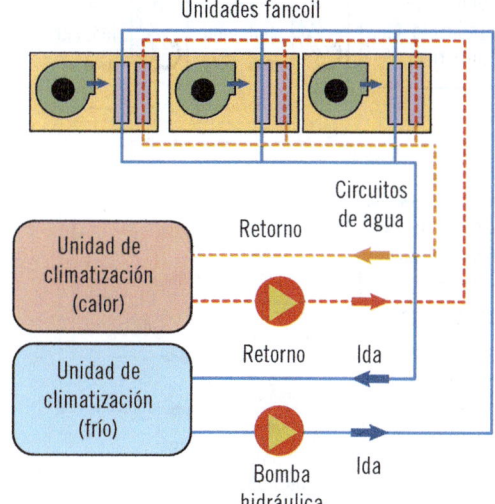

Sistemas aire-agua

Cuando se deben climatizar grandes superficies o locales de grandes dimensiones, la instalación centralizada de los equipos generadores de aire y de climatización de frío o calor es más recomendada.

El sistema aire-agua combina estos dos fluidos en un equipo similar parecido al utilizado en el sistema agua-agua, de forma que el aire se toma de la unidad de tratamiento de aire ya filtrado y acondicionado, expulsándose por una tobera.

El aire del propio local, provocado por la depresión de la tobera en la unidad inductora de agua, hace que el calor o el frío que lleva el agua por las tuberías se emita por convección. Este aire inducido se mezcla con el aire que viene de la UTA, climatizando el local a la vez que se consigue una renovación.

Refrigeración y calefacción con sistema aire-agua a cuatro tubos

Este sistema dispone de tres unidades, la de tratamiento de aire, la de calefacción y la de refrigeración, cada una de ellas, como en los sistemas todo agua, con bomba hidráulica de circulación, tuberías de ida y de retorno, así como válvulas con termostatos incorporados para adecuar el caudal de agua por los circuitos.

Puede llevar circuitos ida-retorno a tres tubos o a cuatro tubos, siempre dependiendo de la inversión económica que se decida para cada solución tecnológica.

Se montan las unidades inductoras de agua en el techo (difusor) o en la pared o el suelo (consola).

Actividades

8. Dibujar el esquema de agua-agua a tres tubos con unidades *fancoil*.

Sistemas todo aire

Este último sistema de climatización se realiza de manera indirecta por convección, ya que se utiliza el aire tratado en una instalación centralizada. Por la unidad de climatización se hace pasar agua caliente o fría, y el ventilador emite aire, el cual se transmite por el conducto distribuyéndose hacia los locales a climatizar.

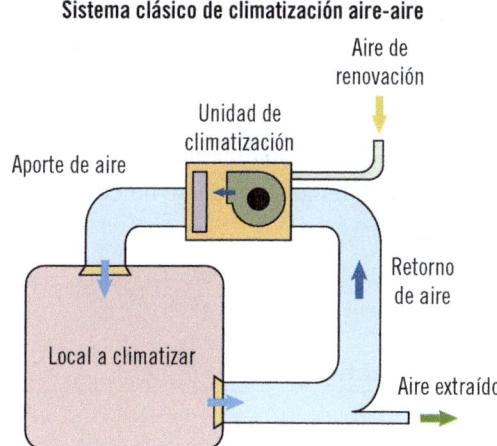

Sistema clásico de climatización aire-aire

El aire del local se renueva por retorno, y el exceso se extrae.

Con algunas variaciones, este sistema, también denominado **aire-aire,** se suele montar en las viviendas unifamiliares repartiendo la producción de aire directamente desde el evaporador, de forma que se distribuye por las zonas de paso hacia las estancias, emitiendo el aire climatizado a través de una rejilla situada en la parte superior de las puertas de paso o en las paredes.

Distribución del tipo de climatización todo aire en una vivienda

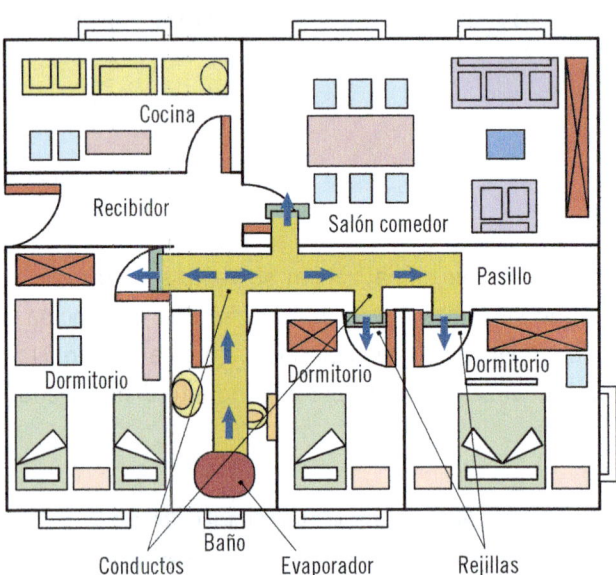

En este caso no existe renovación de aire, sino unos termostatos que hacen que la emisión de aire se detenga cuando se ha conseguido la temperatura del aire previamente fijada.

 Aplicación práctica

El presupuesto previo que realizó para la vivienda se lo han aprobado en la comunidad de vecinos, con lo que debe pensar en la distribución de los canales de aire de refrigeración para todas las viviendas del edificio.

Continúa en página siguiente >>

<< Viene de página anterior

Desde la UTA situada en la terraza, dibuje los recorridos previos de los conductos de aire a partir de la situación en planta del conducto vertical general que llega a cada vivienda del edificio.

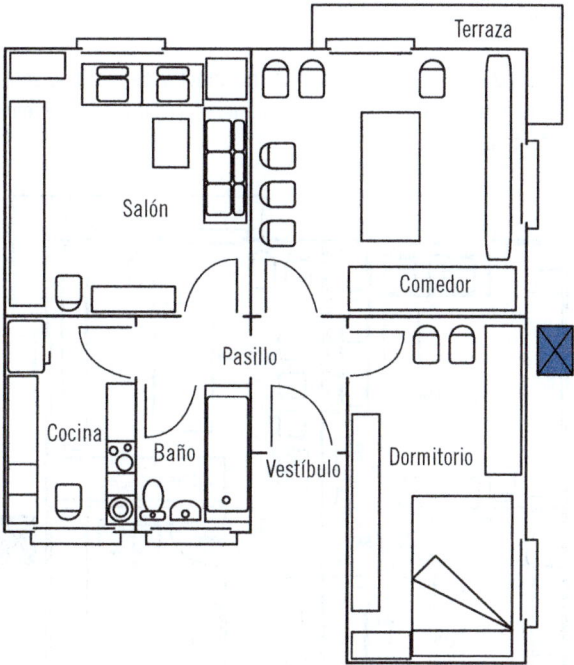

Perspectiva del edificio

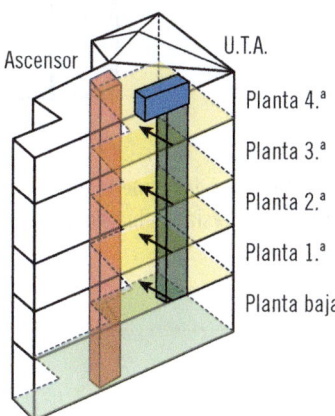

Continúa en página siguiente >>

<< Viene de página anterior

SOLUCIÓN

En la imagen del edificio se puede observar que el canal de distribución general desciende por la fachada hasta la distribución en cada una de las viviendas, entrando por el dormitorio de cada vivienda.

A partir de ahí, y utilizando la zona común del recibidor y del pasillo, se puede delinear el recorrido de los conductos hacia todas las estancias, recordando que en el comedor se deben situar dos tomas.

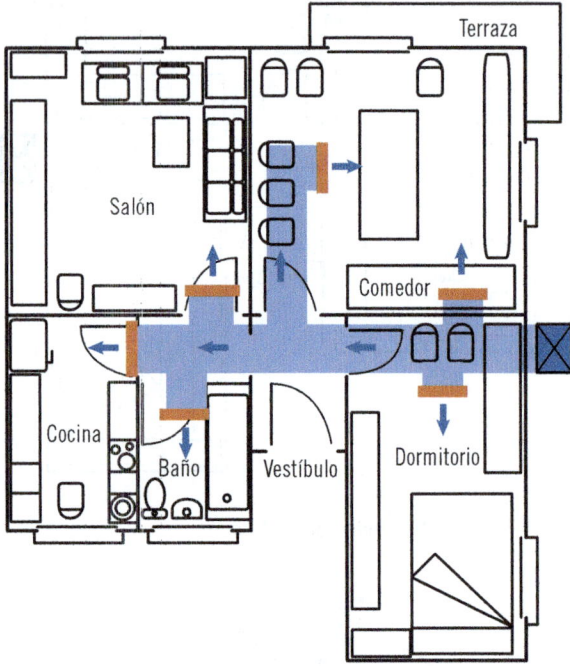

Cada rejilla es suficiente colocarla encima de la puerta de acceso a la estancia para evitar, en la medida de lo posible, realizar demasiada obra en las paredes, economizando igualmente en longitud de conductos.

2.8. Plantas enfriadoras

Son equipos compactos para la refrigeración de edificios de viviendas, industrias y oficinas, que normalmente se sitúan en el tejado o la terraza, y que son capaces de proporcionar frío hacia los conductos que se reparten por las diferentes superficies. Son las que proporcionan el aire acondicionado centralizado en los edificios.

Tienen una forma en "V" característica en la que se incluye el sistema frigorífico de refrigeración compuesto por compresor, condensador con ventilador, válvula de expansión y evaporador. La conexión de los conductos se realiza directamente a las bocas de salida, de forma que su instalación es rápida, sencilla y limpia.

Los ventiladores del condensador están situados horizontalmente en la parte superior de la planta, de forma que el contacto con el ambiente exterior sea el máximo.

Dispone en su interior de todos los controles de temperatura, presión, velocidad del aire, así como elementos de purga para eliminar el aire que se pueda presentar en el circuito hidráulico.

Las plantas enfriadoras se colocan agrupadas en las terrazas o los tejados.

Son equipos que tienden a vibrar, por lo que se aconseja la colocación de tuberías para agua con manguito flexible. El ruido es otro factor desagradable que cada día se está consiguiendo reducir más.

Se debe tener en cuenta en la instalación de las plantas enfriadoras la capacidad mecánica de la estructura que la sustenta, ya que en la mayoría de las ocasiones los tejados y las terrazas de los edificios no están bien preparados para asumir sobrecargas que se salgan de las normas de edificación.

Se encuentran aplicaciones del agua fría en refrigeración de maquinaria industrial, procesos químicos e industrias alimentarias.

Esquema de los elementos de una planta enfriadora para AA

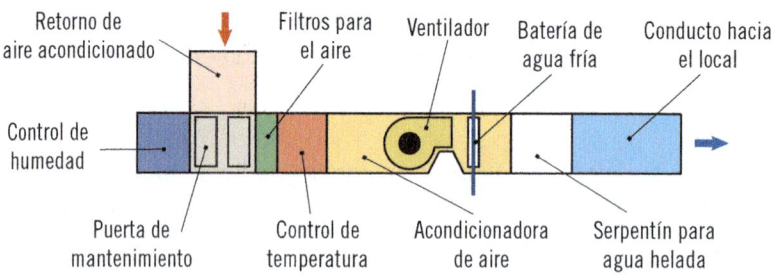

Actividades

9. Recordar el ciclo de refrigeración por compresión y decir en qué elemento se produce la toma de calor del local.

2.9. Bombas de calor

El ya conocido ciclo de la refrigeración tiene una nueva aplicación para conseguir que el local a climatizar se pueda calentar.

La tecnología de la bomba de calor utiliza una válvula inversora que permite que el evaporador se transforme en condensador y que el condensador se transforme en evaporador. De esta forma, en lugar de extraer calor del local por medio del fluido frío en el evaporador, toma el calor del exterior y lo aporta al interior del local.

El proceso es el mismo que el ideado para la refrigeración pero con la adición al circuito de una válvula inversora (o de 4 vías) situada a la salida del compresor, la cual cambia el sentido de circulación del fluido frigorígeno.

Esquema de la bomba de calor

Una aportación de energía de potencia eléctrica de 1 kW, para mover el compresor se transforma en 3 kW de potencia calorífica, con lo que el rendimiento de esta tecnología es mucho más elevado que la proporcionada por las resistencias eléctricas en aparatos de calefacción por radiación.

Además, existen otras ventajas en la utilización de la bomba de calor para el ahorro energético:

- Es capaz de suministrar del ambiente exterior más energía que la que consume.
- La recuperación de calor residual ambiental reduce la demanda de agua de refrigeración y un ahorro industrial.
- Ahorro económico en general, con lo que disminuye el impacto sobre el medioambiente debido a la menor generación de energía eléctrica.

2.10. Grupos autónomos de acondicionamiento de aire

Existen instalaciones pequeñas y medianas que disponen de equipos autónomos utilizados para uno o dos locales, los cuales no necesitan una gran instalación en terrazas ni salas de máquinas, sino que se pueden situar fácilmente cerca de los puntos de consumo.

Son equipos que disponen de los cuatro componentes fundamentales (compresor, evaporador, válvula de expansión y condensador), de manera que su construcción compacta facilita el montaje.

Una clasificación según su disposición puede ser:

- **Portátiles:** se colocan cerca de una conexión eléctrica, pero necesitan un canal de evacuación del aire del condensador.
- **De ventana o muro:** se instalan sobre el cerramiento exterior del local y necesitan obra para su colocación.
- **De consola:** situados normalmente sobre el suelo, con los cuatro componentes situados de manera compacta, y circuito de agua de la red o conectada a una torre de refrigeración.
- **Sistemas partidos o *split:*** en los que se separan las unidades de evaporación y condensación, unidas mediante tuberías de cobre calorifugadas. Este modelo es el que más se está utilizando para las viviendas en la actualidad, ya sea refrigeración o calefacción mediante bomba de calor. Desde el exterior se puede observar el condensador con su ventilador, y en el interior el evaporador que extrae calor en verano y aporta calor en invierno.

Evaporador (interior)   Condensador (exterior)

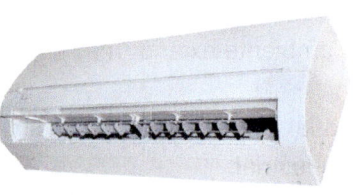

En el sistema partido (split) se utilizan dos unidades unidas por tuberías.

- **Sistemas autónomos compactos:** más grandes que los anteriores, se utilizan para climatizar pequeños locales o industrias mediante conductos circulares o rectangulares por donde se distribuye el aire frío o caliente a las estancias. Pueden situarse en el interior de una sala de máquinas o similar, por lo que deben tener un sistema de extracción del aire de condensación por ventilador centrífugo y conducto.

Se encuentran en el mercado tres tipos:

- Equipos de armario, situados sobre el suelo.
- Equipos compactos horizontales, que se pueden colgar del techo.
- Equipos *roof-top,* que se sitúan en una terraza debido a sus dimensiones y su peso.

Conductos de climatización en un local industrial

 **Actividades**

10. Buscar en internet imágenes de los diferentes equipos autónomos de aire acondicionado e intentar encontrar diferencias.

2.11. Torres de refrigeración

Son equipos encargados de proporcionar frío al circuito de refrigeración en la zona de condensación del fluido frigorígeno.

Una torre de refrigeración utiliza agua que se enfría en finas gotas (pulverizada), forzada por el aire de un ventilador. Las gotas descienden bruscamente su temperatura al contacto con el aire y caen por gravedad en la balsa de agua del fondo, enfriándola. Esta es la base fundamental del sistema.

El agua fría de la balsa se hace pasar por el segundo circuito, donde se favorece el enfriamiento del fluido frigorígeno en estado gaseoso para hacerlo líquido y seguir el proceso de refrigeración habitual.

Un tercer circuito de agua se enfría en el evaporador del segundo circuito y se canaliza hacia la batería de agua fría de la unidad de tratamiento de aire. Desde aquí, el aire frío se reparte hacia los diferentes puntos de la instalación de refrigeración de los locales, a través de los conductos con salida por las rejillas.

La torre de refrigeración proporciona agua fría por pulverización

Las gotas pulverizadas caen a un relleno intermedio que favorece su contacto durante más tiempo con el aire del ventilador, que las enfría.

El primer circuito de la torre de refrigeración se cierra con la recuperación del agua, movida por la bomba hidráulica, que se vuelve a pulverizar en el interior de la torre.

Existen varias formas de hacer pasar el aire del ventilador a través del relleno en la torre de refrigeración:

- Tiro inducido a contracorriente.
- Tiro inducido con flujo cruzado.
- Tiro forzado a contracorriente.
- Tiro forzado con flujo cruzado.

Corriente de aire en una torre de refrigeración

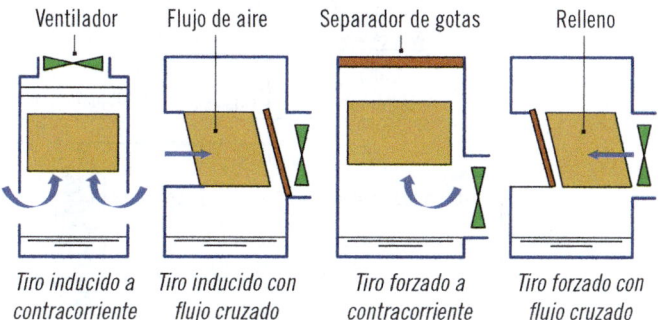

| Tiro inducido a contracorriente | Tiro inducido con flujo cruzado | Tiro forzado a contracorriente | Tiro forzado con flujo cruzado |

3. Sistemas de refrigeración solar

En la climatización para refrigeración o calefacción siempre es necesaria una fracción de calor en el proceso de compresión, absorción o adsorción. El calor que se consigue por las instalaciones solares se puede utilizar en algún punto de la climatización.

3.1. Sistemas de absorción

El ciclo de refrigeración por absorción utiliza un compuesto que es capaz de absorber en fase líquida los vapores de otros. El agua es capaz de absorber el vapor de amoniaco, y el bromuro de litio el vapor de agua.

En la refrigeración por absorción, en comparación con el clásico de compresión del fluido frigorígeno, se sustituye el compresor por un grupo absorbedor-generador, que se debe calentar desde el exterior para evaporarlo y realizar la separación del compuesto y el refrigerante en fase líquida.

El proceso de absorción es "física y química pura"

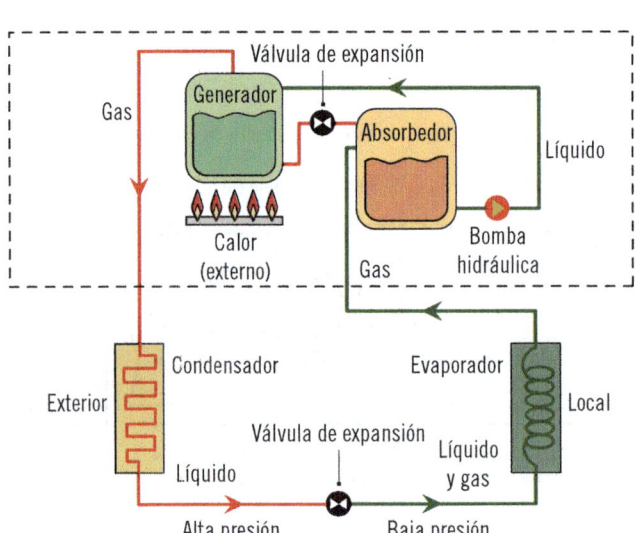

El proceso, dentro del sistema de absorción, es el siguiente:

1. Desde la salida del evaporador, situado en el local a refrigerar, el fluido frigorígeno (amoniaco) entra en estado gaseoso al absorbedor donde se mezcla con el fluido absorbente (agua).
2. La bomba hidráulica hace circular a presión la solución líquida formada hacia el generador donde, por medio de calor externo, se produce la

separación del gas amoniaco y del agua, el cual vuelve al absorbedor en estado gaseoso tras una nueva válvula de expansión.

3. El amoniaco en forma gaseosa y a alta presión se hace circular por el condensador, donde cede el calor pasando del estado gaseoso al líquido, y siguiendo su camino hacia el evaporador donde tomará el calor del local una vez hecho líquido y gas a baja presión tras la válvula de expansión.

Algunas ventajas de este sistema de absorción, en comparación con el sistema de compresión, son:

- Permite el aprovechamiento del calor residual de otros procesos para calentar la solución en el generador.
- Se puede utilizar como fuente de calor la energía calorífica que emiten las radiaciones solares (energía renovable).
- El mantenimiento es más sencillo al no existir compresor ni problemas de transmisión mecánica.
- Beneficioso para el medioambiente en general, al reducirse el consumo de energía eléctrica.

El refrigerante que más se utiliza en la actualidad para estos sistemas es el amoniaco, el cual se aplica para grandes instalaciones de acondicionamiento de aire superiores a las 250.000 frigorías/hora.

 **Definición**

Frigoría
También llamada kilocaloría negativa, es la cantidad de energía necesaria para bajar la temperatura 1 ºC (de 15,5 ºC a 14,5 ºC) a 1 kg de agua a presión atmosférica normal.

3.2. Otras tecnologías de refrigeración solar (adsorción, desecación)

Además de los métodos de compresión y de absorción del gas refrigerante, existen tecnologías muy interesantes que se aplican para el aprovechamiento de la energía calorífica que proporcionan las radiaciones solares. Estas son la adsorción y la desecación.

La primera de estas tecnologías, aplicada a la refrigeración solar, utiliza como material adsorbente el carbón activado sólido y como fluido refrigerante el metanol.

 Definición

Adsorción
Es el proceso por el cual las moléculas de un material son atraídas y retenidas en la superficie del otro.

El proceso se realiza en dos fases:

- En la diurna (fase de carga), el metanol abandona en fase gaseosa el carbón activado al calentarse por las radiaciones solares hacia el condensador. Allí se mezcla con el aire y cambia a fase líquida, cayendo hacia el evaporador.
- En la fase nocturna (fase de descarga), con la bajada de temperatura, el metanol del evaporador vuelve por adsorción al carbón activado, forzando su evaporación y extrayendo el calor presente en el recinto.

Los colectores solares que se utilizan para los métodos de adsorción son del tipo plano, para carbón activado, y captadores de vacío, con los que se alcanzan temperaturas de entre 65 y 85 °C.

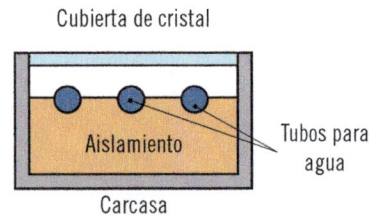

Cubierta de cristal

Aislamiento

Tubos para agua

Carcasa

En la segunda tecnología, se utiliza material desecante a base de gel de sílice (sólido) o cloruro de litio (líquido) para eliminar la humedad del aire, consiguiendo un secado y enfriamiento del recinto.

Se utiliza la energía térmica de los paneles solares para evaporar el agua que absorbe el material desecante, y que pueda seguir tomando la humedad del aire.

Los colectores solares que se utilizan para los métodos de desecación también pueden ser del tipo plano, pero se recomiendan los de canal de aire, con los que se alcanzan temperaturas de entre 50 y 80 ºC.

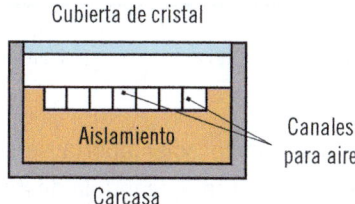

3.3. Conocimientos básicos de refrigeración solar

El aprovechamiento térmico del calor que proporcionan las radiaciones solares es una fuente de energía renovable que se puede utilizar para sistemas de refrigeración en los que sea necesario un aporte de calor.

La base fundamental del captador solar es el efecto invernadero, por el que se puede absorber un alto porcentaje de energía calorífica que queda retenida en el equipo, pudiendo calentar un fluido, normalmente agua, llegando incluso a evaporarla.

Los componentes fundamentales de un captador solar son:

Elementos de un captador solar plano

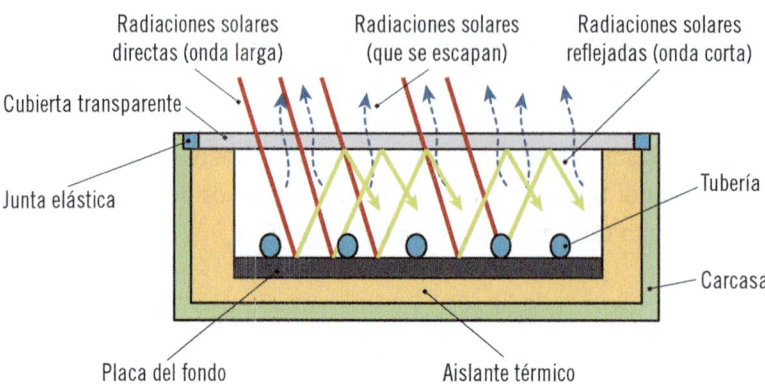

El calor que una instalación solar aporta se utiliza para calentar agua y almacenarla en un acumulador, empleándola después en el proceso de refrigeración con máquina de absorción.

La circulación del agua en el primer circuito se transmite al acumulador caliente por medio de un intercambiador de calor. La torre de refrigeración proporciona el agua fría al circuito para el proceso de absorción, en el que el aporte de calor para la evaporación en el generador se consigue con el agua caliente almacenada en el acumulador.

Se aprovecha la energía calorífica de las radiaciones solares

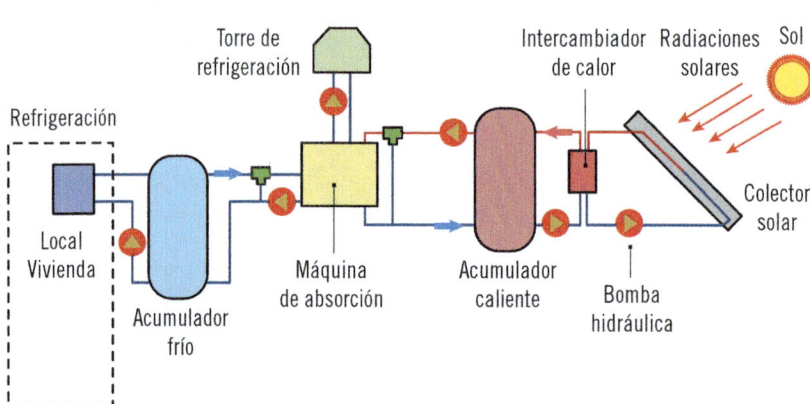

El acumulador frío se utiliza en la fase de condensación del gas refrigerante para el cambio de fase a líquido y terminar el proceso con la nueva evaporación en el local, tras su paso por la válvula de expansión.

El esquema tipo necesita varias bombas hidráulicas para mover el agua caliente y fría por los circuitos.

El agua caliente que se encuentra acumulada se puede emplear en otras aplicaciones de refrigeración o en la producción de agua caliente sanitaria (ACS) o calefacción.

De esta forma, la única energía calorífica que se utiliza para conseguir la refrigeración por absorción proviene de una energía renovable como es la solar.

 ## Actividades

12. Realizar un dibujo-esquema en el que aparezcan los elementos del primer circuito de agua en una torre de refrigeración y escribir cuál es la base fundamental del sistema.

 ## Aplicación práctica

Un cliente quiere montar en su local-vivienda una instalación de calefacción por agua aprovechando la existente de refrigeración solar con máquina de absorción indicada anteriormente.

Dibuje el diagrama de flujo de calefacción por agua a partir del actual.

SOLUCIÓN

Para la calefacción por agua es necesario disponer una tubería de agua caliente general en cada radiador y una tubería de salida para el retorno del agua fría.

Continúa en página siguiente >>

<< Viene de página anterior

A partir del esquema se puede ampliar el circuito tomando el agua caliente de la tubería de salida del acumulador caliente y retornarla mediante una bomba hidráulica a la entrada del mismo acumulador caliente.

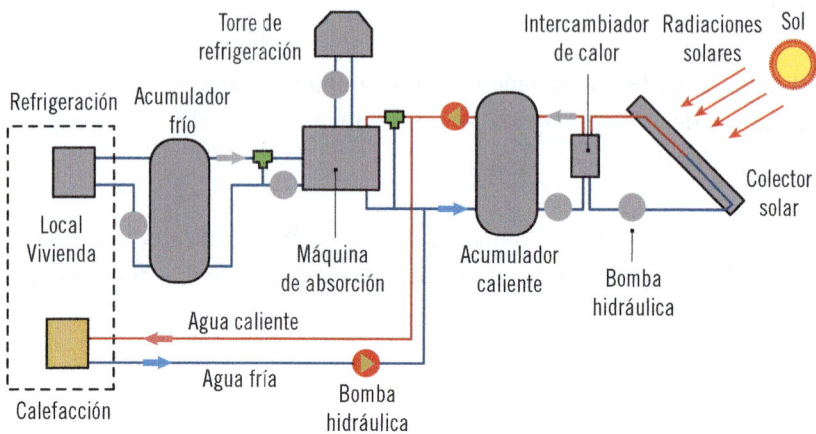

De esta forma, se puede aprovechar el calor almacenado en el agua por la captación solar en los paneles.

3.4. Sistemas de absorción y adsorción

La adsorción es un proceso por el cual las moléculas de un material son atraídas y retenidas solo en la superficie de otro; en contrapartida con la absorción, en la que las partículas quedan retenidas en el interior.

La adsorción es, por tanto, un término superficial, mientras que la absorción es un térmico volumétrico.

El sistema de absorción ya se ha estudiado y se observa claramente que el trasiego de refrigerante para el cambio de fase utiliza un líquido intermedio que es capaz de transportar el fluido frigorígeno sin la necesidad de compresión y el calentamiento consiguiente.

En la adsorción, se utiliza un sólido y existen dos ciclos, uno de carga y otro de descarga. Las combinaciones de sólido-refrigerante son carbón activado con metanol o amoniaco, zeolita con agua o silica-hielo con agua.

La máquina tiene dos compartimentos sólidos formados por carbón activado, uno encargado de tomar superficialmente o adsorber el fluido refrigerante (metanol) y otro encargado de soltarlo mediante un proceso cíclico. Existen también un evaporador inferior y un condensador superior.

Existen dos compartimentos en la máquina de adsorción

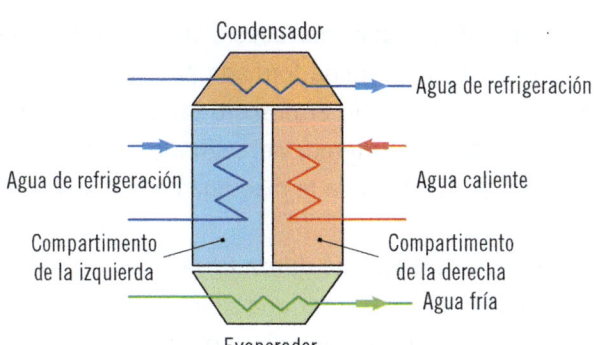

El ciclo de adsorción consta de cuatro fases:

1. El refrigerante adsorbido en el compartimento de la derecha se separa del sólido debido al calentamiento con un serpentín por donde circula agua caliente.
2. En el condensador superior, el refrigerante se hace líquido por el frío del agua que aporta una torre de refrigeración externa.
3. El refrigerante en fase líquida se canaliza hacia al evaporador inferior donde se cambia a fase gaseosa a baja presión. En ese punto se produce la refrigeración.
4. En el compartimento de la izquierda, el sólido adsorbe el refrigerante y la torre de refrigeración extrae el calor

Una vez que el sólido adsorbedor de la derecha se encuentra saturado, se invierte el ciclo.

Actividades

12. Indicar las dos formas de aprovechamiento de la energía radiante que proporciona el Sol y su clasificación.

3.5. Máquinas de simple y doble efecto

En el proceso de refrigeración por absorción existía un momento, en el generador, en que la solución líquida formada por el refrigerante y el líquido absorbedor se separaban, pasando el primero (amoniaco) al estado gaseoso, debido a la aportación de calor externo, y el segundo (agua) al absorbedor. Este es el funcionamiento ya conocido de la máquina de simple efecto.

En la máquina de doble efecto se utiliza agua como refrigerante y bromuro de litio como absorbedor, el cual, al ser una sal que tiene mucha capacidad de absorción de agua, tomará rápidamente el vapor que se produce en el evaporador. Dispone, esta máquina de doble efecto, de dos generadores de alta y baja presión, así como de dos recuperadores de alta y baja presión.

En el doble efecto, las fases de evaporación, absorción y condensación son iguales que en el simple efecto, pero la producción de refrigerante en el generador se realiza en dos fases:

1. La primera solución líquida de agua y bromuro de litio se concentra previamente en el generador a alta temperatura, separándose por evaporación el refrigerante y el absorbente.
2. El refrigerante en fase de vapor se hace pasar por el segundo generador de baja temperatura donde la concentración final es mayor.

Los dos vapores de agua obtenidos se canalizan hacia el condensador y el bromuro de litio de los dos generadores y se vaporizan pasando a través de válvulas de expansión, volviendo al absorbedor.

El beneficio de estas máquinas de doble efecto es que permiten el funcionamiento en modo frío y en modo calor, con más prestaciones que la de simple efecto.

En la máquina de absorción de simple efecto se utiliza, para calentar la solución en el generador, el agua caliente como fuente térmica, consiguiendo un coeficiente de rendimiento (COP) de hasta 0,7. En el doble efecto se pueden utilizar energías residuales como el escape de motores de combustión o una llama directa a gas con un COP de 1,4 que, como se observa, es el doble del obtenido en la máquina de simple efecto.

En la aplicación de la energía calorífica que proporcionan las radiaciones solares acumuladas en los colectores solares, la absorción de simple efecto puede utilizar colectores de tipo plano, aunque para un mayor rendimiento se recomiendan los de parábola compuesta, con los que se alcanzan temperaturas de 70 a 100 ºC.

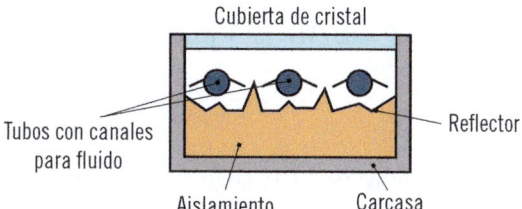

En las máquinas de doble efecto o doble generación, el mejor colector solar es el de tubo de vacío, ya que las temperaturas que se llegan a obtener son sensiblemente más elevadas, del orden de 130 a 160 ºC.

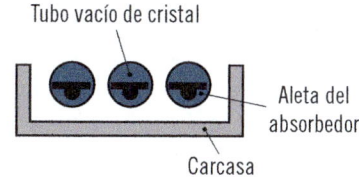

3.6. Coeficiente COP

Se denomina con estas siglas al coeficiente de rendimiento (coefficient of performance) que se obtiene al relacionar la energía útil que la máquina de climatización está proporcionando, en modo bomba de calor, con la energía eléctrica o térmica que el compresor consume en su funcionamiento para elevar la presión y la temperatura del fluido frigorígeno. Además, el COP de la bomba de calor también incluye la energía necesaria para el deshielo.

Efectivamente, la suma del trabajo (W) consumido en el compresor más el calor extraído del foco frío exterior (Qf) es el calor total (Qc) que la bomba de calor aporta al interior del local.

$$Qc = Qf + W$$

El coeficiente COP de la bomba de calor en modo calefacción será:

$$COP = Qc / W = (Qf + W) / W$$

Una forma de calcular el máximo COP, según el ciclo de Carnot, es midiendo las temperaturas que se encuentran en el condensador (T1) y en el evaporador (T2). De esta forma se tiene:

$$COP = T1 / (T1 - T2)$$

 Nota

El ciclo de Carnot se compone de dos procesos isotérmicos a temperatura constante y de dos procesos adiabáticos en los que el sistema no gana ni pierde calor.

Actividades

13. Buscar gráficas del ciclo de Carnot utilizado en los motores térmicos de los vehículos.

Cuando la bomba de calor se encuentra realizando trabajo en modo de refrigeración, el coeficiente será:

$$COP = Qf / W$$

Existe bibliografía en la que el rendimiento COP, en modo frigorífico, se nombra con las siglas EER, que significan **coeficiente de eficacia frigorífica o de refrigeración** *(energy efficiency ratio).*

Los rendimientos habituales de la bomba de calor, en modo refrigeración, se encuentran entre 2 y 6, siempre dependiendo de la diferencia de temperatura que se tenga entre el foco frío (interior del local) y el foco caliente (exterior del local). Cuanto mayor sea esa diferencia, menor será el rendimiento de la máquina.

En comparación, la máquina de absorción tiene un COP de 0,6 a 0,7, y la máquina de adsorción de 0,55 a 0,65.

Aplicación práctica

Le avisaron de que, tras la instalación que se hizo en las viviendas, se encuentra que la climatización en calefacción es muy poca.

Continúa en página siguiente >>

<< Viene de página anterior

Calcule el coeficiente COP sabiendo que las temperaturas que se miden actualmente son de 80 °C en el condensador y de 12 °C en el evaporador.

SOLUCIÓN

La expresión del COP, según el ciclo de Carnot, es:

$$COP = T1 / (T1 - T2)$$

Condensador → 80 °C → T1.
Evaporador → 12 °C → T2.

$$COP = 80 °C / (80 °C - 12 °C) = 1,17$$

El rendimiento es muy bajo, por lo que habrá que investigar si existe una fuga en los conductos o si el aislamiento del local no es el ideal.

3.7. Enfriamiento desecativo

Cuando al aire se le elimina parte de la humedad que posee, se produce su enfriamiento. Esta es la base de la refrigeración por enfriamiento desecativo.

En el proceso de refrigeración, se realiza el secado del aire por deshumidificación, en el que se toma el calor por adsorción en una máquina que tiene un tambor que gira lentamente. Este proceso de adsorción hace que el aire se caliente, por lo que se hace pasar por otro tambor de recuperación de calor, en el que el aire cede su calor y se enfría.

Posteriormente, se realiza la humidificación del aire para conseguir que el aire se enfríe aún más, trasladando este aire frío al local.

Nota

Este proceso completo de enfriamiento y humidificación es similar al que se realizaba en la torre de refrigeración.

La aplicación de la energía solar se encuentra en la regeneración por secado de la sustancia adsorbente del primer tambor mediante el aire caliente que se canaliza desde el colector solar de aire.

El secado del aire lo enfría

Sol
Radiaciones solares
Aire caliente
Colector solar
Intercambiador de calor
Aire ambiente (cálido y húmedo)
Agua pulverizada
Aire refrigerado
Tambor deshumidificador (Adsorción)
Tambor recuperador de calor
Humidificador

3.8. Ahorro energético en circuitos de refrigeración

Sabido es ya que el calor que tiene un cuerpo, al contacto directo o indirecto mediante un fluido, lo cede hasta que los dos se encuentran a la misma temperatura. Por ello, las medidas de ahorro energético tienen que ver con la transmisión de calor y su cambio a frío mediante evaporaciones y compresiones volumétricas.

Con los aislantes y la eficiencia de la máquina se puede conseguir economizar evitando el aporte mínimo de las ganancias caloríficas exteriores, junto con la utilización de fluidos refrigerantes y compresores de alta calidad que permitan el cambio termodinámico en las mejores condiciones.

Actividades

14. Completar la imagen indicando, para la bomba de calor, qué elemento hace de evaporador y qué elemento hace de condensador.

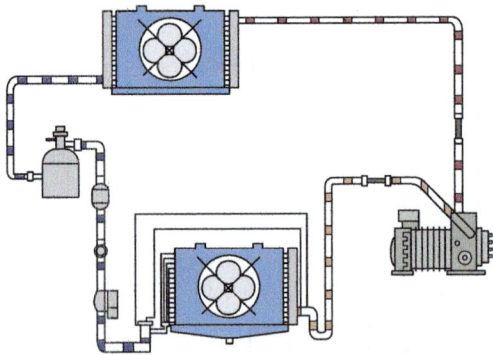

Si se realiza un análisis teórico, este permite un ahorro energético estudiando las características que influyen en las instalaciones de refrigeración, como son:

- Respetar las condiciones de diseño.
- El funcionamiento de la instalación frigorífica de manera eficiente.
- El subenfriamiento del líquido refrigerante.
- La agrupación de cámaras y servicios comunes.
- Aumentar la presión de evaporación y disminuir la presión de condensación.
- Comprimir el vapor en varias etapas.
- Utilizar el calor del condensador.

- Eliminar saltos térmicos innecesarios.
- Aislar convenientemente las tuberías y los conductos para evitar las pérdidas en el transporte.

Estudiando minuciosamente la gestión necesaria en toda instalación industrial, se pueden realizar controles en el consumo, de forma que se consiga una mayor eficiencia adaptando el consumo a la demanda necesaria, utilizando la máxima superficie de transmisión de calor y compresores de máxima eficiencia.

4. Resumen

La climatización abarca los campos de ventilación y acondicionamiento del aire, tanto en frío como en calor.

El método de refrigeración utiliza los cambios de fase de líquidos y gases para absorber o ceder calor a los locales, gracias al segundo principio de la termodinámica, que dice que cuando dos materias se ponen en contacto la que se encuentra a mayor temperatura cede calor a la más fría.

Utilizando este concepto, unido al cambio de fase gaseosa a líquida y viceversa, se han construido máquinas capaces de tomar y ceder calor en un circuito continuo por donde circula el fluido refrigerante, sometiéndole a compresión, condensación, expansión y evaporación.

El diagrama psicométrico se utiliza para expresar gráficamente las variables que intervienen en un local, en cuanto a temperatura y humedad, buscando el punto ideal para el mayor confort.

Dependiendo de las necesidades y la inversión económica, se pueden adquirir en el mercado diversas máquinas de refrigeración, las cuales pueden suministrar también calefacción gracias a la inversión del ciclo que efectúa la bomba de calor.

El aprovechamiento de la energía calorífica que proporcionan las radiaciones solares se puede utilizar para los métodos de climatización por absorción y adsorción que tanto han evolucionado en los últimos años, consiguiendo rendimientos superiores a los que se obtenían con la compresión del fluido frigorígeno.

El enfriamiento desecativo y la humidificación completan los procesos de refrigeración y calefacción que se tienen para la climatización de los locales en viviendas e industrias.

Ejercicios de repaso y autoevaluación

1. La climatización utiliza las leyes de la termodinámica para...

   a. ... enfriar el ambiente de un local.
   b. ... ventilar el ambiente de un local.
   c. ... calentar o enfriar el ambiente de un local.
   d. ... enfriar y calentar el ambiente de un local.

2. En refrigeración, el evaporador toma el calor del local porque...

   a. ... se encuentra más frío que el ambiente.
   b. ... pasa a través de la válvula de expansión.
   c. ... está más caliente que el aire del local.
   d. ... en el cambio de fase se gana calor.

3. Complete los recuadros A, B, C, D y E con los nombres de los elementos del compresor que se muestran en la imagen.

Compresor

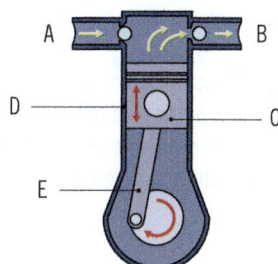

4. En la columna A se indican elementos que forman parte de la máquina refrigeradora y en la B acciones que realizan de ella. Enlace ambas columnas según corresponda.

1. Condensador.
2. Válvula de expansión.
3. Evaporador.
4. Compresor.
5. Fluido frigorígeno.

__ Roba el calor.
__ Calienta el gas.
__ Cambia de fase de gas a líquido.
__ Evoluciona, se enfría y se calienta.
__ Reduce la velocidad.

5. En la línea de expansión, el refrigerante baja su presión porque...

a. ... aumenta su temperatura.
b. ... se acelera en el capilar.
c. ... se calienta en la válvula.
d. ... aumenta de volumen

6. Expresados en el diagrama psicométrico, la entalpía (H) es la energía ganada o cedida por el aire del local y el calor latente...

a. ... es el que toma del local en la compresión.
b. ... es el que utiliza para sufrir un cambio de fase.
c. ... es el que se pierde en la válvula de expansión.
d. ... baja la presión del fluido frigorígeno.

7. Los antiguos modelos de muro/ventana para refrigeración...

a. ... se componen de dos partes separadas, el evaporador y el condensador.
b. ... reúnen en un mismo equipo todos los elementos.
c. ... se alimentan de la torre de refrigeración del edificio.
d. ... necesitan agua para funcionar.

8. Complete.

En el sistema _____ de climatización, el fluido está en _____ con el medio que se enfría o calienta, y en el sistema indirecto se hace circular el _____ por unos _____ de calor desde donde se toma el frío o el calor hacia el local.

9. Complete los recorridos de agua en el esquema de agua-aire a cuatro tubos con unidades inductoras de agua.

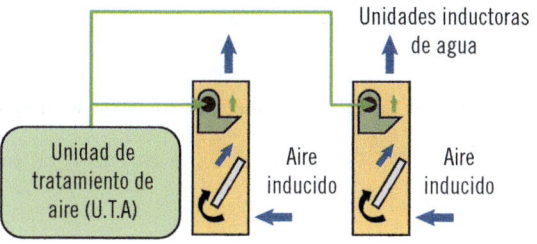

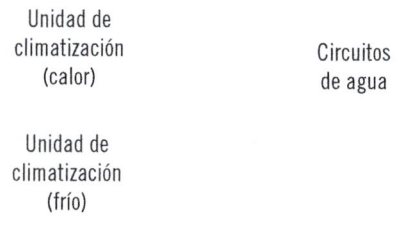

10. La bomba de calor realiza el mismo ciclo que la máquina frigorífica gracias a...

    a. ... que el condensador es de tubo inverso.
    b. ... que tiene una resistencia eléctrica.
    c. ... el calor se toma del local.
    d. ... que tiene una válvula inversora de cuatro vías.

11. El agua pulverizada en finas gotas se enfría mediante un ventilador en...

    a. ... el condensador de la bomba de calor.
    b. ... la torre de refrigeración.
    c. ... la refrigeración evaporativa.
    d. ... el ventiloconvector (fancoil).

12. De las siguientes afirmaciones, indique cuál es verdadera o falsa.

    a. El sistema de refrigeración por absorción elimina el compresor del circuito.

        ☐ Verdadero
        ☐ Falso

    b. En el generador se calienta la mezcla para evaporar el agua del sistema de adsorción.

        ☐ Verdadero
        ☐ Falso

    c. El colector solar de canales de aire es el más recomendado para el proceso de refrigeración por desecación.

        ☐ Verdadero
        ☐ Falso

    d. Las radiaciones solares quedan retenidas en el colector solar descubierto con canales de agua.

        ☐ Verdadero
        ☐ Falso

13. La absorción es un término volumétrico. La adsorción...

    a. ... es un término lineal.
    b. ... se utiliza para desecar el fluido frigorígeno.
    c. ... utiliza las propiedades del cambio de fase.
    d. ... es un término superficial.

14. **Indique la expresión correcta que se utiliza para el cálculo del coeficiente de rendimiento de la bomba de calor.**

    a. $COP = Qc / W = (Qf + W) / W$.
    b. $COP = Qf / W$.
    c. $COP = (Qf + Qc) / W$.
    d. $COP = Qc + W = (W - Qf) / volumen$.

15. **Mediante el enfriamiento desecativo...**

    a. ... se consigue agua a baja temperatura.
    b. ... se elimina parte de la humedad del aire.
    c. ... se evita tener que utilizar el compresor de líquido-aire.
    d. ... se elimina toda la humedad del aire.

Capítulo 4
Normativa de aplicación

Contenido

1. Introducción

Hoy en día la legislación abarca gran parte del desarrollo tecnológico aplicado a la vida de las personas, ya que con el cumplimiento de las normas se consigue la seguridad laboral, así como el cuidado del medioambiente que nos rodea.

A nivel europeo se marcan las trazas principales de legislación en cada campo para posteriormente adaptarse a las características peculiares de cada Estado miembro. Los municipios, mediante ordenanzas, fomentan las actuaciones en beneficio de los ciudadanos haciendo que las poblaciones, sus recursos y actuaciones crezcan a un ritmo adecuado.

Los accidentes y las enfermedades profesionales que los trabajadores pueden sufrir en el desempeño de sus trabajos quedan regulados por la ley, al igual que la revisión de su salud para asegurar que esta no se pierde. Los organismos de control están siempre vigilantes, aportando ideas que puedan ser beneficiosas tanto para las empresas como para el cuidado de la salud de los trabajadores.

El medioambiente de nuestro planeta sufre por el exceso de recursos energéticos contaminantes. De manera voluntaria, los Estados pertenecientes a la Unión Europea pueden sumarse al cumplimiento de programas específicos para reducir la contaminación.

Las instalaciones de generación de calor para consumo sanitario y de climatización en los edificios deben cumplir escrupulosamente las normas aprobadas en beneficio de la seguridad de las personas que los habitan.

El aprovechamiento de las energías renovables es la mejor política para conseguir la reducción de la dependencia energética del petróleo y, con ello, unas ciudades más habitables.

2. Ordenanzas municipales

El elevado consumo de combustibles fósiles como el carbón, el petróleo y sus derivados ha convertido a las ciudades en el centro de la contaminación ambiental debido a los vehículos que circulan, la calefacción por combustión y el consumo de electricidad, esta última contaminante en el momento de la generación, no en el consumo.

La Unión Europea, en el año 1997, por medio de la comunicación COM (97) 599, expuso la estrategia Energía para el futuro: fuentes de energía renovables, libro blanco para una estrategia y un plan de acción comunitario, en la que se impulsaba la propuesta de utilización de las energías renovables en los usos urbanos.

El Parlamento Europeo marca las pautas para el desarrollo de las leyes en los Estados miembros.

Con esta prerrogativa, el Instituto para la Diversificación y el Ahorro de Energía (IDAE), con las pautas marcadas en su momento por el Ministerio de Ciencia y Tecnología, estableció que se debía alcanzar un 12 % de consumo de energía primaria para el año 2010 mediante la instalación de colectores solares y su aprovechamiento como energía solar térmica, al menos para el consumo de agua caliente sanitaria (ACS).

Las entidades locales, mediante la colaboración del IDAE y la Federación Española de Municipios y Provincias (FEMP), han adoptado estas propuestas, elaborando en las grandes ciudades ordenanzas municipales de apoyo a la mejora de la calidad atmosférica con el uso de la energía térmica captada en los colectores de radiación solar.

Como ejemplo particular del compromiso de las entidades gubernamentales, el Parlamento Andaluz, durante el año 2001, aprobó la proposición no de ley en la que recomienda a todos los ayuntamientos la aprobación de ordenanzas municipales que exigeran la obligatoriedad de realizar preinstalaciones de placas solares en los edificios de nueva construcción.

La energía captada en los colectores y los paneles solares se puede utilizar como fuente de calor para la producción de ACS y calefacción, así como para la generación de electricidad de consumo en los electrodomésticos propios.

Aprovechamiento urbano de energía procedente de las radiaciones solares

Debido al aumento de las necesidades energéticas en la sociedad actual, el aprovechamiento de energías renovables se debe fomentar para disponer en el futuro de una mejor vida en las ciudades, con menor contaminación ambiental.

 Actividades

1. Realizar un listado de las ciudades donde existen normativas de carácter ambiental. Su municipio puede ser uno de ellos.

3. Reglamentación de seguridad

La seguridad de las personas en el desarrollo de los trabajos debe ser siempre una prioridad, ya que una persona no debería sufrir accidentes ni padecer enfermedades profesionales que pudieran minar su salud.

3.1. Legislación

Existe diferente legislación que debe aplicarse en el normal funcionamiento de una empresa para cualquier tipo de trabajo y situación personal del trabajador. La legislación a tener en cuenta es:

- **Accidente de trabajo:** Real Decreto Legislativo 8/2015, de 30 de octubre, por el que aprueba el Texto Refundido de la Ley General de la Seguridad Social (LGSS).
- **Enfermedad profesional:** Real Decreto 1299/2006, de 10 de noviembre, por el que se aprueba el cuadro de enfermedades profesionales en el sistema de la Seguridad Social y se establecen criterios para su notificación y registro.
- **Seguridad laboral:** Ley 31/1995, de 8 de noviembre, de Prevención de Riesgos Laborales.
- **Prevención de riesgos laborales:** Ley 54/2003, de 12 de diciembre, de reforma del marco normativo de la prevención de riesgos laborales.
- **Lugares de trabajo:** Real Decreto 486/1997, de 14 de abril, por el que se establecen las disposiciones mínimas de seguridad y salud en los lugares de trabajo.
- **Protección contra incendios:** Real Decreto 2267/2004, de 3 de diciembre, por el que se aprueba el Reglamento de seguridad contra incendios en los establecimientos industriales y Real Decreto 314/2006, de 17 de marzo, por el que se aprueba el Código Técnico de la Edificación.
- **Instalaciones eléctricas:** Real Decreto 842/2002, de 2 de agosto, por el que se aprueba el Reglamento Electrotécnico para Baja Tensión (REBT).
- **Riesgo eléctrico:** Real Decreto 614/2001, de 8 de junio, sobre disposiciones mínimas para la protección de la salud y seguridad de los trabajadores frente al riesgo eléctrico.

■ **Manipulación de cargas:** Real Decreto 487/1997, de 14 de abril, sobre disposiciones mínimas de seguridad y salud relativas a la manipulación manual de cargas que entrañen riesgos, en particular dorsolumbares, para los trabajadores.

Manipulación correcta de las cargas

■ **Maquinaria:** Real Decreto 1644/2008, de 10 de octubre, por el que se establecen las normas para comercialización y puesta en servicio de las máquinas.

■ **Equipos de trabajo:** Real Decreto 1215/1997, de 18 de julio, por el que se establecen las disposiciones mínimas de seguridad y salud para la utilización por los trabajadores de los equipos de trabajo.

■ **EPI:** Real Decreto 773/1997, de 30 de mayo, sobre disposiciones mínimas de seguridad y salud relativas a la utilización por los trabajadores de Equipos de Protección Individual.

■ **Señalización:** Real Decreto 485/1997, de 14 de abril, sobre disposiciones mínimas en materia de señalización de seguridad y salud en el trabajo.

Este es un índice actualizado de normas de obligado cumplimiento que seguro ayudarán en la búsqueda de características especiales que se puedan presentar en los trabajos que se realicen.

Actividades

2. Contestar a las siguientes cuestiones:

- ¿Qué son los EPI y cómo se deben utilizar?
- ¿Los equipos de trabajo deben estar homologados?

Por el incumplimiento de las normas especificadas en las leyes se prevé una serie de sanciones por parte del órgano competente tanto para los empresarios como para los trabajadores.

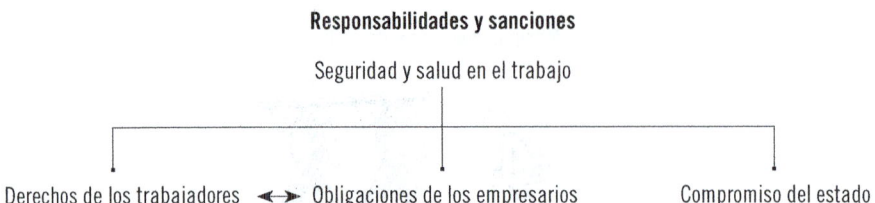

Responsabilidades y sanciones

Seguridad y salud en el trabajo

Derechos de los trabajadores ◄──► Obligaciones de los empresarios · · · · · · Compromiso del estado

3.2. Condiciones de trabajo y salud

La Unión Europea, a través de la Directiva Marco 89/391 CEE, y España, por medio de la Ley 31/1995 de Prevención de Riesgos Laborales, han acabado con la definición tradicional que se tenía de salud como "ausencia de enfermedad", llegando en la actualidad a la definición que da la Organización Mundial de la Salud (OMS) de "sentirse bien física, mental y socialmente". Llega entonces el concepto de **salud laboral,** siendo la medicina del trabajo la que se encarga del estudio del efecto perjudicial que el trabajo tiene en la salud de los trabajadores.

Factor de riesgo ──► Peligro ──► Pérdida

Técnicamente, y en el lenguaje coloquial, el peligro es igual al riesgo, y la consecuencia de la pérdida es el daño, de forma que cuando existe riesgo este entraña un peligro, y cuando hay un daño se produce una pérdida.

Para identificar el factor de riesgo se debe conocer la herramienta, la máquina y los elementos que la hacen moverse o desplazarse. El peligro es lo que puede suceder si no se realizan bien las operaciones y el daño o pérdida son las consecuencias personales, o en los elementos, que suceden por no realizar el trabajo de manera correcta o por no haber tomado las precauciones y protecciones necesarias.

Factor de riesgo, peligro y daño

El trabajo y la salud están relacionados, y casi forman una simbiosis única, ya que el trabajo es salud y la salud se pierde con el trabajo.

 Nota

El trabajo es el mejor medio para conseguir unidades monetarias que permitan a las personas el intercambio de productos en los mercados y así poder sobrevivir y desarrollarse.

Es evidente que en el mundo laboral no se puede encontrar el uno sin la otra.

Influencia del trabajo en la salud

Aplicación práctica

En su empresa, puesto que dispone del nivel intermedio en prevención de riesgos laborales, debe realizar el protocolo escrito de los riesgos que se pueden presentar en determinadas actividades de montaje de instalaciones y control estadístico mediante ordenador.

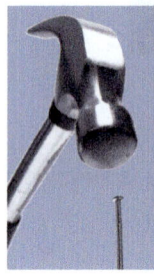 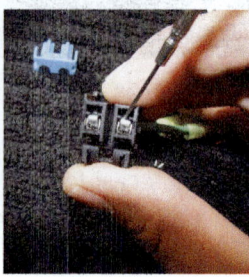 

Realice una lista en la que se identifiquen los factores de riesgo, el peligro o riesgo y el daño que se pueden producir al clavar una punta con un martillo, la unión de cables a bornes con un destornillador y la visualización de datos en una pantalla.

SOLUCIÓN

1. Clavar una punta con un martillo:
   Factor de riesgo: herramienta de golpeo en movimiento.
   Peligro o riesgo: golpeo con el martillo en la mano, pérdida del martillo, golpeo en el soporte de la punta.
   Daño: herida o golpe en la mano o los dedos, deformación del soporte.
2. Atornillar los bornes de conexión con un destornillador:
   Factor de riesgo: herramienta de punta cortante, en movimiento circular.
   Peligro o riesgo: golpeo o hincar el destornillador en la mano.
   Daño: herida o corte en la mano por punzamiento.
3. Visualizar datos en una pantalla:
   Factor de riesgo: pantalla de visualización.
   Peligro o riesgo: emisión constante de luz a los ojos.
   Daño: vista cansada y pérdida gradual de visión.

Accidente de trabajo

En su definición legal, según el artículo 156 de la Ley General de la Seguridad Social (LGSS), es "toda lesión corporal que el trabajador sufra con ocasión o por consecuencia del trabajo que ejecute por cuenta ajena". Esta ley se aprobó en el Real Decreto Legislativo 8/2015, de 30 de octubre.

El accidente de trabajo (AT) es la consecuencia y además el indicador más claro del mal funcionamiento de las medidas preventivas que se han tomado para la realización de las actividades laborales. Aunque sean inesperados, sorprendentes e indeseados, los accidentes se pueden evitar con una adecuada acción preventiva que aplique el estudio previo a la aparición.

Todos los accidentes de trabajo son debidos a causas naturales y explicables. Ninguno se produce por fatalidad o mala suerte. Existen dos categorías en cuanto a los AT:

- **Accidentes sin baja:** no superan una jornada laboral.
- **Accidente con baja:** a partir de una jornada laboral.

 Nota

El control y la documentación de las causas de los accidentes son actividades fundamentales para evitar en un futuro cometer los mismos errores.

 Actividades

3. ¿Qué es la Pirámide de Bird? Buscar alguna imagen y los valores que tiene.

Enfermedad profesional

La Ley General de la Seguridad Social (LGSS) la define como "la contraída a consecuencia del trabajo por cuenta ajena en las actividades que se especifican en el Real Decreto 1299/2006, de 10 de noviembre, por el que se aprueba el cuadro de enfermedades profesionales en el sistema de la Seguridad Social, y que esté provocada por la acción de elementos o sustancias que en dicho cuadro se indiquen para cada enfermedad profesional".

Los factores que la determinan son: ser causados por determinados elementos y sustancias o agentes contaminantes y aparecer en la realización de ciertas actividades profesionales.

En la realización de ciertos trabajos se pueden utilizar productos contaminantes que perjudican seriamente la salud. Compuestos de tipo físico, químico y biológico que se encuentran en el ambiente de trabajo y que pueden convertirse en factores de riesgo que causan enfermedades profesionales.

Los factores de los que dependen las enfermedades profesionales son la concentración del contaminante en el medioambiente de trabajo, el tiempo de exposición al contaminante, la agresividad del contaminante y las características personales.

Se clasifican en distintos grupos:

- Producidas por agentes químicos.
- Infecciosas y parasitarias.
- Producidas por agentes físicos.
- Sistémicas y sistemáticas.
- De la piel.
- Producidas por la inhalación de sustancias y agentes no comprendidos en otros apartados.
- La presencia y la interacción de varios agentes contaminantes a la vez.

Cuadro comparativo entre EP y AT

Características	Enfermedad profesional	Accidente de trabajo
Comienzo	Lento	Brusco
Presentación	Esperada	Inesperada
Manifestación	Solapada	Violenta
Relación causal	Difícil de identificar	Fácil de identificar
Relación temporal	Antiguo o indeterminado	Inmediata

Controles del estado de salud del trabajador

La Ley 31/1995 de Prevención de Riesgos Laborales aprueba una nueva normativa en cuanto a la obligatoriedad, con algunas excepciones, en los reconocimientos y la periodicidad con la que se deben realizar los controles de salud a los trabajadores.

En el artículo 22, en cuanto a la vigilancia de la salud, se cita:

1. El empresario garantizará a los trabajadores a su servicio la vigilancia periódica de su estado de salud en función de los riesgos inherentes al trabajo.

Esta vigilancia solo podrá llevarse a cabo cuando el trabajador preste su consentimiento. De este carácter voluntario solo se exceptuarán, previo informe de los representantes de los trabajadores, los supuestos en los que la realización de los reconocimientos sea imprescindible para evaluar los efectos de las condiciones de trabajo sobre la salud de los trabajadores o para verificar si el estado de salud del trabajador puede constituir un peligro para él mismo, para los demás trabajadores o para otras personas relacionadas con la empresa o cuando así esté establecido en una disposición legal en relación con la protección de riesgos específicos y actividades de especial peligrosidad.

En todo caso se deberá optar por la realización de aquellos reconocimientos o pruebas que causen las menores molestias al trabajador y que sean proporcionales al riesgo.

También se expresan las normas en cuanto a la intimidad, la dignidad y la confidencialidad que se ha de seguir en las relaciones entre el trabajador y el médico que le atiende, no pudiéndose utilizar en su perjuicio, estando permitida la información al empresario solo en los casos en que implique la no aptitud para el desempeño del puesto de trabajo.

Todas las medidas de vigilancia y control de la salud de los trabajadores serán realizadas por personal sanitario con competencia técnica, formación y capacidad acreditada.

Formas de manifestarse los daños en la salud	
Riesgo	Daño
Condición de seguridad	Accidente de trabajo (A.T.)
Condiciones ambientales	Enfermedad del trabajo Enfermedad profesional (E.P.)
Carga de trabajo	Daño psicosociales (A.T. y E.P.)
Organización del trabajo	Daños psicosociales y accidentes
Factor humano	Accidentes

Actividades

4. Escribir la definición legal de accidente de trabajo. Es muy importante conocerla.

Otras patologías derivadas del trabajo son la fatiga y la insatisfacción laboral.

La primera es el resultado de una carga de trabajo excesiva, ya sea física o mental. Aunque es evidente que todo trabajo genera un cierto nivel de fatiga, hay que evitar que su mantenimiento prolongado desemboque en alteraciones fisiológicas y psicológicas más perjudiciales para el trabajador.

El deseo de terminar rápido el trabajo puede ser un síntoma de fatiga.

La insatisfacción laboral es un daño difícilmente evaluable, puesto que puede ser ocasionado por una diversidad de factores como son la monotonía, la poca participación, la falta de autonomía y el estilo de mando.

Puede traducirse en alteraciones para la salud y también repercutir muy negativamente en el rendimiento.

 **Importante**

El exceso de trabajo también hace que las personas puedan perder la salud que les permite trabajar.

3.3. Ley de Prevención de Riesgos Laborales

La Ley 31/1995, de 8 de noviembre, de Prevención de Riesgos Laborales es la base fundamental donde se expresan las normas de obligado cumplimiento que han de cumplir todos los que intervienen en la prevención y la protección de los riesgos laborales. Se deberán adoptar medidas de prevención y protección para la mejora de las condiciones de trabajo y salud, ya que sin ellas se pueden producir accidentes y enfermedades profesionales.

En esta ley, estructurada en capítulos y artículos, se definen los conceptos generales que intervienen en la prevención de los riesgos laborales, se acotan los derechos y las obligaciones de los trabajadores y los empresarios, y se indican las medidas de protección para las personas y las responsabilidades que tienen cada una de ellas.

- Exposición de motivos para poner en marcha la Ley 31/1995.
- Capítulo I: objeto, ámbito de aplicación y definiciones.
- Capítulo II: política en materia de prevención de riesgos para proteger la seguridad y la salud en el trabajo.
- Capítulo III: derechos y obligaciones.

- Capítulo IV: servicios de prevención.
- Capítulo V: consulta y participación de los trabajadores.
- Capítulo VI: obligaciones de los fabricantes, los importadores y los suministradores.
- Capítulo VII: responsabilidades y sanciones.

Además, para el desarrollo de la ley y los reglamentos que le afecten, se establecen unas disposiciones adicionales, transitorias, derogatorias y finales.

En España, la Ley 31/1995 de Prevención de Riesgos Laborales marcó desde su inicio un gran avance en la seguridad laboral en todos los campos que abarca, y sirvió de punto de partida para el gran desarrollo de organismos públicos (y privados) que realizan acciones en referencia a la prevención.

En su artículo 8 se hace referencia al Instituto Nacional de Seguridad e Higiene en el Trabajo (INSHT):

El Instituto Nacional de Seguridad e Higiene en el Trabajo es el órgano científico técnico especializado de la Administración General del Estado que tiene como misión el análisis y estudio de las condiciones de seguridad y salud en el trabajo, así como la promoción y apoyo a la mejora de las mismas. Para ello establecerá la cooperación necesaria con los órganos de las comunidades autónomas con competencias en esta materia.

El INSHT se encargará también del asesoramiento técnico a las empresas, realizando labores de formación e investigación, colaborando con la inspección de trabajo en la búsqueda de las posibles causas de accidente y enfermedades profesionales, con el único objetivo de reducir, si no eliminar, la gran incidencia de accidentes que en la actualidad aún se tiene.

3.4. Organismos de control

La inspección de trabajo es la encargada de realizar la vigilancia y el cumplimiento de la normativa de prevención de riesgos laborales en las empresas, pudiendo y debiendo ordenar la paralización de los trabajos e informar sobre los accidentes de trabajo ocurridos.

Organismos nacionales

Además de los organismos antes referidos de INSHT e Inspección de Trabajo (IT), existen otras organizaciones que también se encargan de realizar, desarrollar y ofrecer servicios científico-técnicos de la mayor calidad dirigidos al sistema nacional de salud y por extensión al conjunto de la sociedad.

Organismos de carácter nacional en España son:

- Seguridad Social.
- Instituto de Salud Carlos III.
- Comisión Nacional de Seguridad e Higiene en el Trabajo.
- Asociación de Mutuas de Accidentes de Trabajo (AMAT).
- Confederación Española de Organizaciones Empresariales (CEOE).
- Confederación Española de Pequeña y Mediana Empresa (CEPYME).
- Unión General de Trabajadores (UGT).
- Comisiones obreras (CC. OO.).

Estos dos últimos, al ser sindicatos de obreros, son los que están más cercanos a los trabajadores y se encargan de denunciar, en primer término, las distintas violaciones de las normas de prevención de riesgos que se producen en las distintas actividades laborales.

4. Reglamentación medioambiental

Hace unos años se aprobaron reglamentos de carácter voluntario para participar en un sistema comunitario de gestión y auditoría medioambiental (EMAS) a nivel europeo.

Con la derogación consecutiva del Reglamento (CE) n.º 1836/1993 (EMAS) y del Reglamento (CE) n.º 761/2001, junto con las decisiones 2001/681/CE y 2006/193/CE de la Comisión se encuentra vigente el Reglamento (CE) n.º 1221/2009 del Parlamento Europeo y del Consejo de 25 de noviembre relativo a la participación voluntaria de las organizaciones en un sistema comunitario de gestión y auditoría medioambientales (EMAS).

El Reglamento EMAS, y sus evoluciones está abierto a cualquier organización de tipo privado o público que quieren mejorar su comportamiento en materia de medioambiente.

El objetivo de este reglamento es obtener a través de él, y de manera voluntaria, unas industrias sostenibles con el medioambiente, promoviendo mejoras continuas por medio de sistemas de gestión medioambiental. Se realiza una evaluación objetiva y periódica del sistema, promoviendo además una formación adecuada de todos los que intervienen en la producción, desde los empleados hasta los representantes de los trabajadores, aspecto último que es nuevo en el EMAS.

 Sabía que...

Todos los Estados miembros de la Unión Europea (EU) están adheridos al EMAS III, y los países candidatos ya están aplicando los sistemas como preparación para su adhesión a la misma.

Las normas a seguir para obtener la adopción y el mantenimiento de este sistema de gestión medioambiental en la industria se encuentran recogidas en los anexos del I al IV del Reglamento (CE) n.º 1221/2009. En ellos se realiza un análisis medioambiental con indicación de los requisitos legales en esta materia, además de las normas a seguir para implantar el sistema de gestión, auditoría interna y presentación de informes medioambientales.

Los requisitos expresados en el anexo II están realizados con arreglo a la norma EN-ISO-14001:2015, en la que se indica que la organización debe establecer, documentar, implementar, mantener y mejorar de manera continua el sistema de gestión medioambiental, indicando asimismo el alcance de su propio sistema.

En los anexos V, VI y VII se indican el logotipo, la información para el registro y la declaración del verificador.

Logotipo de registro y declaración del verificador

En cuanto a la eficiencia energética, pilar fundamental en la mejora del medioambiente, la Unión Europea aprobó la Directiva 93/76/CCE en relación a la limitación de las emisiones de dióxido de carbono (SAVE) y al fomento de las energías renovables (ALTENER). Esta directiva abrió camino al programa plurianual desarrollado durante los años 2003-2006 de Energía Inteligente para Europa, para consolidar la puesta en marcha de iniciativas energéticas a desarrollar en el ámbito local, así como el Libro verde: hacia una estrategia europea para la seguridad del abastecimiento energético (COM (2000) 769), en el que se señala la importancia estratégica del desarrollo de estas tecnologías de aprovechamiento de la energía solar al ser natural y renovable.

 Nota

La Directiva 93/76/CCE ha sido sustituida por la Directiva 2012/27/UE del Parlamento Europeo y del Consejo, de 25 de octubre de 2012 , relativa a la eficiencia energética, por la que se modifican las Directivas 2009/125/CE y 2010/30/UE, y por la que se derogan las Directivas 2004/8/CE y 2006/32/CE.

El medioambiente se puede mejorar en dos direcciones, tanto en la gestión de los residuos como en la utilización de energías renovables que reducen las emisiones de dióxido de carbono (CO_2) que tan perjudicial se ha podido comprobar que es en los núcleos de población, y que tanto afecta en general a nuestro planeta.

Actividades

5. Buscar en Internet el texto completo de la Ley 31/1995 de Prevención de Riesgos Laborales y buscar los efectos perjudiciales que puede generar un ambiente pulverulento en el trabajo.

5. Reglamentación de Instalaciones Térmicas en los Edificios (RITE) y sus Instrucciones Técnicas Complementarias (ITE)

El consumo de energía en los edificios de viviendas se encuentra a unos niveles elevados, habida cuenta de la necesidad que se tiene hoy en día de calefacción y refrigeración en los ambientes. Los elementos constructivos del edificio son, en muchas ocasiones, los responsables del derroche que se realiza en el consumo, ya que estos se encuentran mal aislados, produciéndose fugas que llevan a un mayor consumo de los recursos.

Existe una norma fundamental para conseguir que los edificios donde habitan las personas no sean un foco de pérdida energética. El Real Decreto 1027/2007, de 20 de julio, por el que se aprueba el Reglamento de Instalaciones Térmicas en los Edificios (RITE), desarrolla el artículo 15.2 del Código Técnico de la Edificación (CTE), que establece que "los edificios dispondrán de instalaciones térmicas apropiadas destinadas a proporcionar el bienestar térmico de sus ocupantes, regulando el rendimiento de las mismas y de sus equipos".

Existe un reforma y ampliación del mencionado RITE, aprobado mediante el Real Decreto 1826/2009, de 27 de noviembre, en el que se ponen al día determinados aspectos para la Activación del Ahorro y Eficiencia Energética 2008-2011, en cuanto a la obligación de limitar las temperaturas a mantener en el interior de los establecimientos de edificios y locales climatizados destinados a usos administrativos, comerciales, culturales, de ocio y en estaciones de transporte, con el fin de reducir su consumo de energía.

El RITE se redacta basándose en fundamentos de tipo jurídico, desarrollados a partir de directivas comunitarias europeas, leyes aprobadas en las Cortes Generales (Congreso y Senado) y reglamentos que las desarrollan, así como desarrollando planes de ahorro energético y fomento de las energías renovables.

Fundamentos jurídicos
Directiva 2010/31/UE Eficiencia energética de edificios
LOE Ley de Ordenación de la Edificación Requisitos básicos de ahorro energético
CTE Código técnico de la edificación (art. 15.2) Exigencias básicas de ahorro energético
Plan de acción de ahorro y eficiencia energética 2017-2020
Plan de fomento de energías renovables 2011-2020

Por otra parte, las exigencias mínimas de eficiencia energética expresadas en el RITE deben ser desarrolladas desde la idea inicial, el proyecto, la ejecución y el uso, realizando inspecciones periódicas para comprobar que las instalaciones se encuentran en condiciones óptimas de utilización.

Exigencias mínimas de eficiencia energética
Diseño de instalaciones térmicas
Ejecución de instalaciones térmicas
Uso y mantenimiento de instalaciones térmicas
Inspección periódica de calderas y aire acondicionado

Se consideran instalaciones térmicas en los edificios aquellas que son del tipo fijo para calefacción, refrigeración, ventilación y agua caliente sanitaria

(ACS) destinadas al consumo de las personas en edificios de viviendas, las cuales les proporcionan bienestar térmico e higiene.

Reglamento de Instalaciones Térmicas en los Edificios (RITE)

La estructura del contenido de la norma se realiza en dos partes: la primera, en la que se desarrollan por capítulos las disposiciones generales para la aplicación del RITE; y la segunda, que contiene las denominadas **instrucciones técnicas** (IT), que se actualizan en aspectos de verificación de las instalaciones y el establecimiento de valores mínimos y límites.

- **Parte I: disposiciones generales.**

    - Capítulo I. Disposiciones generales.
    - Capítulo II. Exigencias técnicas.
    - Capítulo III. Condiciones administrativas.
    - Capítulo IV. Ejecución de las instalaciones térmicas.
    - Capítulo V. Puesta en servicio de la instalación.
    - Capítulo VI. Uso y mantenimiento de la instalación.
    - Capítulo VII. Inspección.
    - Capítulo VIII. Empresas instaladoras y mantenedoras.
    - Capítulo IX. Régimen sancionador.
    - Capítulo X. Comisión asesora.

- **Parte II: instrucciones técnicas (IT).**

    - IT.1. Diseño y dimensionado.
    - IT.2. Montaje.
    - IT.3. Mantenimiento y uso.
    - IT.4. Inspección.

- **Apéndices.**

Es importante destacar lo expresado en el artículo 15 en cuanto a la documentación técnica de diseño y dimensionado de las instalaciones térmicas:

- Será necesario un proyecto cuando la potencia térmica nominal a instalar en generación de frío o calor sea mayor de 70 kW.
- Será suficiente una memoria técnica cuando la potencia térmica nominal a instalar en generación de frío o calor sea menor de 70 kW y mayor de 5 kW.

El RITE se ha redactado con tres objetivos distintos, pero complementarios, en la idea de conseguir el bienestar, la higiene, la eficiencia energética y la seguridad.

El primer objetivo se refiere a la calidad térmica del ambiente, la calidad del aire interior, la higiene personal proporcionada por el ACS y la calidad del ambiente acústico para reducir los efectos nocivos generados por los ruidos y las vibraciones.

Para conseguir el segundo objetivo de eficiencia energética, el RITE exige el cálculo y el diseño de las instalaciones para conseguir el mayor rendimiento energético en la distribución del frío y calor a las estancias, la regulación y el control de estos, así como la contabilización de los consumos realizados. Es importante asimismo la recuperación y el aprovechamiento de las energías residuales y la utilización de equipos que aprovechen las energías renovables como parte de la producción de calor para el consumo en calefacción o refrigeración de las estancias en las viviendas.

Por último, el tercer objetivo es la seguridad propia de las instalaciones, ya que esta siempre se debe considerar una prioridad para evitar los accidentes y las consecuencias en las personas que habitan en el edificio.

Las instrucciones técnicas del RITE se clasifican, como ya se indicó, en cuatro epígrafes. Cada uno de ellos contiene apartados IT:

- **IT.1. Diseño y dimensionado.**

  - IT.1.1. Exigencia de bienestar e higiene.
  - IT.1.2. Exigencia de eficiencia energética.
  - IT.1.3. Exigencia de seguridad.

- **IT.2. Montaje.**

  - IT.2.1. Generalidades.
  - IT.2.2. Pruebas.
  - IT.2.3. Ajuste y equilibrado.
  - IT.2.4. Eficiencia energética.

- **IT.3. Mantenimiento y uso.**

  - IT.3.1. Generalidades.
  - IT.3.2. Mantenimiento y uso de instalaciones térmicas.
  - IT.3.3. Programa de mantenimiento preventivo.
  - IT.3.4. Programa de gestión energética.
  - IT.3.5. Instrucciones de seguridad.
  - IT.3.6. Instrucciones de manejo y maniobra.
  - IT.3.7. Instrucciones de funcionamiento.

- **IT.4. Inspección.**

  - IT.4.1. Generalidades.
  - IT.4.2. Inspecciones periódicas de eficiencia.
  - IT.4.3. Periodicidad de las inspecciones.

En resumen, el RITE fomenta la utilización de la energía solar térmica, sobre todo para la producción de ACS, en instalaciones para edificios nuevos (de nueva planta), así como en las reformas de instalaciones veteranas, en la idea de luchar contra los efectos perjudiciales que produce el cambio climático.

 Actividades

6. Recordar los objetivos principales del RITE junto con la documentación técnica a presentar dependiendo del tamaño de la instalación.
7. Realizar un listado de motivos, en su opinión, por los que el RITE evoluciona tan rápido en cuanto a normativa.

6. Normas UNE de aplicación

La latitud geográfica del lugar donde se sitúa la vivienda, así como la orientación de las estancias, genera una distinta necesidad energética, según se ha podido estudiar hasta ahora en el manual.

Además del RITE, en España las normas UNE describen las operaciones básicas y los procedimientos para la estimación de las necesidades energéticas en cada caso.

En España, en general, el Norte es más frío y el Sur más cálido, de forma que el primer paso para la estimación ya está realizado.

Influye en las necesidades energéticas la situación geográfica y la cantidad de radiaciones solares a lo largo del año si se pretende aprovechar la energía que llega a la Tierra.

Mapa de radiación solar media anual en la Península ibérica

☐ Zona 1 H < 3,8 kWh/m²   ■ Zona 3 4,2 ≤ H < 4,6 kWh/m² ■ Zona 5 H ≥ 5,0 kWh/m²
☐ Zona 2 3,8 ≤ H < 4,2 kWh/m²   ■ Zona 4 4,6 ≤ H < 5,0 kWh/m²

Posteriormente, con la aplicación de las UNE, se podrán conseguir más datos específicos en cada situación del edificio de viviendas.

Estas normas UNE aprobadas hasta la fecha son:

- **UNE-EN ISO 6946/2021:** elementos y componentes de edificación. Resistencia y transmitancia térmica. Método de cálculo (ISO 6946-2017).
- **UNE-EN ISO 12241/2023:** aislamiento térmico para equipos de edificación e instalaciones industriales. Método de cálculo (ISO 12241-2021).
- **UNE-EN ISO 52016-1:2017:** eficiencia energética de los edificios. Cálculo de las necesidades energéticas de calefacción y refrigeración, temperaturas interiores y carga calorífica y de enfriamiento.
- **UNE-EN ISO 10456/2012:** materiales y productos para la edificación. Procedimientos para la determinación de los valores térmicos declarados y de diseño (ISO 10456/2007).
- **UNE-EN ISO 13789/2007:** prestaciones térmicas de los edificios. Coeficiente de pérdida por transmisión de calor. Método de cálculo (ISO 13789/2017).
- **UNE-EN 94002/2004:** instalaciones solares térmicas para producción de agua caliente sanitaria. Cálculo de la demanda de energía térmica.

Se trata de un índice actualizado de las normas de aplicación para la estimación de las necesidades energéticas en los edificios.

 Recuerde

El RITE marca normas obligatorias en cuanto a exigencias mínimas de eficiencia energética.

7. Resumen

Los gobiernos municipales, basados en las leyes y los reglamentos nacionales, y estos en directivas europeas, tienen la capacidad de realizar ordenanzas para la mejora del medioambiente y el fomento de la utilización de energías renovables aplicado en los edificios de viviendas.

La seguridad de las personas en el desarrollo de sus trabajos debe ser una prioridad, y la Ley 31/95 de Prevención de Riesgos Laborales obliga a que se realice una especial protección para evitar que se produzcan accidentes de trabajo y enfermedades profesionales, exigiendo además el control de la salud de los trabajadores, realizados siempre por personal cualificado.

Se aprobaron directivas a nivel europeo y de carácter voluntario para la mejora del medioambiente en la idea de conseguir una mejor vida en los núcleos de población, habida cuenta de que estos son los puntos donde se genera mayor cantidad de residuos y emisiones de gases contaminantes a la atmósfera.

El Reglamento de Instalaciones Térmicas en los Edificios exige, desde el momento inicial del diseño, un control en la ejecución, el mantenimiento y la inspección de las instalaciones térmicas, de forma que se cumpla la seguridad en las personas y en las propias instalaciones mediante la eficiencia energética de estas para evitar el derroche. Los procedimientos para la estimación de las demandas se encuentran en las correspondientes normas UNE.

Ejercicios de repaso y autoevaluación

1. **El Ministerio de Ciencia y Tecnología estableció que deberían instalarse colectores solares hasta llegar a un...**

   a. ... 12 % de consumo de energía primaria para el año 2010.
   b. ... 15 % de consumo de energía primaria para el año 2012.
   c. ... mínimo variable, dependiendo del tamaño de la población.
   d. ... 10 % de consumo de energía primaria para el año 2009.

2. **La Ley 31 de Prevención de Riesgos Laborales se aprobó un 8 de noviembre...**

   a. ... del año 1996.
   b. ... del año 1995.
   c. ... del año 1994.
   d. ... del año 2000.

3. **Para que se produzca un AT deben aparecer tres factores, que son:**

   a. Factor de peligro, mala actuación y daño.
   b. Factor de riesgo, riesgo y rotura.
   c. Riesgo, mala utilización del EPI y consecuencia.
   d. Factor de riesgo, peligro y pérdida.

4. **Escribir la definición legal de accidente de trabajo que se indica en el artículo 156 de la Ley General de la Seguridad Social (LGSS).**

   _____
   _____

5. **Accidente de trabajo con baja se considera...**

   a. ... a partir de media jornada laboral.
   b. ... a partir de que lo diga el médico de la empresa.
   c. ... a partir de una jornada laboral.
   d. ... a partir de que lo diga el médico de la Seguridad Social.

6. Complete el cuadro comparativo entre EP y AT donde se indican sus características.

Cuadro comparativo entre EP y AT		
Características	Enfermedad profesional	Accidente de trabajo
Comienzo		Brusco
Presentación	Esperada	
Manifestación		Violenta
Relación causal		Fácil de identificar
Relación temporal	Antiguo o indeterminado	

7. Todas las medidas de vigilancia y control de la salud de los trabajadores serán realizadas...

   a. ... por el médico de la empresa.
   b. ... por el médico de la mutua de AT.
   c. ... por personal sanitario con competencia técnica, formación y capacidad acreditada.
   d. ... por el médico de la Seguridad Social.

8. Una patología derivada de una carga de trabajo excesiva es:

   a. La fatiga.
   b. La enfermedad endémica.
   c. La artritis.
   d. La insatisfacción laboral.

9. De las siguientes afirmaciones, indique cuál es verdadera o falsa.

   a. Según la Ley de Prevención de Riesgos Laborales se deberán adoptar, de manera voluntaria, medidas de prevención y protección para la mejora de las condiciones de trabajo y salud.

      ☐ Verdadero
      ☐ Falso

b. El INSHT se encarga del asesoramiento técnico a las empresas, realizando labores de formación e investigación.

☐ Verdadero
☐ Falso

c. La inspección de trabajo no es la encargada de realizar la vigilancia y el cumplimiento de la normativa de prevención de riesgos laborales en las empresas.

☐ Verdadero
☐ Falso

10. El Reglamento (CE) n.º 1221/2009 del Parlamento Europeo y del Consejo de 25 de noviembre de medioambiente se conoce como...

a. ... EMAS.
b. ... EMAS II.
c. ... EMAS III.
d. ... EMAS IV.

11. El actual RITE y sus instrucciones técnicas se aprobaron mediante...

a. ... el Real Decreto 1027/2007, de 20 de julio.
b. ... el Decreto 2270/2010, de 10 de octubre.
c. ... el Real Decreto Legislativo 2/2012, de 12 de febrero.
d. ... la Ley 31/1996, de 8 de diciembre.

12. El Reglamento de Instalaciones Térmicas en los Edificios (RITE) desarrolla el artículo 15.2...

a. ... de la Ley 31/1996 de Prevención de Riesgos Laborales.
b. ... del Código Técnico de la Edificación.
c. ... de la Norma Tecnológica de la Edificación.
d. ... de la Constitución española.

13. ¿Cuál de las siguientes actividades no se debe tener en cuenta en la exigencia de eficiencia energética según el RITE?

    a. Promoción.
    b. Diseño y ejecución.
    c. Mantenimiento y uso.
    d. Inspección.

14. ¿Qué será necesario redactar, según el RITE, cuando la potencia térmica nominal a instalar en generación de frío o calor sea mayor de 100 kW?

15. Las operaciones básicas y los procedimientos para la estimación de las necesidades energéticas en cada caso se describen...

    a. ... en las normas UNE.
    b. ... en los anexos del CTE.
    c. ... en las NTE.
    d. ... en las fichas de trabajo del INSS.

Capítulo 5

Energía solar fotovoltaica

Contenido

1. Introducción

La energía que el Sol emite hacia la Tierra son radiaciones electromagnéticas que se pueden aprovechar para la generación de electricidad. La actividad eléctrica a nivel atómico de algunos materiales como el silicio permite que las cargas eléctricas se puedan recoger y acumular en baterías.

Los tres tipos de instalaciones fotovoltaicas pueden proporcionar energía eléctrica a la red, ser aprovechadas para el consumo propio o servir de apoyo a otras para cubrir la demanda en zonas aisladas.

El efecto fotovoltaico, conocido desde hace muchos años, se aplica en la actualidad para conseguir una mejora del medioambiente, ya que se trata de una energía renovable que no daña al Planeta en su generación.

Las células fotoeléctricas se agrupan en paneles conectados en serie para conseguir generar electricidad de corriente continua, la cual se puede aprovechar posteriormente.

Las instalaciones eléctricas necesitan protecciones para evitar el contacto directo o indirecto de las personas, ya que puede llegar a ser muy peligroso por los voltajes que llegan a conseguir al final de la instalación.

2. Clasificación de instalaciones solares fotovoltaicas

Además del aprovechamiento de la energía solar en aplicaciones térmicas, las radiaciones solares se pueden transformar directamente en energía eléctrica utilizando las propiedades de algunos materiales como el silicio, el cual permite que los fotones de la luz solar puedan generar un flujo de electrones libres.

Las tres aplicaciones de las instalaciones solares fotovoltaicas se clasifican dependiendo del consumo final, ya sea para generar directamente electricidad y ponerla en la red general, para una vivienda aislada sin acceso a la red o como apoyo para conseguir una autonomía energética en viviendas mediante energías renovables.

2.1. Instalación solar fotovoltaica conectada a red

Cuando se dispone de una gran extensión de terreno y se quiere aprovechar la energía solar para su transformación en electricidad, los paneles solares formados por células fotovoltaicas pueden interconectarse y volcar a la red eléctrica la energía que, de forma pasiva, se genera.

El campo de paneles solares vuelca la energía a la red eléctrica.

2.2. Instalación solar fotovoltaica aislada

Existen viviendas a las que la red eléctrica general no abastece directamente, ya sea por su dificultad de acceso o porque se encuentran construidas en lugares de labor situados fuera de cualquier plan de crecimiento de instalaciones comunes.

Un solar urbano, antes de ser considerado como tal, debe disponer de acometidas a instalaciones comunes de electricidad, agua potable, saneamiento y acceso rodado, por lo que las viviendas aisladas dedicadas a vivienda, producción o mantenimiento de fincas agrícolas o ganaderas necesitan abastecerse de energía eléctrica de manera autónoma.

La vivienda aislada debe ser autónoma energéticamente.

2.3. Instalación solar fotovoltaica aislada con sistema de apoyo

Debido a que las necesidades energéticas hoy día son elevadas por la gran cantidad de aparatos de consumo que proporcionan confort a las personas en sus viviendas, en ocasiones la instalación de paneles solares no es suficiente, y se hace necesario el apoyo de otras fuentes de energía autónoma que se suman como extra a la instalación eléctrica.

Este es el caso de pequeños aerogeneradores que generan electricidad con el movimiento de giro de las aspas al ser atravesadas por la fuerza del viento, o generadores de electricidad a partir de la mecánica por medio de la combustión de un derivado del petróleo.

Equipos de apoyo para una vivienda aislada

Actividades

1. Realizar un listado de las energías renovables que existen e indicar el responsable de que todas ellas se puedan presentar en nuestro planeta.

3. Funcionamiento global

Cada una de las tres formas de aprovechamiento eléctrico, a partir de la energía proporcionada por las radiaciones solares, tiene unas características propias en la idea de conseguir que la electricidad pueda consumirse a través de la red general en cualquier otro punto de la geografía, o ser la fuente de energía autónoma o de apoyo para situaciones en las que la red eléctrica no llega a una localización geográfica aislada.

3.1. Funcionamiento y configuración de una instalación solar fotovoltaica conectada a red

La energía eléctrica que se genera a través de los paneles fotovoltaicos es de corriente continua (CC), por lo que cuando esta se aporta a la red general debe transformarse previamente a corriente alterna (CA). El elemento que se encarga de cambiar las características es el inversor.

El precio de la electricidad de consumo en las viviendas, tomada de la red general, es menor que el que se obtiene al aportar este tipo de energía a la red, por lo que debe existir un contador de energía eléctrica a la salida del inversor para que se cuantifique la cantidad de energía proporcionada por el campo de paneles colectores, y otro contador para cuantificar el consumo que se realiza en la vivienda particular.

Existen dos contadores eléctricos, el de consumo y el de aporte a la red

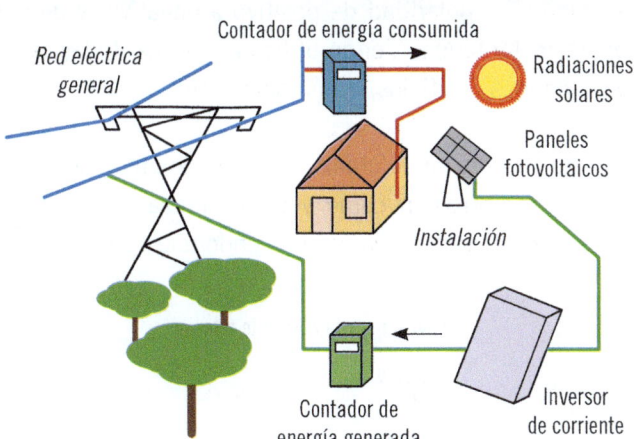

El inversor toma la energía eléctrica a una tensión que puede variar de 6 a 24 voltios en función de la disposición y la conexión de las células del panel fotovoltaico y las transforma en las necesarias para la red eléctrica general a 230 voltios de tensión en monofásica, o 400 voltios en trifásica, así como una frecuencia de 50 hercios (Hz).

La corriente continua (CC), también denominada DC, tiene como característica principal que la tensión se mantiene constante. En el siguiente diagrama se puede observar que el valor de la tensión es siempre el mismo durante el tiempo de funcionamiento del circuito, siendo su polaridad positiva.

Diagrama de la corriente continua

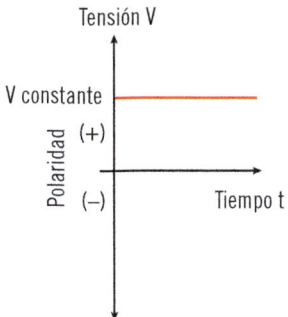

La corriente alterna (CA), también denominada **AC,** es la que cambia el valor de la tensión y su polaridad de positivo a negativo, y de negativo a positivo de manera instantánea, siendo utilizada en casi todas las aplicaciones habituales en viviendas, edificios, iluminación, etc.

En el gráfico se observa que, durante el tiempo de utilización, la tensión en su avance varía el valor de cero al máximo, y del máximo a cero, siendo su polaridad primero positiva y después negativa, describiendo una curva en forma senoidal.

Diagrama de la corriente alterna

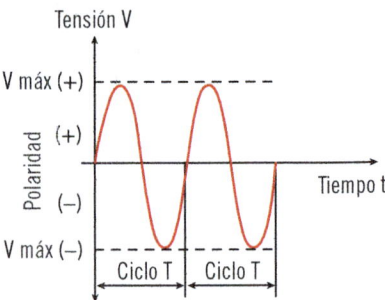

El ciclo T se repite, siendo el número de ciclos por segundo lo que se llama **frecuencia,** que se mide en hercios (Hz). La corriente alterna en Europa es de 50 Hz, y en América de 60 Hz.

La intensidad eléctrica de la corriente (amperios) que genera el campo de colectores solares siempre estará en función de la mayor o menor incidencia de radiación solar en el panel, ya que, aunque la latitud norte, la orientación óptima sur y la inclinación son fijas, el período diario y estacional puede cambiar en la localización geográfica donde se encuentre la instalación.

 Sabía que...

Existe además un tipo de corriente llamada "pulsatoria" que tiene valores constantes de polaridad con picos y valles en su tensión.

Se puede realizar una primera clasificación de las instalaciones conectadas a red, teniendo en cuenta la potencia eléctrica que son capaces de generar y aportar a la red eléctrica general, con precios diferentes:

- Las de hasta 5 kilovatios (kW) de potencia eléctrica: son pequeñas instalaciones que ocupan un reducido espacio que se puede situar sobre la cubierta de un edificio.
- Las de más de 5 y hasta 100 kW se deben situar en soportes independientes dada su gran superficie.
- Las grandes instalaciones solares llamadas **centrales fotovoltaicas** en las que la potencia eléctrica que generan llega a ser superior a 100 kW.

Las centrales fotovoltaicas ocupan grandes superficies.

Asimismo, el Real Decreto 1578/2008, de 26 de septiembre, de retribución de la actividad de producción de energía eléctrica mediante tecnología solar fotovoltaica, clasifica las instalaciones en dos tipos:

- **Tipo I:** instalaciones que estén ubicadas en cubiertas o fachadas de construcciones fijas, cerradas, hechas de materiales resistentes, dedicadas a usos residencial, de servicios, comercial o industrial, incluidas las de carácter agropecuario, en todos los casos, cuando en su interior exista un punto de suministro o suministros que compartan instalaciones de enlace cuyo sumatorio de potencia contratada sea de al menos un 25 por ciento de la potencia nominal de las instalaciones fotovoltaicas durante los primeros veinticinco años a contar desde el primer día del mes siguiente al acta de puesta en marcha de la instalación de producción.

> ▪ Tipo I.1: instalaciones con una potencia inferior o igual a 20 kW.
> ▪ Tipo I.2: con una potencia superior a 20 kW.

■ **Tipo II:** instalaciones que no estén incluidas en los tipos anteriores.

3.2. Funcionamiento y configuración de una instalación solar fotovoltaica aislada

Como ya se comentó, existen instalaciones que se abastecen de energía eléctrica a partir de las radiaciones solares, para el consumo propio, sin aportar en ningún caso el exceso de energía generada a la red general.

Pequeños locales como refugios de montaña, casetas de almacenaje de herramientas para instalaciones agropecuarias, casas de recreo o casetas de vigilancia son las principales aplicaciones de las instalaciones solares fotovoltaicas aisladas.

Se hacen necesarios unos equipos que permitan el almacenaje de la electricidad, ya que la generación no es constante a lo largo de los períodos estacionales. Habida cuenta de que la energía eléctrica en origen es del tipo continua (CC), se debe disponer de elementos que controlen la acumulación de electricidad. El regulador de carga es el encargado de permitir que la electricidad de corriente continua se almacene en las condiciones óptimas en las baterías, consiguiendo a la vez que la duración de estas, por los ciclos de carga-descarga, sea elevada.

El inversor es el otro elemento que permite la transformación de CC en CA para que la electricidad a la salida de las baterías se pueda consumir en los electrodomésticos habituales.

Existen, por tanto, cuatro elementos esenciales en este tipo de instalaciones:

■ Paneles o colectores solares fotovoltaicos.
■ Baterías de acumulación de energía eléctrica (CC).
■ Regulador de la carga en las baterías.
■ Inversor de corriente continua en alterna.

Situación de los elementos en una instalación solar aislada

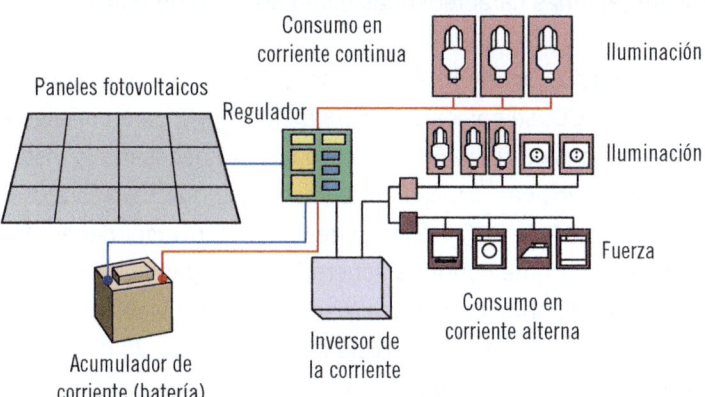

El criterio de diseño más importante a la hora de la utilización de la energía solar es el económico, ya que a los diferentes factores geográficos de latitud, orientación sur e inclinación de los paneles se suma la demanda energética necesaria en cada instalación.

El primer factor de decisión es la demanda de energía eléctrica, puesto que es la que define el tamaño de los elementos con los que se debe contar, y con ello la inversión económica en la adquisición y el montaje.

 **Nota**

Los períodos de amortización de las instalaciones solares son medios o largos, de forma que una estimación elevada de necesidad se convierte en una elevada inversión económica.

El otro factor que decide la inversión económica es el número de horas diarias y los períodos estacionales que se pueden aprovechar para la generación de electricidad. El cálculo de los elementos completa las fases de decisión en las instalaciones solares una vez que se han estimado correctamente las anteriores.

En el cálculo y el dimensionado de los elementos se tienen en cuenta, ordenadamente, algunas características para cada uno de ellos:

- Las baterías de acumulación de energía eléctrica. Si el consumo es con equipos de CC, se colocarán en paralelo o serie para conseguir 12 o 24 voltios de tensión final. En este caso no será necesaria la instalación del inversor. En los casos más habituales en los que los aparatos de consumo sean de CA de 230 voltios de tensión, el inversor deberá transformar el tipo de corriente continua generada en los paneles fotovoltaicos.
- La tensión eléctrica de entrada y salida del regulador de la carga en las baterías irá acorde a la disposición de los grupos de baterías, siendo su corriente máxima siempre superior a la corriente generada por los paneles.
- Los paneles o colectores solares fotovoltaicos se conectarán ahora dependiendo de la tensión del regulador de carga, que a su vez depende de la tensión de salida en las baterías (necesaria para el consumo).
- Por último, el inversor de corriente será necesario siempre que los aparatos de consumo funcionen con corriente alterna monofásica o trifásica.

Actividades

2. Dibujar un esquema en el que aparezca la situación de los contadores eléctricos de consumo y de generación.

3.3. Almacenamiento y acumulación

El funcionamiento de una instalación eléctrica para una vivienda o local no debe depender de las mayores o las menores inclemencias meteorológicas del lugar, ya que los días nublados en los que no existe posibilidad de aprovechamiento de las radiaciones pueden llevar a que el consumo sea inestable.

Por ello, las baterías de acumuladores eléctricos cumplen la función de proporcionar energía eléctrica a tensión constante en los días de menos radiaciones solares, además de en los momentos diarios en que se necesita consumir energía durante la tarde, la noche o la mañana.

Siempre es necesario un mínimo tiempo, contado en días, para que la autonomía del consumo eléctrico en la vivienda esté asegurada. Habitualmente deben existir suficientes acumuladores instalados para asegurar un consumo de entre 5 y 10 días hasta la descarga total de las baterías que no se han recargado nuevamente.

Las baterías acumulan en sus placas o células cargas eléctricas por medio de reacciones de tipo químico. Tienen la posibilidad de cargarse desde el exterior y de devolver esos electrones hacia el circuito externo de consumo. Las hay con mantenimiento en las que se puede recargar el electrolito, y sin mantenimiento, las cuales se encuentran encapsuladas herméticamente. El electrolito es una mezcla de agua destilada y ácido sulfúrico.

Elementos externos de una batería con mantenimiento

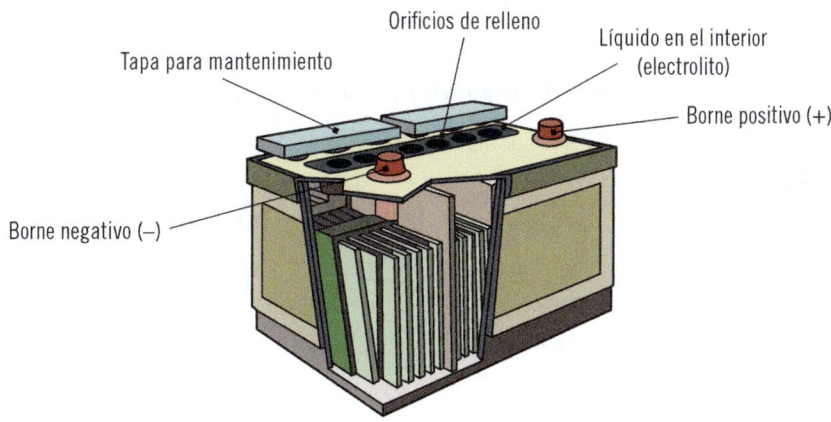

Tapa para mantenimiento

Orificios de relleno

Líquido en el interior (electrolito)

Borne positivo (+)

Borne negativo (–)

 **Aplicación práctica**

Se tienen dos baterías, cada una con una tensión de 12 voltios. Se necesita, para la aplicación actual, un voltaje de seguridad de 24 voltios, por lo que se hace necesario agrupar las dos baterías acumuladoras.

Continúa en página siguiente >>

<< Viene de página anterior

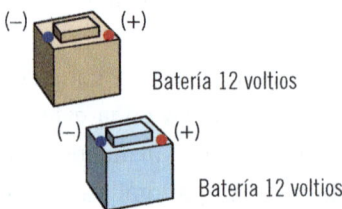

Batería 12 voltios

Batería 12 voltios

Indique mediante varios esquemas cómo habría que conectar los bornes positivo y negativo de una batería a la otra para conseguir 12 voltios y cómo para conseguir 24 voltios.

SOLUCIÓN

Las baterías, que son acumuladores de electricidad, se pueden asociar de tres maneras diferentes: en serie, en paralelo y de forma mixta.

Teniendo en cuenta que cada batería tiene 12 voltios de tensión, si se colocan dos en paralelo, según el esquema, se obtendrán en el extremo de cada una 12 voltios, mientras que si se conectan en serie se obtendrán 24 voltios.

Asociación en paralelo y asociación en serie

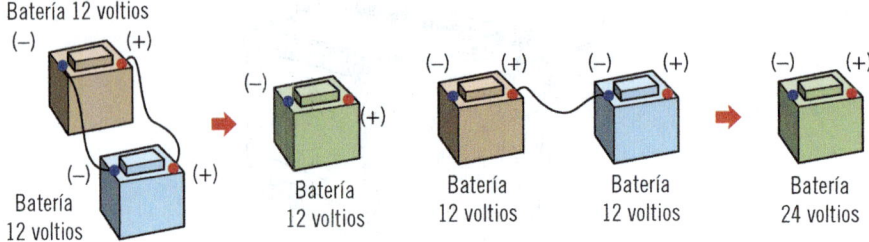

3.4. Funcionamiento y configuración de una instalación de apoyo con pequeño aerogenerador y/o grupo electrógeno

Como ya se sabe, las necesidades energéticas van en aumento en relación directa al confort que se puede conseguir con la gran cantidad de electrodomésticos que ya existen.

Conseguir un nivel adecuado de generación eléctrica solamente con paneles solares es casi imposible, por lo que se pueden instalar otros equipos que proporcionen electricidad para el consumo.

Un aerogenerador mueve su aspa por medio de la energía cinética del viento, incluso durante la noche, proporcionando energía eléctrica de tipo renovable. Con el mismo objetivo de generar electricidad, pero con energía acumulada en los fósiles, el generador electrógeno resulta esencial en los picos de consumo, con la posibilidad de detenerse cuando la energía eléctrica no es necesaria.

El pequeño aerogenerador de apoyo puede llegar a generar potencias de hasta 5 kW en corriente continua, la cual se acumula en las baterías.

El grupo electrógeno, por su parte, utiliza la combustión de gases para el movimiento de giro en el alternador y generar también electricidad, pero en este caso de corriente alterna. Cada uno de los subgrupos de generación eléctrica debe tener su propio regulador de corriente, tanto para acumular en la batería como para su paso de corriente continua a corriente alterna.

 **Recuerde**

Con la asociación de baterías se pueden conseguir diferentes voltajes a la salida, ya que conectando sus bornes positivo y negativo en serie se suma la tensión.

La forma de aprovechar conjuntamente los dos tipos de energía se puede observar en el siguiente esquema híbrido:

El regulador controla los diferentes generadores de corriente eléctrica

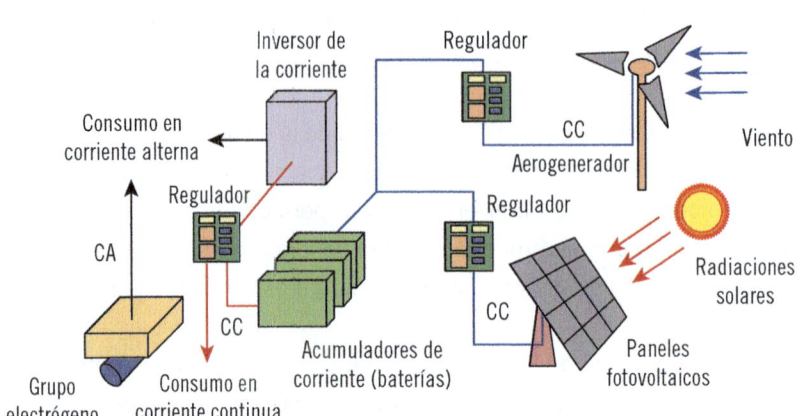

3.5. Sistemas de protección y seguridad en el funcionamiento de las instalaciones

La electricidad es peligrosa. Esta afirmación es cierta, ya que los accidentes que provoca pueden llegar hasta la muerte de una persona.

Es necesario, en las instalaciones eléctricas, disponer protecciones que aseguren que, en caso de mal aislamiento, sobrecargas o cortocircuitos, una persona no va a formar parte del circuito.

Existen dos tipos de contactos: los directos, que se presentan cuando una persona se pone en contacto con los conductores y pasa a formar parte integrante del circuito, y los indirectos, cuando una persona contacta con masas metálicas que no están convenientemente aisladas eléctricamente. Los dos tipos de contactos son peligrosos cuando la tensión es la habitual de 230 o 400 voltios en corriente alterna, por ello se consideran tensiones de seguridad las que no llegan a superar los 50 voltios en corriente continua. La tensión de salida habitual en las instalaciones fotovoltaicas es de 6 a 24 voltios, aunque luego los grupos de acumuladores, según su conexión, junto con el inversor, transforman esa corriente continua en corriente alterna a tensiones normales de consumo.

En la Instrucción Técnica Complementaria ITC-BT-40 del Reglamento Electrotécnico para Baja Tensión (REBT), aprobado mediante el Real Decreto

842/2002, de 2 de agosto, se recogen en su apartado 7 las protecciones mínimas que se deben disponer sobre las instalaciones generadoras de baja tensión.

I *De sobreintensidad, mediante relés directos magnetotérmicos o solución equivalente.*

I *De mínima tensión instantáneos, conectados entre las tres fases y neutro y que actuarán, en un tiempo inferior a 0,5 segundos, a partir de que la tensión llegue al 85 % de su valor asignado.*

I *De sobretensión, conectado entre una fase y neutro, y cuya actuación debe producirse en un tiempo inferior a 0,5 segundos, a partir de que la tensión llegue al 110 % de su valor asignado.*

I *De máxima y mínima frecuencia, conectado entre fases, y cuya actuación debe producirse cuando la frecuencia sea inferior a 49 Hz o superior a 51 Hz durante más de 5 períodos.*

Actividades

3. Buscar en internet esquemas e imágenes donde aparezcan los elementos de protección necesarios en la caja general de protección de una vivienda e identificar cada uno de ellos.

Además, en la misma ITC-40 del REBT se indica que los sistemas de puesta a tierra de las centrales de instalaciones generadoras deberán tener las condiciones técnicas adecuadas para que no se produzcan transferencias de defectos a la red de distribución pública ni a las instalaciones privadas, cualquiera que sea su funcionamiento respecto a esta: aisladas, asistidas o interconectadas.

Además de las anteriores protecciones, para las instalaciones de generación de electricidad a partir de paneles fotovoltaicos se deberá incorporar:

- Un seccionador o interruptor general bipolar de CC que permita abrir el circuito entre los paneles fotovoltaicos y la entrada al inversor.
- Fusibles, interruptores magnetotérmicos u otro sistema que cumpla la función de protección frente a cortocircuitos. Estos dispositivos deberán ir conectados a la salida del campo generador para proteger al inversor.

- Varistores para la protección contra picos de tensión causados por descargas atmosféricas como rayos o electricidad estática. Estos dispositivos de protección se instalarán en los terminales positivos y negativos del campo generador.
- Un sistema de protección frente a contactos directos e indirectos y fallos de aislamiento. Deberá existir un interruptor diferencial a la salida del inversor y un vigilante de aislamiento en el lado de corriente continua.

El interruptor diferencial realiza de manera continua una evaluación instantánea de las diferencias de potencial en las corrientes que entran en el circuito por la fase y las que salen por el neutro, de forma que, cuando encuentra una diferencia, porque por él se ha producido una derivación a través de la línea de tierra, abre instantáneamente el circuito.

El interruptor magnetotérmico y el diferencial se utilizan como protección en cortocircuitos y fallos de aislamiento.

Mediante el siguiente esquema se sitúan los elementos de protección necesarios para una instalación conectada a red, y la situación de la toma o la puesta a tierra necesaria en cada elemento.

Los elementos de protección se sitúan en serie

Mediante el siguiente esquema se sitúan los elementos de protección necesarios para una instalación aislada, así como la situación de la toma o la puesta a tierra necesaria en cada elemento.

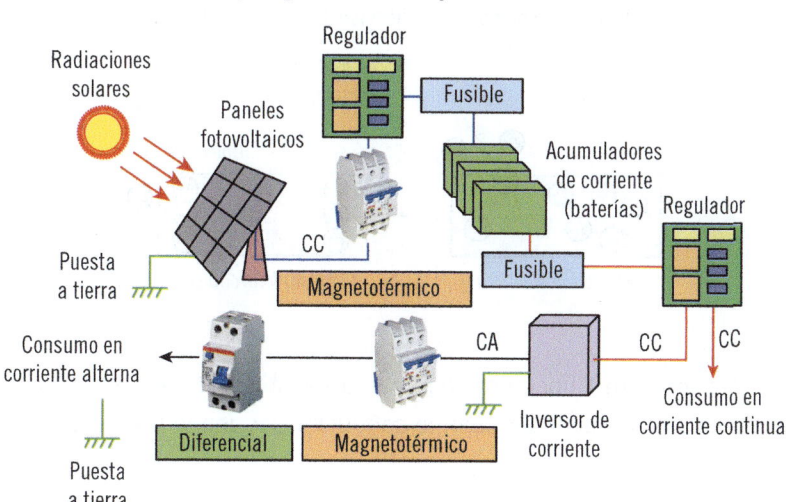

Los fusibles protegen en la entrada y la salida de las baterías

4. Paneles solares

La capacidad de generar electricidad a partir de las radiaciones solares es un principio que se descubrió en los años 50 del siglo pasado, pero en los últimos años ha habido un gran desarrollo de esta tecnología ya que la demanda ha aumentado a la vez que la concienciación en cuanto a mejora del medioambiente.

4.1. Conversión eléctrica

Las radiaciones solares, compuestas por fotones, cuando chocan con suficiente energía sobre la superficie de un metal liberan electrones de este, los cuales se pueden aprovechar como energía eléctrica en el llamado **efecto fotoeléctrico.**

Por otro lado, el efecto fotovoltaico es la aplicación práctica del efecto fotoeléctrico para generar electricidad por diferencia de potencial entre dos puntos al incidir la radiación electromagnética de la luz solar sobre un mismo material semiconductor en la denominada **unión p-n.**

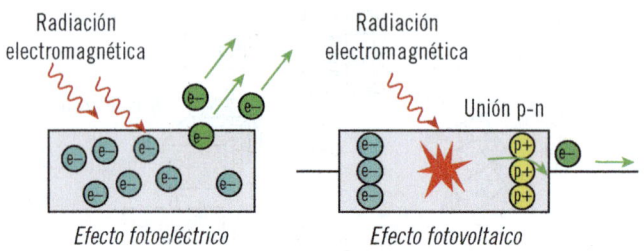

El efecto fotovoltaico es la aplicación del efecto fotoeléctrico

Los electrones (e-) liberados (con carga negativa) se extraen del material semiconductor a través de un camino conductor por donde los electrones pueden circular libremente.

 Sabía que...

Con las políticas de subvención, los precios de aporte de electricidad a la red general han hecho que se multipliquen las superficies destinadas a montaje de paneles solares compuestos de células fotoeléctricas.

4.2. Electricidad fotovoltaica: el efecto fotovoltaico, la célula solar y los tipos de células

Determinados materiales como el silicio (arena de río) poseen propiedades que se pueden aprovechar para generar electricidad por la gran actividad que tienen sus electrones, o cargas negativas, las cuales se liberan al incidir sobre ellas la radiación electromagnética de la luz solar.

Aunque sea muy poca, la diferencia de potencial en voltios que se obtiene se puede aprovechar directamente, consiguiéndose una considerable cantidad en el valor de tensión si se asocian las llamadas **células** de forma conveniente.

El efecto fotovoltaico genera una liberación de electrones del material, de forma que se obtienen **huecos** en su estructura atómica. Si se quieren aprovechar esos electrones libres, hay que extraerlos, como ya se indicó, a través de un cable conductor.

Constitución del átomo

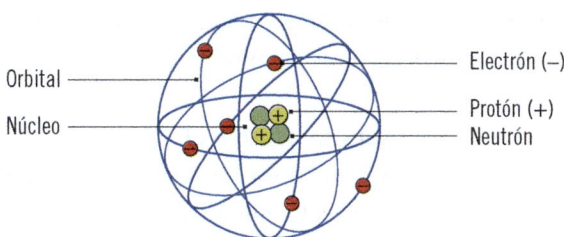

Orbital — Electrón (–)
Núcleo — Protón (+)
Neutrón

Para obtener un mayor rendimiento en la liberación de electrones, al silicio se le aplica un tratamiento de **dopado** que consiste en introducir en el material unos compuestos químicos que aumentan la cantidad de electrones y de huecos en su constitución atómica.

Para conseguir el material semiconductor de tipo p (o positivo) se dopa el silicio (Si) con boro (B), que tiene un electrón menos que el silicio en la última capa de valencia de su átomo. El hueco del boro será ocupado por el electrón liberado del silicio cuando la radiación electromagnética del Sol incida en el material.

El agente químico que provoca la existencia de un exceso de electrones en el silicio es el fósforo (P), que tiene un electrón más en su última capa de valencia. Se obtiene de esta forma el material semiconductor tipo n (o negativo).

La carga eléctrica total de la unión p-n está compensada

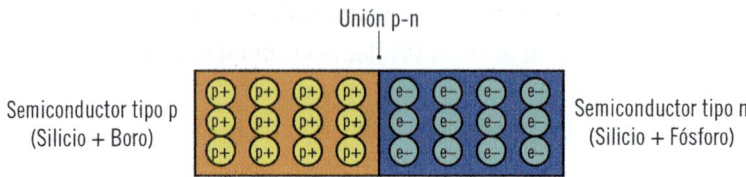

Unión p-n

Semiconductor tipo p
(Silicio + Boro)

Semiconductor tipo n
(Silicio + Fósforo)

Con estos tratamientos, el material silicio está compensado eléctricamente con los mismos protones que electrones, pero al incidir sobre ellos las radiaciones electromagnéticas solares se produce en la unión un desplazamiento de los electrones (e-) del material tipo n hacia los huecos del material tipo p, los cuales se pueden extraer hacia el exterior mediante un conductor eléctrico.

El material que se fabrica para aprovechar el efecto fotovoltaico es la célula solar o célula fotovoltaica, construida en forma circular, cuadrada u octogonal, para conseguir el mayor aprovechamiento del efecto. Los electrones de la unión p-n van saltando de un lado a otro. Conectando en serie varias células se suman los voltajes que se generan al incidir sobre ellas las radiaciones solares, hasta unos valores de 6, 12 o 24 voltios.

Las células fotovoltaicas en su construcción, además de someterse al dopado con boro y fósforo, sufren un tratamiento antirreflectante en su superficie para formar una estructura piramidal que permite que la radiación electromagnética quede reflejada nuevamente sobre la superficie antes de abandonar la célula.

Los reflejos aumentan el rendimiento de la célula

Radiaciones
electromagnéticas

Superficie de la célula fotovoltaica

Una célula fotovoltaica necesita un camino para extraer la corriente eléctrica de los electrones liberados. Una vez tratada la superficie química y físicamente, se debe serigrafiar en su superficie el camino de salida para los electrones, a modo de conductores. Es por ello que el aspecto de una célula totalmente fabricada es rayado.

Los contactos permiten la extracción de los electrones

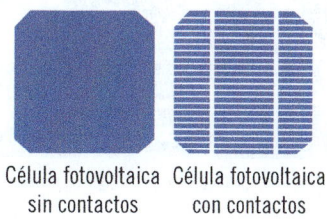

Célula fotovoltaica sin contactos   Célula fotovoltaica con contactos

El rendimiento de la célula fotovoltaica se ve reducido, evidentemente, por la superficie que ocupan estos contactos, pero siempre es necesario para extraer los electrones.

Existen tres tipos de células fotovoltaicas que se distinguen por su proceso de fabricación: las de silicio monocristalino, las de silicio policristalino y las de silicio amorfo, estas últimas con aplicaciones en equipos de baja potencia como calculadoras, sintonizadores portátiles de radio, relojes de pulsera, etc.

El rendimiento de una célula fabricada con silicio monocristalino es mayor que las fabricadas con policristalino, ya que al ser el material puro la reacción de los electrones al contacto con las radiaciones solares es mayor. También se debe tener en cuenta que el proceso de fabricación en alta calidad es mucho más caro que las que utilizan policristales de silicio, y esto es lo que ha llevado a que en la actualidad se consuman más células policristalinas que monocristalinas, ya que el rendimiento, aunque es menor, permite una inversión inicial en la adquisición también menor.

El aspecto de la superficie de una célula monocristalina es mucho más uniforme, mientras que la policristalina se distingue por ser menos homogénea, donde los cristales de silicio tienen diferentes tonalidades.

La diferente tonalidad de las células policristalinas permite distinguirlas de las monocristalinas.

En general, el rendimiento máximo de una célula fotovoltaica de la mayor calidad (monocristalina) no supera en ningún caso el 15 % de las radiaciones electromagnéticas provenientes del Sol, ya que influyen en su reducción las pérdidas por reflexión, el rayado de las líneas conductoras para extraer las cargas eléctricas y las pérdidas caloríficas debidas al efecto Joule, en el que se genera calor al paso de la intensidad eléctrica por un conductor.

Aplicación del efecto fotovoltaico

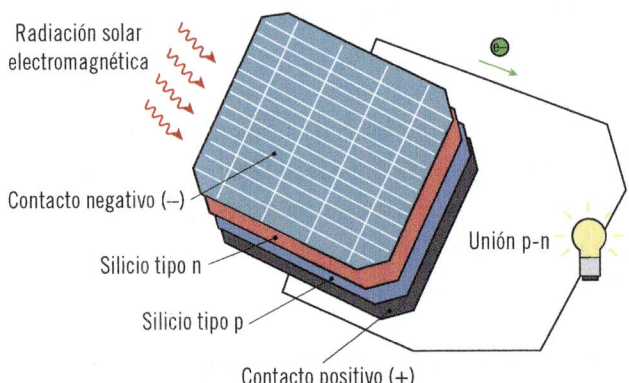

Actividades

4. Realizar un listado de electrodomésticos que aprovechan el efecto Joule para generar calor.

4.3. El panel solar: características físicas, constructivas y eléctricas

El panel o módulo fotovoltaico es el soporte que une las diferentes células fotovoltaicas para conseguir mediante su conexionado en serie una diferencia de potencial o voltaje aprovechable a la salida de 6, 12 o 24 voltios. Cada una de las células debidas al efecto fotovoltaico permite la generación de aproximadamente 0,6 voltios con potencias máximas de 3 vatios.

El panel es un grupo de células conexionadas en serie

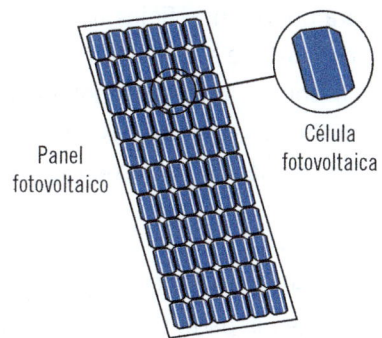

Panel
fotovoltaico

Célula
fotovoltaica

En teoría, para conseguir 12 voltios de tensión a la salida del panel se deberán conectar en serie → 12 voltios / 0,6 voltio cada célula = 20 células. Debido a que existen pérdidas por efecto joule, calidad del silicio y reflexión, los paneles habitualmente se componen de 32 a 40 células para obtener 12 voltios de tensión. Posteriormente, se conectarán a su vez los diferentes paneles en serie para obtener voltajes superiores que se procesarán, como ya se explicó, directamente en corriente continua o en corriente alterna, previo paso por el inversor.

Las pruebas a las que se deben someter los paneles fotovoltaicos fabricados deben cumplir la norma UNE-EN IEC 61215-1:2022: Módulos fotovoltaicos (FV) de silicio cristalino para aplicación terrestre. Cualificación del diseño y homologación.

 Nota

Las normas en serie UNE-EN se crearon para especificar claramente los procedimientos de seguridad en la fabricación, el montaje y el mantenimiento.

Características físicas de los paneles solares fotovoltaicos

La forma habitual de los paneles es cuadrada o rectangular, en la que las células cubren la superficie totalmente. Se pueden encontrar paneles de 9 x 4, de 6 x 6 y de 12 x 3, para cubrir superficies de 1,5 m² que suelen pesar en torno a los 15 o 18 kg y con los que se obtienen 12 voltios. Con 72 células se obtienen directamente 24 voltios, que es el potencial de muchos de los aparatos que funcionan en corriente continua. Los paneles fotovoltaicos son capaces de soportar pequeños esfuerzos de flexión una vez montados en su soporte o bastidor.

La forma de conexión de las células en el panel se realiza mediante unas piezas metálicas (conductor) que unen la parte superior de una célula con la parte inferior de la siguiente, de forma que el camino de los electrones sea en serie.

El conductor hace de puente entre las células

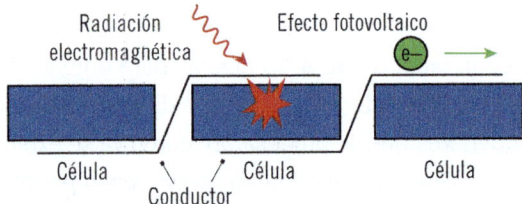

Esta electricidad se extrae del panel mediante una caja final de conexión externa a la que le llegan los conductores positivo y negativo, la cual estará construida con las convenientes protecciones estancas y toma de tierra cuando, con la conexión en serie de varios paneles, se obtengan tensiones eléctricas elevadas.

La caja de conexiones será estanca.

Características constructivas de los paneles solares fotovoltaicos

Existen varias empresas que construyen y comercializan paneles solares fotovoltaicos con diferentes tamaños y número de células por panel que siempre estarán en función de la aplicación final en cuanto a potencia eléctrica y voltaje. Todos deben tener los componentes herméticamente cerrados en un bastidor que sea resistente a las inclemencias meteorológicas que se puedan presentar, habida cuenta de que siempre permanecerán a la intemperie.

Para paneles compuestos por células de silicio cristalino, estos deberán cumplir la norma UNE-EN IEC 61215-1-1:2022 y para los módulos fotovoltaicos (FV) de capa delgada, la UNE-EN 61215-1-3:2017.

Todos los módulos fotovoltaicos deberán estar comprobados y cualificados por un laboratorio reconocido que además aportará un certificado. Deberán igualmente disponer en un lugar visible las características básicas de identificación (fabricante, logotipo, nombre comercial, modelo y número de identificación para la trazabilidad de su proceso de fabricación).

El esquema de construcción es el siguiente:

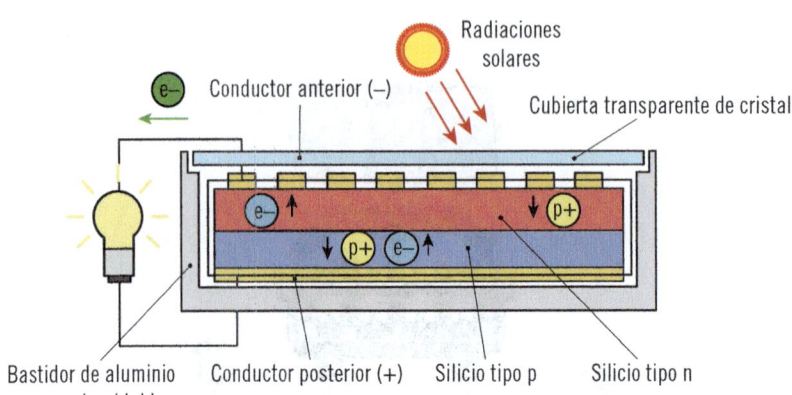

El panel fotovoltaico deberá estar homologado

Se deberán cumplir además otras características constructivas:

- El grado de protección que se exige en la caja de conexiones será la IP65, en la que se deberán situar los diodos de protección para evitar sombreados parciales.
- La carcasa exterior será realizada con material aluminio o acero inoxidable para evitar, en la medida de lo posible, el deterioro de los componentes al contacto atmosférico. Se deberá asegurar que los rendimientos, en cuanto a potencia máxima final, estén comprendidos entre el ±10 % según el catálogo del equipo.

Características eléctricas de los paneles solares fotovoltaicos

Las variables de una corriente eléctrica son las que se expresan en la ley de Ohm:

$$\text{Voltaje (V)} = \text{Intensidad (I)} \cdot \text{Resistencia (R)}$$

La tensión, también llamada **diferencia de potencial** o **voltaje,** es la diferencia de electrones que existe entre dos cuerpos cargados que se ponen en contacto. La unidad es el voltio (V).

La intensidad es la cantidad de corriente eléctrica que es capaz de circular por un conductor, en un tiempo determinado, cuando existe una diferencia de potencial entre los dos cuerpos. La unidad es el amperio (A).

La resistencia es la oposición que un cuerpo o el conductor que une dos cuerpos opone al paso de los electrones a través de él. La unidad es el ohmio, representado por la letra griega omega (Ω).

Para obtener la potencia en vatios (W) de un circuito cerrado:

$$\text{Potencia (W)} = \text{Voltaje (V)} \cdot \text{Intensidad (I)}$$

En un panel fotovoltaico, cuando se emiten sobre él las radiaciones electromagnéticas procedentes de la luz solar, se tienen en cuenta las siguientes características:

- La corriente de cortocircuito (Isc) es la máxima intensidad eléctrica que se puede obtener en un panel medida en serie con un amperímetro cuando se provoca un cortocircuito.
- El voltaje a circuito abierto (Voc) es el máximo voltaje que se puede obtener con un voltímetro.
- La corriente eléctrica (I) a un determinado voltaje (V) es la que se mide con un amperímetro en serie cuando el circuito está cerrado o **en carga.**
- La potencia eléctrica máxima (Pmáx) de un panel fotovoltaico relaciona las variables de tensión o voltaje en voltios e intensidad en amperios, por lo que será máxima cuando el producto de las dos variables también sea máximo (Imáx · Vmáx).
- La eficiencia o rendimiento de un panel será la relación entre la energía eléctrica generada y la energía luminosa procedente de las radiaciones electromagnéticas del Sol. Este valor nunca podrá ser 1, de hecho el

máximo solo llega a ser del 15 % con materiales de la mejor calidad, así como latitud, orientación e inclinación óptimas.

- El factor de forma (FF) relaciona las anteriores variables.

$$FF = \frac{Pmáx}{(Isc \cdot Voc)} = \frac{Imáx \cdot Vmáx}{(Isc \cdot Voc)}$$

Este factor es el que se utiliza habitualmente para realizar comparaciones en las calidades de los diferentes paneles fotovoltaicos.

En mediciones estándar, con células a 25 ºC, la potencia nominal **pico** es la proporcionada por el panel al recibir una intensidad radiante de 1.000 vatios/m².

 **Actividades**

5. ¿Cómo se deben realizar las mediciones de tensión, intensidad y resistencia en un circuito eléctrico mediante un multímetro o polímetro?

4.4. Protecciones del generador fotovoltaico

En ocasiones, las radiaciones electromagnéticas solares no se reciben en la superficie de las células (panel) en las condiciones óptimas debido a sombras que se pueden presentar. Para evitar que las cargas eléctricas queden retenidas en la célula sombreada, se utilizan unos dispositivos electrónicos llamados **diodos.**

El diodo es un elemento que está formado por un ánodo (positivo) y un cátodo (negativo). No deja pasar la electricidad nada más que en una dirección (del positivo al negativo).

Símbolo del diodo

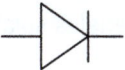

En los paneles fotovoltaicos, los diodos se pueden colocar en bypass, para evitar la carga excesiva y el calentamiento en las células sombreadas. La polaridad debe ser contraria al movimiento de los electrones generados, ya que si no se cortaría el paso de estos.

Disposición de los diodos en un grupo de dos células fotovoltaicas en serie

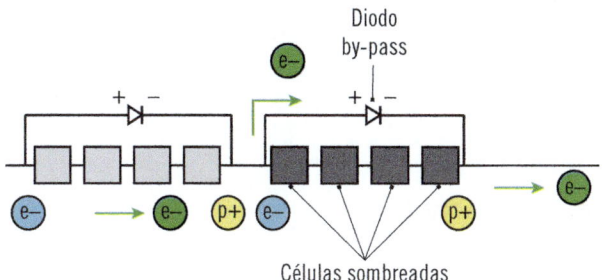

Los diodos también se utilizan en los grupos de paneles fotovoltaicos para evitar que las baterías se descarguen durante la noche cuando no reciben carga eléctrica generada en las células, así como para permitir la circulación en sentido contrario de los electrones por sombras localizadas en algunas células.

La conexión en serie permite la acumulación máxima de cargas eléctricas

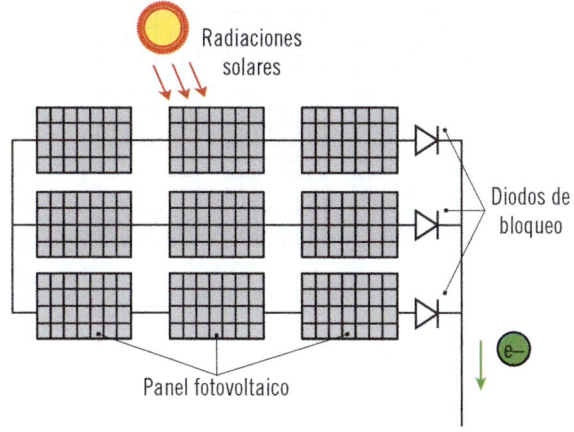

Estos diodos de bloqueo se sitúan normalmente en la caja de conexión exterior, al final de cada grupo de paneles solares fotovoltaicos.

Actividades

6. Reflexionar sobre los beneficios medioambientales que se obtienen por la utilización de células fotoeléctricas en comparación con las centrales nucleares.
7. Pensar ahora en el precio que tendría la electricidad de consumo si solo se utilizaran las células fotoeléctricas.

Aplicación práctica

Con el paso de los años, los árboles de un bosque cercano a su campo de paneles solares fotovoltaicos generan una sombra muy incómoda en los días de verano.

Su campo tiene una disposición de paneles como se indica en el esquema:

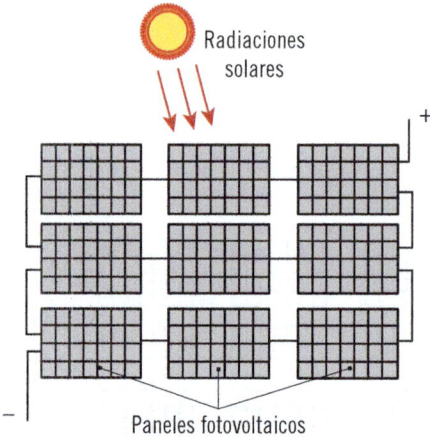

Radiaciones solares

Paneles fotovoltaicos

Continúa en página siguiente >>

<< Viene de página anterior

Indique dónde colocaría dos diodos para conseguir que las pérdidas por sombra sean las mínimas.

SOLUCIÓN

Se instala un diodo en cada una de las cajas de conexión en serie para que al menos 1/3 de la corriente eléctrica generada en los paneles fotovoltaicos pase por el diodo, mientras que los 2/3 restantes están en sombra.

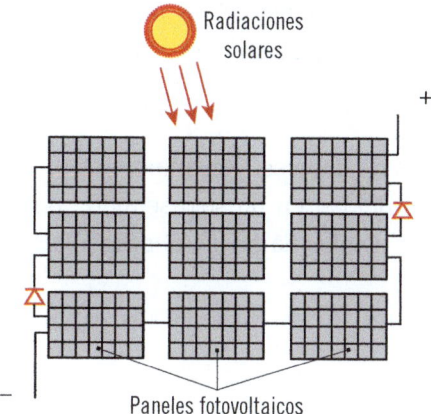

5. Resumen

Se pueden encontrar tres tipos de instalaciones de aprovechamiento fotoeléctrico de la energía solar: para su puesta en la red general, para consumo propio en viviendas aisladas o como apoyo de otras para cubrir la demanda energética particular.

Cada una de ellas tiene un funcionamiento diferente por la disposición dentro del esquema de los cuatro elementos fundamentales, que son los paneles fotovoltaicos compuestos de células, el regulador de corriente para la carga de las baterías (que son el tercer elemento) y el inversor que se encarga de transformar la corriente eléctrica de tipo continuo en corriente alterna para el consumo en los electrodomésticos o para la puesta en la red eléctrica.

El efecto fotovoltaico es la aplicación del efecto fotoeléctrico en el que las cargas eléctricas de un material se activan al contacto con las radiaciones electromagnéticas emitidas por el Sol.

Los grupos de células se conectan en serie sobre los paneles, y estos a su vez para conseguir generar diferencias de potencial que se pueden acumular en las baterías para un posterior consumo, cuando la demanda eléctrica se eleva, o simplemente durante los períodos nocturnos.

Son necesarias las protecciones en las instalaciones eléctricas para evitar que las personas que están cerca sufran accidentes, los cuales pueden llegar a ser muy graves.

En las instalaciones de paneles fotovoltaicos se utilizan diodos que permiten el paso de la electricidad en un solo sentido, asegurando de esta forma que las sombras en las células no cortan el paso a la salida de la electricidad generada.

Ejercicios de repaso y autoevaluación

1. **Uno de los equipos de apoyo que se suma a la generación de electricidad a partir de células fotovoltaicas es:**

    a. El fotogenerador.
    b. El aerogenerador.
    c. La turbina de gas.
    d. El molino.

2. **Existen dos contadores eléctricos en algunas instalaciones de generación eléctrica: el de energía consumida...**

    a. ... y el de energía generada.
    b. ... y el de energía depositada.
    c. ... y el de energía vendida.
    d. ... y el de energía limpia.

3. **El Real Decreto 1578/2008, de 26 de septiembre, de retribución de la actividad de producción de energía eléctrica mediante tecnología solar fotovoltaica, realiza una distinción del tipo I por una potencia de...**

    a. ... 10 kW.
    b. ... 50 kW.
    c. ... 20 kW.
    d. ... 100.000 W.

4. **¿Qué tipo de corriente proporcionan las baterías en una instalación solar fotovoltaica?**

    _____

    _____

5. El líquido de mantenimiento que se utiliza en las baterías eléctricas se denomina...

    a. ... sulfúrico.
    b. ... destilado.
    c. ... gel.
    d. ... electrolito.

6. Indique en el esquema de la instalación dónde se deben colocar los reguladores de corriente.

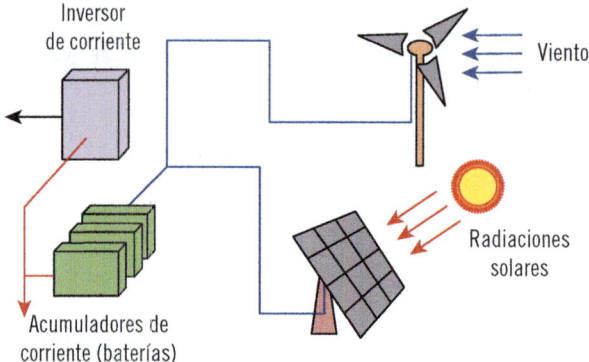

7. Cuando una persona toca las masas metálicas que no están convenientemente aisladas eléctricamente se trata de un contacto...

    a. ... directo.
    b. ... inducido.
    c. ... indirecto.
    d. ... positivo.

8. El Reglamento Electrotécnico para Baja Tensión (REBT) se aprobó mediante...

    a. ... la Ley 31/1995-ITC-BT.
    b. ... el Real Decreto 202/2010.
    c. ... el Real Decreto 842/2002.
    d. ... la Ordenanza General para instalaciones eléctricas.

9. ¿Cómo se denomina el elemento que realiza una comparación continua de las corrientes eléctricas entre la fase y el neutro? ¿Qué hace cuando actúa?

_____

_____

10. Para conseguir el material semiconductor de tipo p (o positivo) se dopa el silicio (Si)...

    a. ... con boro.
    b. ... con fósforo.
    c. ... con calcio.
    d. ... con inoctinio.

11. De las siguientes afirmaciones, indique cuál es verdadera o falsa.

    a. Existen tres tipos de células fotovoltaicas que se distinguen por su proceso de fabricación: las de silicio monocristalino, bicristalino y amorfo.

        ☐ Verdadero
        ☐ Falso

    b. Cada una de las células debidas al efecto fotovoltaico permite la generación de aproximadamente 0,6 voltios.

        ☐ Verdadero
        ☐ Falso

    c. Las pruebas a las que se deben someter los paneles fotovoltaicos fabricados deben cumplir la norma UNE-EN IEC 61215-1-1:2022.

        ☐ Verdadero
        ☐ Falso

12. ¿Cuál es el grado de protección que se exige en la caja de conexiones para los paneles fotovoltaicos?

    a. IP45.
    b. IP55.
    c. IP65.
    d. IP75.

13. Dentro de un panel fotovoltaico, ¿dónde se sitúa el material semiconductor de silicio tipo n?

    a. Arriba.
    b. Abajo.

14. Complete.

El diodo es un elemento que está formado por un _____ (positivo) y un cátodo (negativo). No deja pasar la electricidad nada más que en una dirección (del _____ al _____).

15. ¿Dónde se sitúan normalmente los diodos de bloqueo en un grupo de paneles solares fotovoltaicos?

_____

_____

Capítulo 6

Elementos de una instalación solar fotovoltaica conectada a red y especificaciones

Contenido

1. Introducción

La electricidad que se genera por medio de los paneles fotovoltaicos a partir de las radiaciones electromagnéticas provenientes del Sol puede inyectarse a la red general para su consumo en cualquier población o centro industrial.

Los paneles se montan sobre soportes fijos o móviles con la idea de aprovechar el máximo de las radiaciones que en ellos inciden con mecanismos avanzados que permiten un seguimiento para la orientación y la inclinación óptimas.

Son necesarios elementos como el regulador y el inversor, que modifican la electricidad de corriente continua en alterna para el transporte y el consumo, en los que los materiales semiconductores tienen una gran importancia para conseguir que las baterías acumuladoras tengan una vida útil elevada y que la electricidad que se pone en la red sea de alta calidad.

Por el avance de la técnica se han desarrollado programas informáticos que permiten la visualización de las características de los elementos montados en una instalación fotovoltaica en los que se pueden controlar y modificar los parámetros para conseguir el máximo rendimiento.

Asimismo, se ha aprobado legislación que regula la producción, la utilización, el montaje y la venta de la electricidad fotovoltaica a la red general, de forma que el aprovechamiento de energía solar, por la especial latitud de España, sea un punto importante para la reducción de las emisiones a la atmósfera que se producen en otras formas de generación eléctrica.

2. Estructuras y soportes

Los paneles, ya sean para el aprovechamiento de las radiaciones solares en la generación directa de electricidad, o los vistos en capítulos anteriores de aprovechamiento térmico, necesitan una estructura donde apoyarse sobre el suelo, sobre cubiertas de edificios o sobre un punto común en forma de árbol.

2.1. Tipos de estructuras

La elección de la forma estructural que ha de soportar los paneles solares depende de varios factores como son la demanda eléctrica, que determinará la superficie y el número de paneles, la latitud, que determinará la inclinación de los paneles en la estructura de soporte, y la altura con respecto al suelo, ya que la fuerza del aire se ha de contrarrestar para evitar el vuelco o el levantamiento de la estructura.

De esta forma, se pueden tener:

■ **Estructuras montadas sobre el suelo:** cuya principal aplicación se presenta en los campos de paneles fotovoltaicos, con dos variables, las que soportan una línea de paneles en cimentación continua o las que soportan varios paneles en forma de árbol.

Una buena cimentación es fundamental

Paneles fotovoltaicos
Soportes
Cimentación continua

Soportes secundarios
Tirantes
Soporte primario
Cimentación puntual

■ **Estructuras montadas en edificios:** asimismo, con dos variables, las montadas directamente sobre la cubierta inclinada de los tejados y las que se montan sobre las cubiertas planas de las terrazas.

Habrá que contrarrestar la fuerza del viento.

- Un tercer tipo de estructura, que se verá más adelante, será el que realiza un seguimiento del desplazamiento de las radiaciones solares al girar la Tierra alrededor del Sol.

La inclinación de los tejados es un punto importante para instalar paneles solares sobre ellos, ya que suele ser distinta de la ideal para la latitud donde se encuentra el edificio. Con un ángulo de inclinación determinado, la proyección en planta horizontal se obtiene multiplicándolo por su coseno.

 ## Aplicación práctica

Uno de sus nuevos clientes necesita que realice un cálculo de los máximos metros cuadrados de paneles solares que es posible instalar en los cuatro faldones de la cubierta cuadrada de su edificio, que tiene 49 m^2 en proyección horizontal y una inclinación igual en todos sus faldones de 35°.

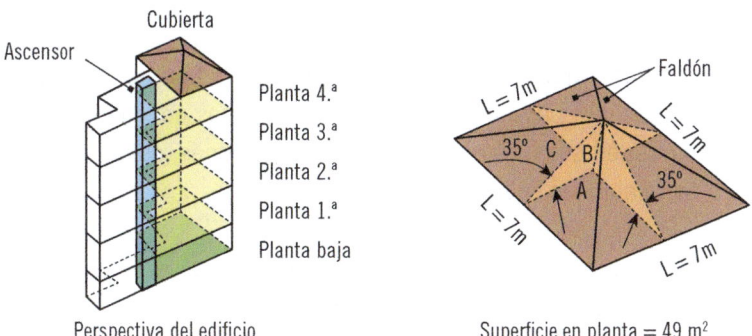

Perspectiva del edificio   Superficie en planta = 49 m^2

Continúa en página siguiente >>

| 267

<< Viene de página anterior

SOLUCIÓN

Para el cálculo de la superficie de los cuatro faldones de la cubierta se debe realizar un cálculo geométrico.

En un triángulo rectángulo, sabiendo uno de los lados y uno de los ángulos adyacentes, se puede calcular la dimensión de la hipotenusa utilizando relaciones trigonométricas:

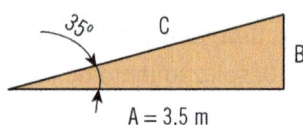

Teorema de Pitágoras: $C^2 = A^2 + B^2$
$A = C \cos 35°$
$C = A / \cos 35° = 3,5 \text{ m} / \cos 35° = 4,27 \text{ m}$
Superficie del faldón triangular $= (C \cdot L) / 2$
$S = (4,27 \text{ m} \cdot 7 \text{ m}) / 2 = 14,94 \text{ m}^2$
Para los cuatro faldones: superficie total $= 14,94 \text{ m}^2 \cdot 4 = 59,76 \text{ m}^2$

La superficie total que se puede cubrir con los paneles es de casi 60 m², pero teniendo en cuenta que los paneles son rectangulares se deberá reducir la superficie útil a instalar en el tejado.

2.2. Dimensionado

Las estructuras arquitectónicas o de ingeniería deben ser calculadas por expertos titulados que posean las capacidades teóricas adecuadas, ya que en caso de fallo pueden ocasionar accidentes a las personas, así como daños materiales en edificaciones colindantes.

No obstante, se puede establecer que las hipótesis de carga externa que intervienen en el cálculo y el dimensionado son:

- **Carga del viento (dinámica) en todas las direcciones:** ya que dependiendo de la situación geográfica, aislada o urbana, y la altitud pueden variar considerablemente.

- **Peso vertical de los elementos soportados (sobrecarga):** se trata de los paneles solares fotovoltaicos, cuyo tamaño y posición del apoyo se han de considerar minuciosamente.

- **Peso propio de la estructura soporte (concarga):** ya que en ocasiones sobre un punto se sitúan las líneas de influencia de las cargas, debiendo este soporte tener unas grandes dimensiones.

- **Peso debido a la nieve (sobrecarga discontinua):** que en algunas ocasiones puede presentarse en instalaciones a gran altitud, casas aisladas en localizaciones muy frías y refugios de montaña.

A continuación se indica cómo actúan las diferentes cargas:

Las cargas son diversas y todas hay que tenerlas en cuenta

Nieve (sobrecarga discontinua)

Carga de viento

Peso vertical de los elementos soportados (sobrecarga)

Soporte secundario

Carga de viento

Peso propio de la estructura soporte (con carga)

Punto de descarga sobre la cimentación

Actividades

1. Realizar un cuadro-resumen en el que se incluyan los tipos de esfuerzos que se pueden presentar en una estructura, así como un esquema de ellos.

Aplicación práctica

Es necesario identificar los tipos de carga que aparecen en el esquema para realizar el cálculo de los soportes para los paneles fotovoltaicos (FV), ya que se va a realizar una ampliación en el campo solar.

Indique a qué corresponde cada una de las cargas que se muestran en la imagen.

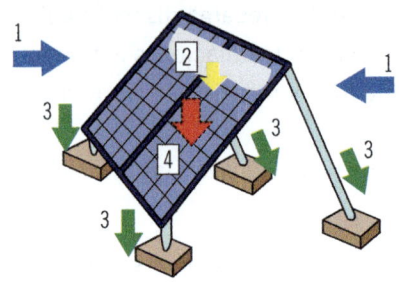

SOLUCIÓN

Los cuatro tipos de cargas que aparecen en el esquema corresponden:

1. Carga del viento.
2. Nieve (sobrecarga discontinua).
3. Peso propio de la estructura (con carga).
4. Peso vertical de los elementos soportados (sobrecarga).

2.3. Estructuras con seguimiento solar

El seguidor solar es el dispositivo de tipo mecánico, controlado por un circuito electrónico, que se utiliza para cambiar la orientación y la inclinación de los paneles fotovoltaicos (FV) en la generación de electricidad.

Como ya se estudió en capítulos anteriores, existe variabilidad de la altura del Sol en relación a la superficie terrestre. Esta cambia a lo largo del año en los períodos estacionales, aunque se tenga siempre la orientación sur geográfico para el hemisferio norte.

Este sistema aprovecha al máximo la incidencia de los rayos solares

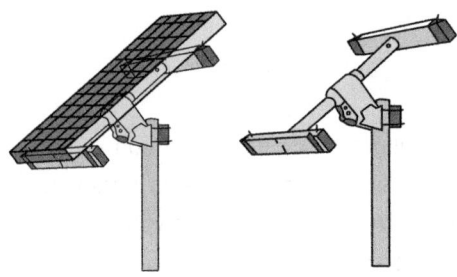

Los movimientos que se permiten son de giro alrededor del eje del soporte central, y la inclinación para conseguir la incidencia perpendicular a los rayos solares.

Los dos tipos de estructuras de suportación tienen características diferenciadoras que servirán para la elección del tipo dependiendo de la inversión económica inicial y la aplicación final de autoconsumo o puesta en la red eléctrica general.

CARACTERÍSTICAS DE LAS ESTRUCTURAS DE SUPORTACIÓN

Apoyo en superficie	Apoyo tipo mástil
Son necesarios varios puntos de apoyo y cimentaciones continuas	Reducida cimentación
Diseño modular para gran superficie	Superficie limitada en cada equipo
Fácil, aunque largo montaje	Montaje previo de paneles
Montaje con herramientas portátiles	Necesaria utilización de grúa de elevación
Reforma considerable por aparición de sombras	Fácil modificación de la altura al ser un solo mástil
El conexionado de los paneles inferiores puede ser incómodo por la dificultad de acceso	Fácil acceso a paneles superiores e inferiores para su interconexión
Orientación e inclinación fijas	Posibilidad de mecanismos de seguimiento solar

3. Reguladores

Estos elementos de las instalaciones fotovoltaicas se encargan de controlar el almacenamiento de la electricidad de corriente continua en las baterías.

3.1. Reguladores de carga y su función

El regulador es un dispositivo electrónico con circuito impreso en el que se realizan las operaciones de control para la carga de las baterías de acumulación. Alargan la vida útil de las baterías y controlan la carga en los vasos de electrolito y además disponen de funciones adicionales para control de la temperatura de las baterías, alarmas de aviso y pantalla de fácil visualización y monitorización.

Las funciones de los reguladores son:

- Conseguir que la totalidad de las cargas eléctricas generada en los paneles fotovoltaicos sea incluida en las baterías, sin pérdidas en el camino.
- Encargarse de recargar intermitentemente las baterías para evitar que se descargue totalmente en el final de la descarga. Este es un mecanismo de seguridad denominado **flotación.**

- Sobrecargar las baterías para homogeneizar los vasos de electrolito y evitar la estratificación de sus componentes. Esta función se denomina también **ecualización** y evita asimismo la congelación del electrolito.

El regulador es fácil de interpretar.

 Nota

Las baterías se deben reciclar en centros especializados.

3.2. Tipos de reguladores

La forma en que se instala el regulador en el circuito de carga de las baterías define su tipo, encontrándose en serie y en paralelo (shunt).

El regulador dispuesto en serie actúa como un relé, de forma que permite la circulación de electrones a través de él hacia las baterías hasta que estas están cargadas, cortando en ese momento el paso. Cuando detecta que se está realizando la descarga, S_1 vuelve a permitir el paso de la energía eléctrica generada en los paneles solares. Es un interruptor semiconductor.

De esta forma, se evita el calentamiento de la batería por el exceso de cargas eléctricas. El regulador dispone también de otro interruptor S_2 en el lado del consumo eléctrico para control de la descarga en las baterías.

El control se realiza por exceso de carga eléctrica

Comercialmente se pueden encontrar varios reguladores en serie:

- **Simple** *(on-off):* en el que se detecta el exceso y la falta de carga en las baterías.
- **Dos estados con dos interruptores:** uno de ecualización máxima y otro de flotación mínima.
- **Por modulación:** en el que antes de llegar al máximo de acumulación eléctrica en las baterías se emiten pulsos de carga variable por parte del generador.

■ **Lineal:** que utiliza una resistencia para disipar el calor por el exceso de carga.

El regulador en paralelo no corta el paso de electricidad cuando se ha llegado a la carga máxima, sino que deriva el exceso hacia el propio generador FV donde se disipa en forma de calor. De esta forma, el estado de flotación en la descarga se controla mejor permitiendo de manera continua la recarga hasta alcanzar el máximo en las baterías.

El encargado de la derivación es un transistor (mosfet) colocado entre el acumulador y el grupo de baterías.

El control se realiza por derivación de carga eléctrica

También, se pueden encontrar varios reguladores en paralelo:

■ **Paralelo *(on-off):*** en el que el campo generador se desconecta al alcanzar la carga máxima de acumulación.
■ **Paralelo PWM:** que utiliza dispositivos de alta frecuencia para el control de la tensión máxima de carga.
■ **Paralelo lineal:** en el que se dispone un diodo tipo Zener que tiene un voltaje de polarización inversa igual a la tensión de acumulación máxima. Este diodo absorbe el exceso de carga eléctrica.

 **Actividades**

2. Escribir las tres razones fundamentales por las que el regulador de carga en las baterías es necesario para una instalación FV.

3.3. Variación de las tensiones de regulación

La tensión eléctrica (V) en las baterías es la variable que se controla con el regulador, y la elección de este irá en función del tipo de batería, las condiciones climáticas del lugar de almacenamiento y la aplicación final de la energía eléctrica generada.

Existen varias tensiones para que el regulador actúe dejando pasar cargas eléctricas, o corte el paso de estas hacia las baterías o los aparatos de consumo:

- **Tensión de sobrecarga Vsc:** es la máxima que permite una batería y depende del número de vasos y el compuesto del electrolito. El regulador se encargará de detectarla y cortar el paso mediante un interruptor colocado en serie o en paralelo como se indicó anteriormente.
- **Tensión de rearme Vrc:** es la tensión a partir de la cual el regulador vuelve a permitir el paso de las cargas eléctricas generadas en los paneles fotovoltaicos.
- **Tensión de corte de sobredescarga Vsd:** es la mínima que se tiene en la batería cuando se encuentra en fase de descarga. Cuando se presenta, se deja de suministrar electricidad a los aparatos de consumo para evitar una descarga total que pudiera llevar a la inutilización de la batería. El regulador debe estar muy bien programado para evitar que se llegue a este punto.
- **Tensión de rearme de descarga Vrd:** es la tensión a partir de la cual la batería se conecta de nuevo, permitiendo el consumo en los aparatos eléctricos conectados.

El regulador controla los picos de tensión

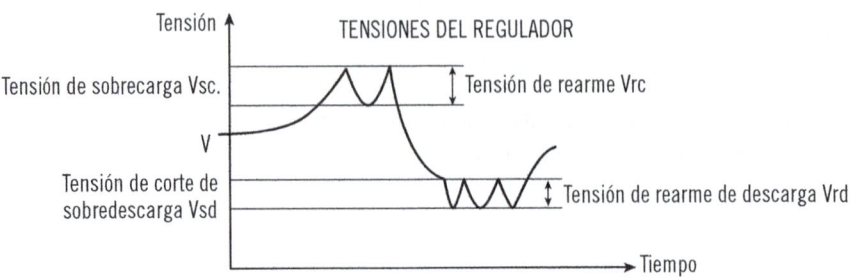

3.4. Sistemas sin regulador

En ocasiones, las instalaciones de generación eléctrica a partir de paneles solares fotovoltaicos no llevan regulador, ya que por su pequeña dimensión existen dos o tres baterías que se pueden controlar directamente sin que se llegue a superar la carga de acumulación ni la de descarga crítica.

En pequeñas instalaciones aisladas que toman la energía eléctrica durante el día y la acumulan para el consumo durante el día y la noche se puede prescindir del regulador ya que los ciclos se repiten de forma continua a lo largo del año. Un ejemplo son las señales luminosas de tráfico que funcionan con energía eléctrica solar, en las que la acumulación en las baterías y su consumo continuo las 24 horas está estandarizado.

El funcionamiento es autónomo las 24 horas del día.

3.5. Protección de los reguladores

En la línea de consumo eléctrico se pueden producir cortocircuitos por mal aislamiento de los conductores o por contacto de las personas, en las que actúan los elementos de protección como el interruptor magnetotérmico o el interruptor diferencial.

Este cortocircuito puede ser muy perjudicial para el regulador, ya que la energía disipada en ese instante genera calor.

Se debe proteger el regulador por la presencia de cortocircuitos en las líneas de consumo, además de la posibilidad de que exista una desconexión accidental de los grupos de baterías con los paneles fotovoltaicos en la línea de generación, además de para evitar que en ellos afecte la inversión de polaridad en los paneles fotovoltaicos (FV) y las baterías en los ciclos de carga-descarga.

El circuito impreso del propio regulador posee los elementos electrónicos que lo protegen y que deberán disponer para su homologación unas informaciones en su etiquetado:

- Tensión nominal de trabajo en voltios.
- Intensidad de corriente máxima en amperios.
- Nombre del fabricante y número de serie.
- Identificación esquemática de los terminales que se pueden conectar y polaridad de las conexiones.

Los reguladores más utilizados oscilan entre los 12 y 24 voltios de tensión, con intensidades de entre 5 y 50 amperios.

 Actividades

3. Realizar un listado de formas de aprovechamiento de la energía solar en un núcleo de población para instalaciones comunes.

4. Inversores

Debido a que la electricidad que se genera en los paneles fotovoltaicos es del tipo continuo (CC), siempre es necesario instalar un inversor que se encargue de modificar el tipo de corriente para su consumo en alterna (CA).

Para los aparatos que consuman electricidad de corriente continua, el inversor se puede no instalar.

4.1. Funcionamiento y características técnicas de los inversores fotovoltaicos

Existen dos formas de situar el inversor de corriente eléctrica: directamente conectado a los generadores eléctricos que constituyen los paneles solares fotovoltaicos (FV) para instalaciones conectadas a red, o los que se sitúan conectados a las baterías acumuladoras que se utilizan en las habituales instalaciones aisladas.

El inversor casi siempre es necesario en FV

Los inversores que se emplean para aplicaciones fotovoltaicas se clasifican en conmutados, por la red que funcionan solo como fuente de corriente para aplicaciones habituales en las viviendas y las industrias con frecuencia fija de 50 Hz, y autoconmutados, mucho más flexibles, en los que se encuentran aplicaciones autónomas fuera de la red eléctrica además de las conectadas a ella. Una especial característica de estos últimos es que se puede variar la frecuencia de salida según sea la potencia de entrada y la carga que se necesite a su salida.

Como características técnicas de los inversores fotovoltaicos se tienen la tensión y la corriente máximas de entrada, procedentes de los paneles, la potencia máxima de salida del inversor, obtenida de la suma de todos los módulos fotovoltaicos instalados, la frecuencia de salida en hercios (Hz), la calidad de la señal y el rendimiento total del equipo.

Los inversores se pueden clasificar dependiendo de la forma de la onda y la calidad que se obtenga. Se pueden tener:

- **De onda cuadrada:** con poca calidad por la presencia de grandes armónicos.
- **De onda semisinusoidal:** utilizada en localizaciones rurales aisladas para electrodomésticos.
- **De onda sinusoidal:** con una calidad que se acerca al 98 % de la normalizada en corriente alterna, que se pueden incluso utilizar en instrumentos de precisión.

Nota

El término "onda sinusoidal" significa lo mismo que onda senoidal.

En la rectificación de la señal eléctrica para su paso de continua a alterna se encuentran los denominados **armónicos.** Estos son las variaciones presentes en la onda sinusoidal de una señal eléctrica. Su reducción mediante filtros hará que la señal sea de mayor calidad.

En la inversión de la señal eléctrica se tiene en cuenta la distorsión armónica total (THD), que es un parámetro que mide el nivel de calidad en la onda.

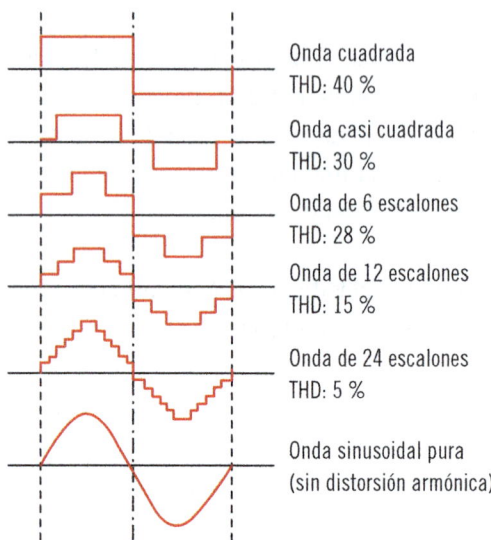

La calidad de la señal dependerá de la presencia de armónicos

Onda cuadrada
THD: 40 %

Onda casi cuadrada
THD: 30 %

Onda de 6 escalones
THD: 28 %

Onda de 12 escalones
THD: 15 %

Onda de 24 escalones
THD: 5 %

Onda sinusoidal pura
(sin distorsión armónica)

Centrados en los inversores conectados a red, la señal eléctrica de salida en CA, a partir de la entrada en CC, debe ser lo más sinusoidal posible, la cual corresponde a la forma de la onda en corriente alterna para evitar tener que utilizar varios filtros de señal que pueden llevar a una pérdida de rendimiento en el sistema.

Se utilizan inversores estáticos compuestos por semiconductores que tienen dos formas de actuación: abriendo el paso de corriente (off) o permitiéndolo (on). De esta forma, se obtiene la señal cuadrada a partir de la lineal, que deberá filtrarse adecuadamente para conseguir la necesaria forma sinusoidal final.

Para conseguir regular el valor de la tensión de salida del inversor se debe actuar variando el ángulo de fase, modulando la duración de pulso PWM y regulando la corriente de salida mediante un autotransformador.

*El tamaño del inversor varía en función de la potencia
suministrada.*

Los inversores se pueden clasificar a su salida según la potencia suministrada en:

- **De pequeña potencia (inferior a 5 kW):** utilizados en la conexión a la red
  eléctrica en sistema monofásico.
- **De mediana potencia (>5 kW a 200 kW).**
- **De gran potencia (>200 kW):** para conexión a red trifásica que utiliza
  transformadores intermedios para potencias muy elevadas antes de su
  puesta en la red eléctrica general de mediana y alta tensión.

4.2. Topologías

Las formas en que se procesa la energía eléctrica generada en los paneles
fotovoltaicos se identifican con tres formas tecnológicas o topologías que tienen
diferencias en función del avance de la técnica y el consumo final en la red.

De esta forma, se puede obtener un suministro en corriente alterna en un
sistema monofásico (una fase) o en un sistema trifásico (tres fases):

- **Inversor centralizado:** se colocan los inversores en una gran cantidad
  de paneles FV, con dispositivos de seguridad compuestos por diodos
  de bloqueo enlazados por ramas en serie (string). Se pueden conseguir
  altas tensiones del orden de los 250 kW en corriente alterna trifásica.

Los diodos de bloqueo evitan pérdidas por descarga nocturna

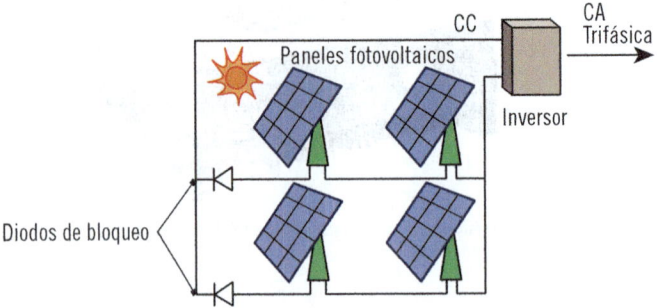

- **Inversor descentralizado:** esta topología dispone un inversor en cada una de las ramas de paneles FV en serie, de forma que se pueden generar tres corrientes monofásicas independientes que unidas constituyen la corriente trifásica. Se consiguen tensiones tan elevadas que en ocasiones no es necesaria la adecuación de la tensión eléctrica generada en los paneles para ponerla en la red general.

Se hace necesario un inversor en cada ramal en serie

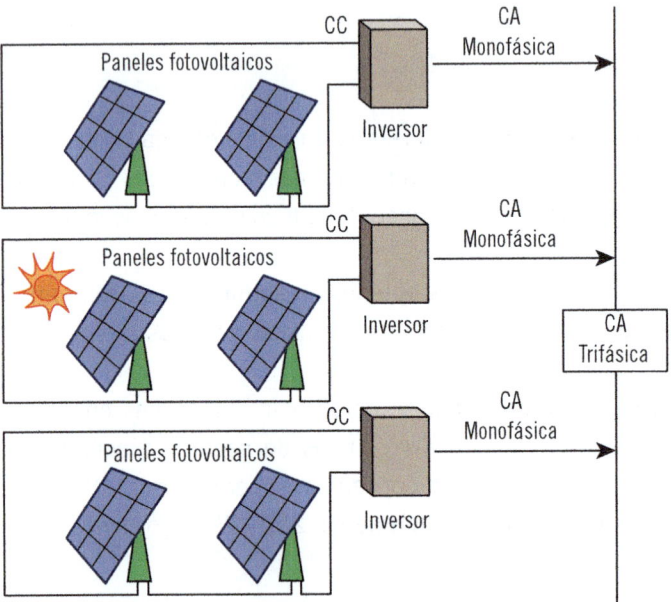

■ **Disposición multirrama o *multistring:*** esta última tecnología de diseño dispone un convertidor previo de corriente continua en cada una de las ramas de paneles FV, de modo que se puede aprovechar en aplicaciones de CC a partir de ellos. Posteriormente se pueden unir al inversor común para conseguir corriente alterna monofásica o trifásica que se pone en la red eléctrica general.

Se utilizan convertidores de corriente continua

Mediante esta topología más moderna se consigue la ventaja poder controlar cada rama de manera individual para realizar mantenimientos y/o ampliaciones con las existentes, así como un mayor rendimiento y reducción del precio de adquisición al sustituir inversores por convertidores CC/CC que ya elevan la tensión eléctrica generada.

Recuerde

La orientación óptima para los paneles FV es el sur geográfico.

4.3. Dispositivos de conversión CC/CC y CC/CA

Un convertidor de corriente continua en corriente continua (CC/CC) aumenta o disminuye la tensión (V) de entrada en otra distinta. La corriente que se obtiene es limitada.

Existen convertidores reductores de tensión tipo Buck que utilizan semiconductores (diodos, transistores) para controlar al inductor, los cuales conectan y desconectan alternativamente el circuito de carga de consumo.

Los convertidores que aumentan la tensión son del tipo Boost, que utilizan igualmente diodos y transistores, pero que disminuyen la intensidad eléctrica a la salida.

Existen en el mercado convertidores de paso para distintos escalones de tensión, de 6 o 12 a 24 voltios, que es la tensión normalizada para muchos de los aparatos que utilizan CC. Este valor es el que se estimó como **de seguridad** para muchos de los aparatos de consumo.

 Actividades

4. Buscar en Internet la configuración de los circuitos Buck y Boost y escribir una lista de comparación en cuanto a utilidades.

El inversor, que ya se ha estudiado, es el encargado de modificar el tipo de corriente continua en alterna (CC/CA) para conseguir que la electricidad generada en los paneles FV sea acoplada a la red eléctrica general con la mínima cantidad de armónicos.

4.4. Métodos de control PWM

Para conseguir que la onda se transforme de tipo cuadrada a sinusoidal, el inversor utiliza una comparación de dos señales, una de tipo sinusoidal de igual frecuencia que la que se desea obtener, denominada **de control** o **de referencia Vref,** y otra señal triangular Vtri constante, con frecuencia superior a la de referencia, que servirá para obtener la frecuencia de conmutación de los diodos o transistores (semiconductores). La señal triangular determinará el número de pulsos.

Este método de control se denomina **modulación de la duración de pulso, PWM,** que son las siglas de pulse width modulation.

Se realiza la comparación de las ondas

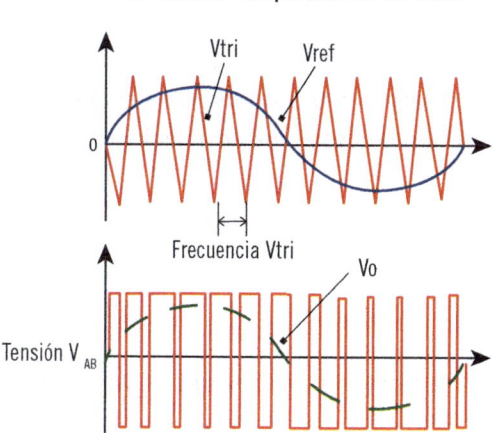

Cuando se hayan compensado las dos ondas triangular y cuadrada se obtendrá la onda final a la salida del inversor (Vo), que tendrá un nivel bajo de armónicos.

Existen dos métodos de control PWM: con inversor monofásico y salida de tensión unipolar y con inversor monofásico y salida de tensión bipolar.

4.5. Generación de armónicos

Como ya se comentó anteriormente, los armónicos son la diferencia de altura en la inversión de la onda de corriente continua a alterna.

La presencia de armónicos al final de la inversión es lo que define la calidad de la señal, la cual está normalizada ya que no puede ser superior al 5 % de la onda de corriente en intensidad (I), ni del 2 % de la onda de tensión (V). Habitualmente se tiene en cuenta la distorsión armónica total (THD).

Esta distorsión entre la onda generada e invertida inicialmente en los paneles FV es mayor cuanto menor es la potencia de operación, de forma que es recomendable realizar la inversión a tensiones medias o altas para disminuir los armónicos.

Entre los problemas que producen los armónicos se encuentran la sobrecarga de los conductores de neutro, el sobrecalentamiento de los transformadores eléctricos, la apertura incontrolada de los interruptores magnetotérmicos y la sobrecarga de los condensadores utilizados en la corrección del factor de potencia (cos φ).

La utilización de filtros pasivos y transformadores de aislamiento son métodos útiles para reducir los armónicos en las instalaciones eléctricas.

 Actividades

5. ¿Qué es el osciloscopio? Buscar vídeos e imágenes en las que se observe la forma de modular la onda sinusoidal.

4.6. Inversores conectados a red: configuración del circuito de potencia

En los circuitos eléctricos, uno de los parámetros que más interesa conocer es el de la potencia; el suministrado por un alternador, la potencia consumida por un motor, la potencia emitida por una emisora de televisión o radio y, como no, la potencia consumida en la instalación de una vivienda.

Existen tres tipos de potencia: la aparente, la activa y la reactiva, de forma que el inversor debe suministrar a la red eléctrica general energía en la forma que se pueda consumir. El desfase en la onda de la corriente alterna distingue estos tres tipos de potencia.

La tensión aplicada a un circuito de elementos pasivos (iluminación y bases de enchufe) está en función del tiempo de consumo. La intensidad que resulta es, igualmente, una función del tiempo cuyo valor depende de los elementos de los que consta dicho circuito. El producto, en cada instante, de la tensión por la intensidad se denomina **potencia aparente,** o **potencia compleja,** y viene dada por la expresión:

Potencia = Tensión · Intensidad

Se trata de la suma vectorial de la potencia que el circuito disipa en forma de calor o de trabajo.

Se representa con la letra mayúscula S, su unidad es el voltio-amperio (VA) y su múltiplo más empleado es el kilovoltio-amperio (KVA).

La potencia activa (P) puede tomar valores positivos o negativos, dependiendo del instante o el intervalo de tiempo que se considere, al tratarse de corriente alterna, que cambia de polaridad instantáneamente. Una potencia positiva (+P) significa que existe transferencia de energía de la fuente a la red, mientras que una potencia negativa (-P) corresponde a una transferencia de energía de la red a la fuente.

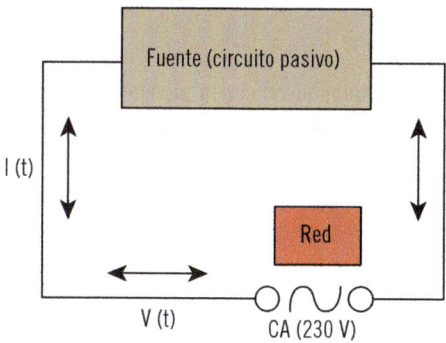

El vector representativo de la potencia se puede descomponer en dos valores, según el esquema:

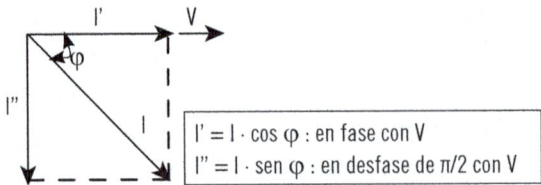

$I' = I \cdot \cos \varphi$: en fase con V
$I'' = I \cdot \sin \varphi$: en desfase de $\pi/2$ con V

Para la obtención de la potencia interviene un valor que existe en la corriente alterna debido a su especial desfase entre la tensión y la intensidad. Es el **coseno de fi** ($\cos\varphi$), que en electricidad se denomina **factor de potencia,** muy importante a la hora de la facturación eléctrica por parte de la empresa suministradora.

$$\text{Potencia activa (P)} = V \cdot I \cdot \cos\varphi$$

Potencia reactiva es el producto de $V \cdot I \cdot \sin\varphi$, se representa con la letra mayúscula Q, su unidad es el voltio-amperio reactivo (VAR) y su múltiplo es el kilovoltio-amperio reactivo.

 Nota

La capacitancia (C) en los circuitos eléctricos la proporcionan los condensadores, y la inductancia (L) las resistencias instaladas que generan además campo magnético.

Esta potencia reactiva puede ser positiva cuando la intensidad adelanta a la tensión: la capacitancia es mayor que la inductancia.

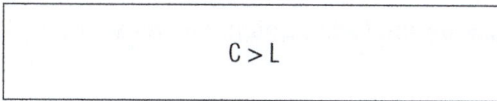

Puede ser negativa cuando la tensión adelanta a la intensidad: la inductancia es mayor que la capacitancia.

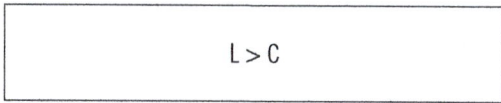

Por último, la potencia reactiva puede ser igual a cero, en la que la inductancia es igual que la capacitancia. En este caso el circuito está en resonancia.

$$L = C$$

Cualquier inversor estará compuesto por dos partes diferenciadas: el circuito de potencia propiamente dicho donde los elementos semiconductores (diodos y transistores) se encargan de ir modulando la frecuencia para adaptarla desde la forma lineal, cuadrada y escalonada hasta la final en forma sinusoidal con el mínimo de armónicos para ponerla o inyectarla en la red eléctrica general en las mejores condiciones de consumo; así como la parte de control de los semiconductores compuesta por filtro, regulador, transformadas directa e inversa de Park y modulador PWM.

Se debe controlar la potencia para su acoplamiento a la red

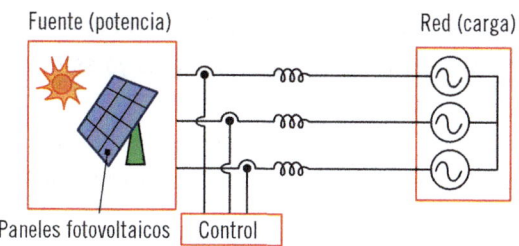

4.7. Requerimientos de los inversores autónomos y conectados a red

Los inversores autónomos que se montan en instalaciones aisladas deben disponer previo al inversor un convertidor de corriente continua en continua a mayor tensión para facilitar al inversor el cambio de corriente continua a alterna.

La modulación del inversor dispone asociado un filtro que realiza el control PWM para evitar al máximo la presencia de armónicos en la señal final que se consumirá en los aparatos electrodomésticos o en la red de iluminación de la que se trate.

El convertidor aumenta la tensión en CC

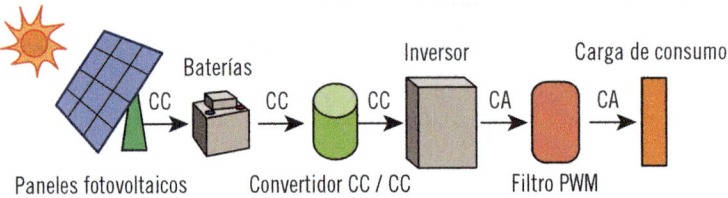

Paneles fotovoltaicos — Convertidor CC / CC — Filtro PWM

Actividades

6. Realizar un listado de los tipos de baterías que se encuentran para aplicaciones en centrales FV.
7. ¿Se podrían utilizar baterías como las de los vehículos a motor en estas instalaciones? ¿Cuál sería su rendimiento?

Como ya se comentó, las instalaciones generadoras de electricidad conectadas a red disponen el inversor de corriente directamente conectado a los campos de paneles FV, según una de las topologías ya estudiadas.

En estas instalaciones se debe disponer de dos filtros: uno previo al inversor, que se encarga de elevar la tensión de la corriente continua, y otro posterior con control PWD para su puesta en la red general en las condiciones adecuadas de armónicos para que no afecten a la calidad de la señal eléctrica.

El inversor dispone de dos filtros

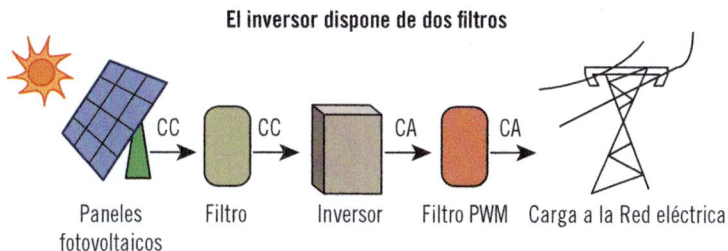

| Paneles fotovoltaicos | Filtro | Inversor | Filtro PWM | Carga a la Red eléctrica |

Existen dos topologías en conexiones a red: para inversores con transformador en alta frecuencia (HF) y en baja frecuencia (LF).

4.8. Compatibilidad fotovoltaica

La tecnología de generación eléctrica de tipo fotovoltaico es relativamente reciente, por lo que la entrega de la energía a la red general debe producirse en las mejores condiciones para que la calidad en el consumo final no repercuta en el mal funcionamiento de los electrodomésticos o en cortes en el suministro que tan desagradables son cuando se presentan.

El encargado de encontrar la compatibilidad de los dos tipos de corriente eléctrica (CC y CA), como ya se sabe, es el inversor. Su independencia y posibilidad de control en el lado de continua permite que, cuando aumente la demanda de energía reactiva en el consumo, el ajuste de las fases respecto a la red general pueda ser perfecto.

Hay que indicar también que la potencia eléctrica del campo de paneles FV se puede controlar en el lado de alterna por medio de la instalación de un convertidor.

 **Importante**

La calidad de la onda eléctrica que se pone en la red debe ser alta para que en el consumo final no afecte a los electrodomésticos.

5. Otros componentes

El rendimiento de las instalaciones fotovoltaicas está en relación directa con la mayor o la menor incidencia de los rayos solares, por lo que la aparición de sombras en determinadas células puede llevar a un mal funcionamiento por bloqueo de los electrones generados, ya que las conexiones se realizan en serie.

5.1. Diodos de bloqueo y de paso

Los diodos son elementos electrónicos denominados **semiconductores,** ya que permiten el paso de la electricidad en un sentido cuando son atravesados, polarizándose cuando se alcanza una determinada tensión, evitando en ese momento el paso en el sentido contrario.

En las instalaciones fotovoltaicas, los diodos de paso, también llamados **de bypass,** se sitúan en paralelo a los paneles para poder **puentear** los posibles bloqueos que se producen en las células sombreadas.

Los diodos de bloqueo van situados al final de las ramas de paneles FV para evitar que durante la noche, cuando no existen las radiaciones electromagnéticas del Sol, la instalación pueda llegar a sufrir una descarga desde las baterías acumuladoras.

Estos dos tipos de diodos se diferencian por el lugar que ocupan en la instalación, los primeros de paso en los paneles, y los segundos de bloqueo en las ramas finales de paneles que se unirán posteriormente en serie.

Estos diodos de seguridad permiten alcanzar mayores rendimientos

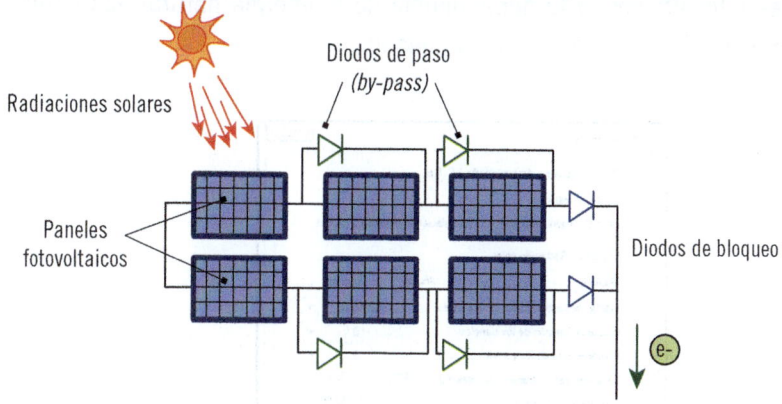

Actividades

8. Realizar un dibujo de detalle para recordar la forma de funcionamiento del diodo *bypass* en un panel FV.

6. Equipos de monitorización, medición y control

La informática ha experimentado un auge tan extraordinario en los últimos años que ya se encuentra incluso en los hogares formando parte de ellos como un electrodoméstico más.

En la industria, el antiguo control por lógica cableada ha dado paso a la informática por medio de los autómatas programables, consiguiéndose incluso una herramienta informática que permite una fácil y sencilla visualización de la actuación de los elementos de los que consta cualquier instalación, con lo que se consigue que el control pueda ser realizado por cualquier persona convenientemente entrenada.

Dada la cantidad de elementos que se encuentran en una instalación de paneles fotovoltaicos, y la dependencia de la energía natural, los equipos de control y monitorización son casi obligados.

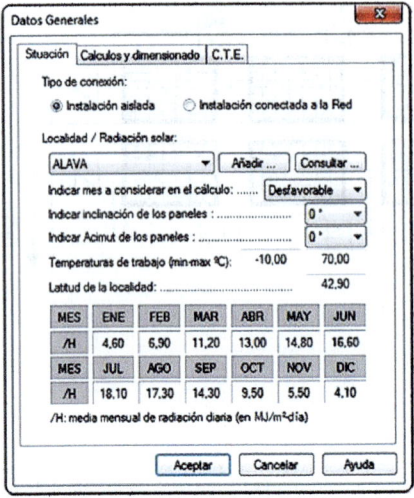

Los programas informáticos permiten un mayor control de la instalación.

Los dispositivos de control y medida permiten conocer, a partir de los datos de localización de la instalación, el nivel de intensidad radiante y el rendimiento que se puede obtener a partir de ellos, cuantificando la intensidad eléctrica obtenida y el potencial a que se encuentra, ya que esta energía eléctrica, en origen, debe sufrir distintos cambios de tensión y tipo de corriente (CC/CA) para ser finalmente consumida.

Asimismo, los programadores de horarios son útiles para el aprovechamiento de energía en las instalaciones públicas, ya que se pueden adecuar automáticamente a los horarios de consumo cuando son necesarios en la iluminación urbana de las calles.

7. Aparamenta eléctrica de cableado, protección y desconexión

La conexión de los paneles se deberá realizar según la forma y el orden expresados en la documentación del proyecto de instalación, así como en los puntos que el propio fabricante indique en cada panel.

La caja de conexiones de los paneles fotovoltaicos dispone dos bornes de conexión, uno positivo (+) y otro negativo (-), en los que aparece en ocasiones un diodo de seguridad.

Cada conductor deberá ser de diferente color.

Se utilizan **engastados** en las conexiones para facilitar el montaje de los conductores en los bornes.

También se pueden realizar uniones en línea en los que se utilizan terminales macho-hembra. Estos son elementos que entran uno dentro del otro y sirven para la eventual desconexión del circuito en la reparación o el mantenimiento.

Existen muchos tipos de terminales metálicos y cada fabricante propone un diseño. Se pueden encontrar del tipo universal, fastón, redondo y con recubrimiento aislante.

Diferentes tipos de terminales

En el punto de unión de terminales se produce un trasvase de electricidad que hace que estos se puedan deteriorar por estar al aire, además de producirse pérdida de conexión por movimientos durante el montaje o el mantenimiento. La operación se denomina **engaste de terminales,** y se utiliza una herramienta especial para conseguir la perfecta unión entre el cable y el terminal.

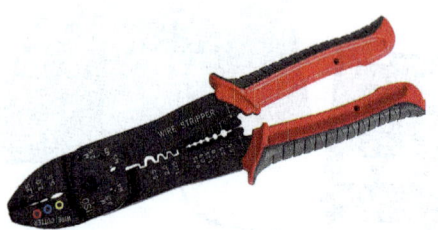

Existen herramientas especializadas para la unión de terminales.

Es necesario asegurar bien las uniones, ya que una mala conexión puede ocasionar averías que son difíciles de localizar en el circuito.

 ## Actividades

9. Realizar un listado de las herramientas necesarias para pelar cables, atornillar y engastar terminales conductores e indicar las medidas de seguridad para evitar accidentes con cada una de ellas.

 ## Nota

Cada línea de positivo o rama de paneles deberá contar, para seguridad, con un diodo de bloqueo.

Las dos líneas deben ser independientes

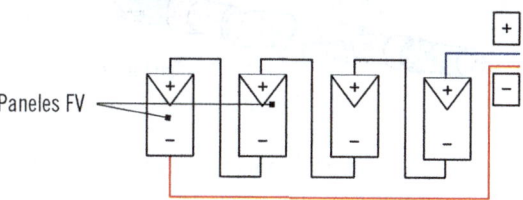

Paneles FV

Aplicación práctica

Esta mañana debe realizar el engaste de unos terminales en varios paneles fotovoltaicos ya que se va a realizar una ampliación en el campo solar.

Realice un sencillo dibujo de la herramienta de engastar terminales, con indicación de sus partes, y otro de los cables engastados en línea en el que se observe la perfecta unión del cable y el terminal metálico (fastón).

SOLUCIÓN

El dibujo de la herramienta de engastar tiene varias zonas diferenciadas:

- Boca por donde se presiona el fastón al cable conductor.
- Articulación por donde gira la herramienta para abrir y cerrar.
- Mango con un dibujo tallado que facilita el agarre, además de aislar de posibles descargas eléctricas.

Es importante realizar los trabajos sin tensión en el circuito.

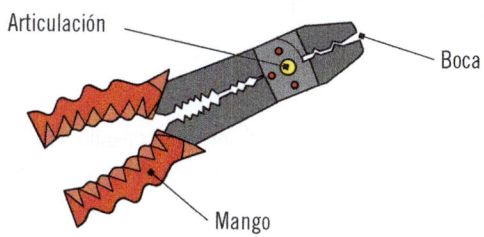

Articulación

Boca

Mango

Continúa en página siguiente >>

<< Viene de página anterior

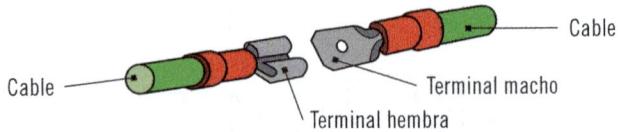

Cable — Terminal macho

Cable

Terminal hembra

El dibujo de los terminales engastados será del tipo macho y del tipo hembra, que se unen entrando uno dentro de otro. El ajuste de las dos partes permitirá que no se suelten, por los posibles movimientos, si está bien realizado.

Las conexiones en serie de paneles permiten que las tensiones generadas en cada uno de los paneles se sumen. Cada una de las líneas en serie se une al final en paralelo hacia los elementos de seguridad y el inversor de corriente. Es importante identificar perfectamente cada una de las líneas positiva y negativa, para lo cual se deben utilizar diferentes colores en los conductores.

Aplicación práctica

Se deben unir en serie los paneles fotovoltaicos de una instalación, pero es necesario economizar en cableado debido al elevado número de equipos.

Realice un esquema tipo de disposición de cuatro paneles con las conexiones entre ellos hasta su unión a los elementos de seguridad.

      Elementos
de seguridad

SOLUCIÓN

La disposición de los paneles FV debe beneficiar, en la medida de lo posible, la reducción de cableado, no solo para economizar en material sino además en horas de desplazamiento del operario en las conexiones.

Se deben realizar las conexiones del positivo de un panel con el negativo de otro de forma que se sume en serie la electricidad generada en los paneles FV.

Continúa en página siguiente >>

<< Viene de página anterior

Con un simple cambio en la disposición de cada panel, colocando uno con el negativo orientado hacia el norte geográfico y el siguiente positivo hacia el sur geográfico, se reduce la longitud de los cables conductores en una longitud igual a la de cada uno de los paneles.

El esquema será el siguiente:

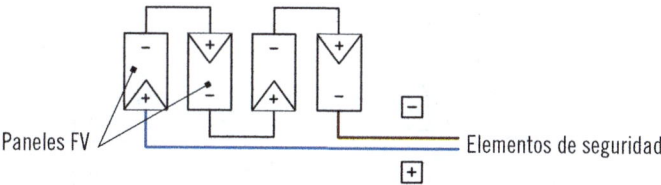

Actividades

10. Buscar en internet otras formas de conexión de paneles FV para obtener electricidad a 24 V, 48 V y 36 V en CC.

Las instalaciones FV evidentemente son eléctricas, por lo que se deben situar elementos de seguridad para que en caso de contacto con las personas no se produzcan accidentes. Esos elementos de seguridad que se encargarán de abrir el circuito eléctrico son los fusibles, los varistores, los seccionadores, los vigilantes de aislamiento y los interruptores magnetotérmicos y diferenciales.

El fusible abre el circuito eléctrico cuando se produce una sobreintensidad de corriente. Está construido de un material que se funde cuando el calor generado por la intensidad, debido al efecto Joule, sobrepasa un valor previamente determinado.

La situación de estos elementos de protección en una instalación conectada a red es:

Elementos de seguridad para la desconexión automática

Se debe realizar asimismo una toma o puesta a tierra en los paneles FV y en el inversor de corriente eléctrica.

8. Elementos de consumo

Las instalaciones FV conectadas a red inyectan la electricidad generada para su consumo en las viviendas y las industrias de las poblaciones. El consumo es en corriente alterna, por lo que siempre será necesario contar con un inversor de corriente para obtener 230 voltios de tensión en monofásica y 400 voltios en trifásica.

En las viviendas se consume corriente monofásica a 230 voltios, y se distribuye en el interior a través de conductores en busca de los elementos de consumo. Se pueden clasificar en consumos realizados por la iluminación y por los electrodomésticos (fuerza), además de los comunes en edificios y maquinaria de ascensor o grupos de presión para elevar la presión del agua.

A continuación se indican los puntos donde se consume la energía eléctrica en las viviendas a partir de la acometida a la red general:

Elementos de consumo en un edificio de viviendas

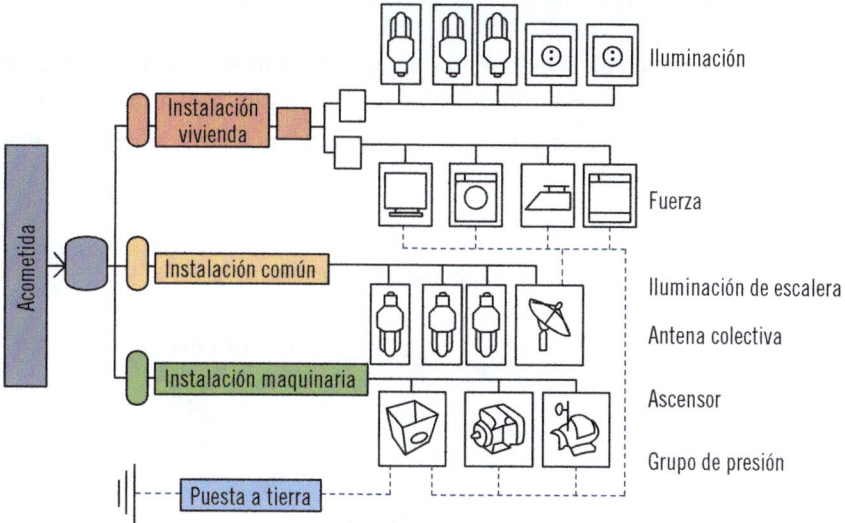

Todas las especificaciones que se refieren a las instalaciones interiores se encuentran recogidas en el Real Decreto 842/2002, de 2 de agosto, por el que se aprueba el Reglamento Electrotécnico para Baja Tensión (REBT).

Recuerde

El elemento fusible se destruye cuando existe una sobreintensidad de corriente abriendo el circuito.

Actividades

11. En su vivienda existe un número de puntos de consumo para iluminación y electrodomésticos. Pensar en ellos y realizar un cuadro de los que se encuentran en cada estancia.
12. ¿Podrían funcionar si su vivienda estuviera aislada y solo recibiera energía solar?

9. Sistemas de seguimiento solar

Con estos sistemas de seguimiento, aplicados también a otras tecnologías, se consigue un aumento del rendimiento, ya que permite que los paneles se encuentren totalmente perpendiculares a la incidencia de las radiaciones electromagnéticas provenientes del Sol.

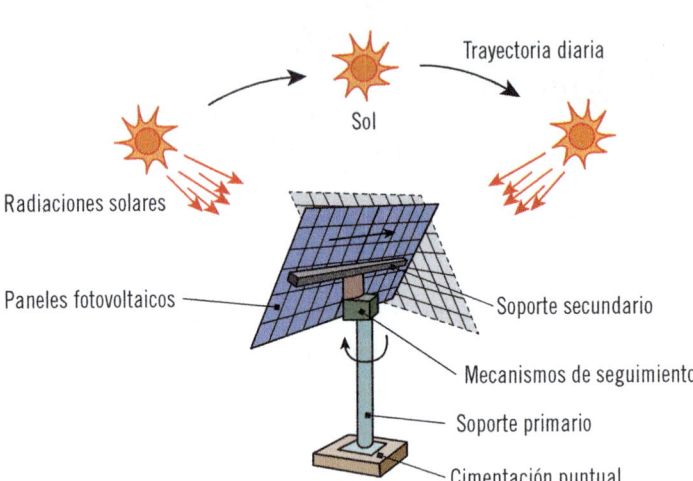

El seguimiento solar asegura mayor rendimiento

Trayectoria diaria

Sol

Radiaciones solares

Paneles fotovoltaicos

Soporte secundario

Mecanismos de seguimiento

Soporte primario

Cimentación puntual

Los mecanismos se desplazan según un programa informático diseñado, teniendo en cuenta el desplazamiento de la Tierra alrededor del Sol.

 **Recuerde**

El dimensionado de los soportes para paneles FV debe ser realizado por expertos en cálculo estructural.

10. Estructuras de orientación variable y automática

Hoy en día, con el desarrollo de la tecnología, existen en el mercado empresas instaladoras que ofrecen estructuras móviles en orientación e inclinación, ya que los ciclos de movimiento de nuestro planeta alrededor de la fuente de energía que supone el Sol se repiten exactamente durante los diferentes períodos estacionales, cada año.

De esta forma, con la ayuda de un *software* informático se pueden controlar los movimientos de los mecanismos electromecánicos y electrohidráulicos que permiten el máximo aprovechamiento de las radiaciones electromagnéticas proporcionadas por el Sol.

Paneles FV tipo árbol orientados automáticamente.

La forma de conseguir estos movimientos de giro en el eje vertical alrededor del soporte central es por medio de engranajes de dientes helicoidales, y los movimientos de inclinación mediante mecanismos de cilindros neumáticos (aire) o hidráulicos (aceite) en los que el vástago se desplaza a más o a menos permitiendo la elevación de los brazos secundarios.

La mecánica, la neumática y la hidráulica se unen para conseguir movimientos combinados

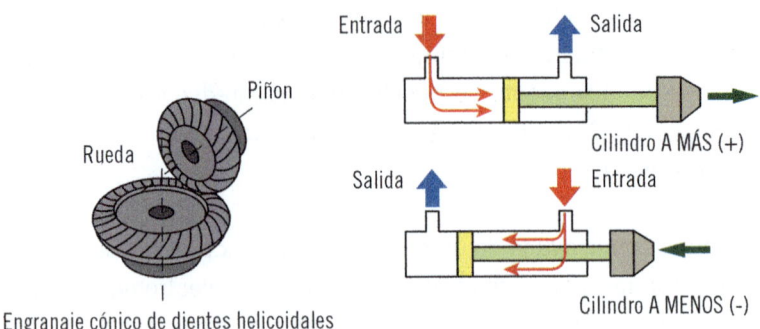

Engranaje cónico de dientes helicoidales

Actividades

13. Localizar en un mapa de España las instalaciones FV de inyección a la red eléctrica más cercanas a su población.

11. Normativa de aplicación

En la actualidad existen normativas generales que afectan a las instalaciones fotovoltaicas para la generación eléctrica, su puesta en la red y su consumo en los edificios de viviendas.

Estas son el Real Decreto 1578/2008, de 26 de septiembre, de retribución de la actividad de producción de energía eléctrica mediante tecnología solar fotovoltaica, en el que se realiza una clasificación de tipologías.

Las de tipo I son las instalaciones que estén ubicadas en cubiertas o fachadas de construcciones fijas, cerradas, hechas de materiales resistentes, dedicadas a usos residencial, de servicios, comercial o industrial, incluidas las de carácter agropecuario.

O bien, instalaciones que estén ubicadas sobre estructuras fijas de soporte que tengan por objetivo un uso de cubierta de aparcamiento o de sombreamiento, en ambos casos de áreas dedicadas a alguno de los usos anteriores, y se encuentren ubicadas en una parcela con referencia catastral urbana.

- Subgrupo tipo I.1: instalaciones con una potencia inferior o igual a 20 kW.
- Subgrupo tipo I.2: con una potencia superior a 20 kW.

Las de tipo II son las que no estén incluidas en los tipos anteriores, que corresponde a los campos solares donde se genera electricidad para inyectarla o ponerla en la red, cuya situación habitual es en campos alejados de los núcleos urbanos de población.

El Código Técnico de la Edificación (CTE), aprobado mediante el Real Decreto 314/2006, de 17 de marzo, especifica la obligatoriedad de instalación de paneles fotovoltaicos para uso propio o su puesta en la red a través del Documento Básico Ahorro de energía (HE5 - Contribución fotovoltaica mínima de energía eléctrica) en las siguientes situaciones:

TABLA 1.1. ÁMBITO DE APLICACIÓN

Tipo de uso	Límite de aplicación
Hipermercado	5.000 m² construidos
Multitienda y centros de ocio	3.000 m² construidos
Nave de almacenamiento	10.000 m² construidos
Administrativos	4.000 m² construidos
Hoteles y hostales	100 plazas
Hospitales y clínicas	100 camas
Pabellones de recintos feriales	10.000 m² construidos

Tabla 1.1 (CTE - Documento Básico Ahorro de energía HE 5-Contribución fotovoltaica mínima de energía eléctrica).

La legislación que afecta a los anteriores edificios se encuentra recogida en el Real Decreto 1699/2011, de 18 de noviembre, por el que se regula la conexión a red de instalaciones de producción de energía eléctrica de pequeña potencia.

12. Resumen

Las estructuras que soportan los paneles fotovoltaicos para la generación de electricidad deben ser dimensionadas por técnicos que posean la preparación teórica necesaria, ya que pueden sufrir diferentes cargas de tipo estático y dinámico combinadas.

Los actuales sistemas de orientación e inclinación se pueden unir a otros que permiten movimientos de giro para conseguir la mayor incidencia de los rayos solares.

El regulador es un elemento que se encarga de conseguir que la carga y la descarga de las baterías acumuladoras se produzcan en las mejores condiciones, así como largos ciclos de vida en ellas.

La electricidad de CC generada en los paneles FV se debe modificar para que su inyección en la red sea en CA con el mínimo de armónicos que aseguren una alta calidad en el consumo final.

Los diodos de paso y bloqueo se utilizan como elementos de seguridad para evitar la sobreintensidad o la descarga nocturna en las instalaciones FV.

Las pantallas de visualización permiten un control instantáneo de los elementos de los que consta una instalación conectada a red, que puede ser realizado por una persona convenientemente entrenada.

La conexión práctica de los paneles FV en una instalación se minimiza utilizando disposiciones adecuadas en las que se utiliza menos cableado, y donde los elementos de seguridad eléctrica permiten una adecuada protección contra contactos directos o indirectos por parte de las personas.

La legislación para instalaciones fotovoltaicas se encuentra muy desarrollada en España y exige, a la vez que normaliza, las características técnicas para aprovechar la especial localización que tiene en el Planeta.

Ejercicios de repaso y autoevaluación

1. **El factor que determina la inclinación correcta de los paneles fotovoltaicos será:**

   a. La longitud terrestre donde se encuentre el campo FV.
   b. La forma de la cimentación.
   c. La latitud del lugar.
   d. El sistema de seguimiento.

2. **En la columna A se indican tipos de cargas en una estructura arquitectónica o de ingeniería y en la B las denominaciones para los distintos tipos. Enlace ambas columnas según corresponda.**

   1. Carga de viento.
   2. Peso propio de la estructura
   3. Peso de los elementos soportados.
   4. Peso de la nieve.

   __ Sobrecarga.
   __ Dinámica.
   __ Sobrecarga discontinua.
   __ Concarga.

3. **Realice un cuadro en el que se indiquen las diferencias entre las estructuras de suportación de paneles FV en superficie o mástil en cuanto a cimentación, superficie, montaje, reformas, conexionado de paneles y orientación e inclinación.**

4. **El regulador en paralelo no corta el paso de la electricidad sino que...**

   a. ... lo disipa en forma de calor en el generador FV.
   b. ... la deriva hacia el panel solar térmico.
   c. ... lo inyecta en la batería de acumulación.
   d. ... abre el circuito por el primer relé.

5. La tensión a partir de la cual la batería se conecta de nuevo, permitiendo el consumo en los aparatos eléctricos conectados, es:

    a. Tensión de rearme Vrc.
    b. Tensión de corte de sobredescarga Vsd.
    c. Tensión de rearme de descarga Vrd.
    d. Tensión de sobrecarga Vsc.

6. Realice un dibujo-esquema en el que se observen los dos tipos de conexión de los paneles FV, a red y aislada, los diferentes elementos que lo componen y la situación del inversor.

7. Las variaciones presentes en la onda sinusoidal de una señal eléctrica son:

    a. Las ondas cuasi cuadradas.
    b. Los armónicos.
    c. Las distorsiones inversoras.
    d. Los filtros de señal.

8. Un convertidor de corriente tiene la posibilidad de pasar de...

    a. ... CC a CC.
    b. ... CA a CC.
    c. ... CC a CA.
    d. ... CC a CC siempre a mayor tensión (V).

9. Para el método de control PWM, el inversor compara un tipo de onda sinusoidal con una de tipo...

    a. ... cosenoidal.
    b. ... parabólica.
    c. ... triangular.
    d. ... cuadrada.

10. **Escriba las expresiones físicas de los tres tipos de potencia eléctrica: aparente, activa y reactiva.**

_____

_____

11. **¿Qué elemento adicional debe disponer una instalación autónoma de paneles FV previo al inversor de corriente?**

    a. Un convertidor CC/CC.
    b. Un convertidor CC/CA.
    c. Un convertidor CA/CC.
    d. Un circuito de protección formado por diodos de paso.

12. **Complete.**

La _____ de conexiones de los paneles _____ dispone dos bornes de conexión, uno positivo y otro negativo, en los que aparece en ocasiones un _____ de seguridad.

13. **De las siguientes afirmaciones, indique cuál es verdadera o falsa.**

    a. En las instalaciones FV de conexión a la red eléctrica, el interruptor diferencial se sitúa entre los paneles y el inversor de corriente.

        ☐ Verdadero
        ☐ Falso

    b. Las radiaciones solares son de tipo electromagnético.

        ☐ Verdadero
        ☐ Falso

    c. El interruptor magnetotérmico realiza una apertura del circuito cuando detecta diferentes valores en la tensión del conductor de fase y el de neutro.

        ☐ Verdadero
        ☐ Falso

d. El fusible se destruye por el calor producido en el efecto Joule.

☐ Verdadero
☐ Falso

14. **Todas las especificaciones referidas a instalaciones interiores para baja tensión están recogidas en el REBT, aprobado mediante...**

a. ... el Real Decreto 842/2002, de 2 de agosto.
b. ... el Real Decreto 2/2010, de 4 de julio.
c. ... la Ley 13/1995, de 8 de noviembre.
d. ... la Ordenanza General de la Seguridad Eléctrica - 2000, de 30 de octubre.

15. **En el Real Decreto 1578/2008, de 26 de septiembre, de retribución de la actividad de producción de energía eléctrica mediante tecnología solar fotovoltaica, se realiza una clasificación de tipologías. Un campo solar cuya situación está alejada del núcleo urbano de población corresponde...**

a. ... a la tipología I.1.
b. ... a la tipología I.2.
c. ... a la tipología II.
d. ... a la tipología III.

Capítulo 7

Elementos de una instalación solar aislada y especificaciones

Contenido

1. Introducción

Cada día existe una mayor concienciación en el aprovechamiento de las energías renovables que proporciona la climatología de nuestro planeta y cuyo origen es la influencia del Sol y la Luna.

Es por ello que las instalaciones solares fotovoltaicas no solo se utilizan en lugares donde la red eléctrica no llega, sino que se pueden aplicar en los núcleos de población como medida de ahorro apoyando al consumo habitual.

Las estructuras de suportación de los paneles fotovoltaicos se pueden situar en los tejados, las terrazas o los soportes fijos móviles que, mediante su orientación variable, consiguen el mayor ángulo de incidencia de los rayos solares.

Una instalación autónoma necesita elementos que se encarguen de acumular la energía eléctrica. Las baterías, de las que existen varias tecnologías, proporcionan la energía acumulada en ellas para el consumo en cualquier momento. De vida limitada, estos dispositivos deben ser reciclados para no incidir en la contaminación ambiental, habida cuenta que el empleo de la tecnología FV es ecológica en su origen.

El inversor se encarga de realizar la conversión de la corriente para ser empleada en los aparatos habituales que funcionan en corriente alterna a partir de la generada a corriente continua. El cálculo de la potencia debe ser el punto de partida para el buen diseño de la instalación adaptada a las exigencias.

La legislación se encarga de poner orden en la captación y el consumo a la vez que obliga a su utilización en determinados casos para aprovechar la especial situación geográfica del país y evitar la contaminación que se vierte en los procesos de generación eléctrica en las centrales térmicas.

2. Estructuras y soportes: tipos de estructura

En el capítulo anterior se estudiaron los tipos de estructuras para paneles solares fotovoltaicos que se pueden montar en las instalaciones conectadas a red, que son de mayor superficie que las que se montan para una vivienda aislada, aunque la forma y la disposición son la misma.

Los tipos de estructuras pueden ser fijas o móviles, así como colocadas sobre el suelo, sobre un mástil o sobre el tejado de la vivienda aislada.

La orientación sur geográfica es la que proporciona mayor horas de sol.

 **Actividades**

1. Realizar un dibujo de cómo se puede obtener la dirección sur geográfico recordando lo estudiado al principio del manual.

3. Dimensionado

Dependiendo del número de paneles solares que se disponga en cada una de las estructuras de apoyo, estas pueden estar formadas por perfiles de mayores o menores dimensiones.

El cálculo de estos elementos los deben realizar especialistas que posean la preparación teórica adecuada. Las empresas que proporcionan los equipos para instalaciones solares han realizado los cálculos previos teniendo en cuenta la situación geográfica donde se deben instalar, ya que la influencia del viento como carga dinámica en cualquier dirección puede variar considerablemente.

Además de las cargas de viento, se debe tener en cuenta el peso de los paneles (sobrecarga), de la nieve (sobrecarga discontinua), así como el peso propio de los elementos sustentantes de la estructura soporte de los paneles (concarga).

Tipos de carga en la instalación de paneles FV

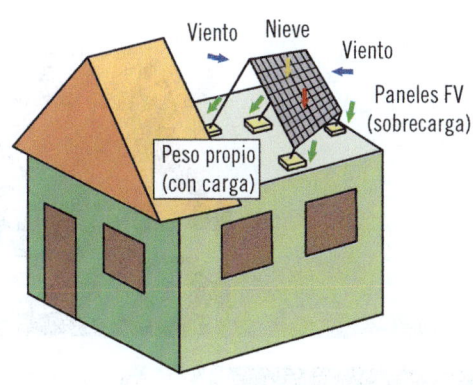

4. Estructuras fijas

En las instalaciones realizadas con paneles solares fotovoltaicos (FV) para viviendas aisladas, las estructuras que se eligen suelen ser del tipo fijo, sin ningún sistema de seguimiento solar ni inclinación variable una vez que se han instalado.

Dependiendo de la disponibilidad de superficie, los paneles FV pueden ir instalados en diferentes lugares mediante elementos de unión roscada que permiten un rápido y limpio montaje (tornillo o perno, tuerca y arandela), que serán situados sobre una terraza, sobre el suelo mediante cimentación o sobre un tejado.

Los elementos de unión deben ser desmontables

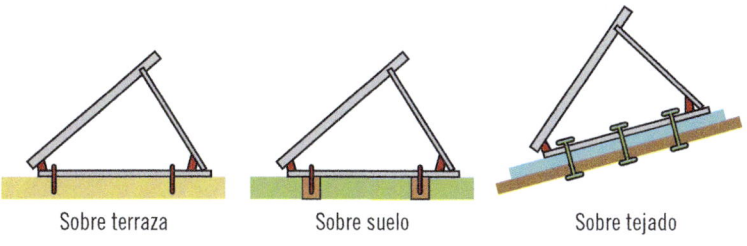

Los trabajos de montaje de paneles sobre los tejados deben realizarse con las medidas de seguridad adecuadas (arnés de sujeción y equipos de trabajo) para evitar posibles caídas a distinto nivel que superen los 2 metros o la caída de materiales. En las personas montadoras las caídas pueden generar graves accidentes de trabajo.

La seguridad en el trabajo es obligatoria.

Las estructuras tipo mástil permiten una variación en la inclinación de los paneles FV que siempre deberá estar en función de la latitud del lugar, así como la orientación sur geográfico para conseguir el mayor rendimiento de las instalaciones solares fotovoltaicas o térmicas.

 ## Actividades

2. Buscar en internet páginas que ofrezcan equipos de protección individual que se utilicen en los montajes en altura.

5. Acumuladores

Una batería es un acumulador de electricidad a partir de la cual se toma la corriente que se utiliza en las aplicaciones de iluminación y electrodomésticos a corriente continua o utilizando el inversor para conseguir la corriente alterna.

Dispone de dos bornes (positivo y negativo) que se encuentran unidos a unos tanques de electrolito que permite la disociación de las cargas positivas y negativas que reciben de los paneles FV.

Su conexión en serie permite que los 12 voltios de cada una de las baterías se sumen consiguiendo acumulaciones eléctricas que siempre irán en función del número de aparatos de consumo que se vaya a utilizar.

La conexión de las baterías permite conseguir mayor tensión eléctrica.

5.1. Tipos de acumuladores (plomo-ácido, níquel-cadmio, etc.)

Los acumuladores o baterías que más se utilizan en las instalaciones FV son las compuestas de plomo-ácido (denominadas Pb-a) y las de níquel-cadmio (Ni-Cd), que son las que mejor se adaptan a la carga continua durante el día y la descarga durante el día y la noche para las aplicaciones eléctricas.

Plomo-ácido

En este tipo de baterías, el primer elemento es el material del que están compuestas las placas positivas y negativas, y el segundo se refiere al electrolito que se encarga de disociar las diferentes cargas eléctricas, compuesto de una mezcla de ácido sulfúrico (SO_4H_2) y agua (H_2O).

Las baterías de plomo-ácido se pueden clasificar en:

- **Baterías estacionarias:** que son las que más se utilizan en las instalaciones FV gracias a su gran capacidad de soportar los ciclos de descarga media y/o profunda, y la carga discontinua proporcionada en los días de más radiaciones solares. De estas, a su vez, se pueden encontrar de plomo-antimonio (Pb-Sb) y de plomo-calcio (Pb-Ca).
- **Baterías de arranque:** para aplicaciones en vehículos a motor de combustión.
- **Baterías de tracción:** para aplicación en vehículos de propulsión eléctrica.

Níquel-cadmio

Estos dos componentes se refieren al material del que están compuestas las placas positivas y negativas, entre los que se encuentra el electrolito, de tipo básico o alcalino, que es una disolución de hidróxido de potasio (KOH). Este electrolito no interviene en las reacciones de descarga y carga de la batería, por lo que es independiente del mayor o menor estado de carga eléctrica.

Como ventajas en comparación con las de plomo-ácido se encuentran que la vida útil es mayor y el mantenimiento es mínimo, junto con que no se ven afectadas por las posibles sobrecargas en períodos estivales o cuando el regulador no está perfectamente programado. Como desventajas, tienen un elevado coste de adquisición y un funcionamiento deficiente en los períodos de autodescarga.

Otros tipos de baterías que se pueden utilizar en las instalaciones FV son las que no requieren mantenimiento, ya que se encuentran cerradas herméticamente. No producen en sus reacciones internas hidrógeno ni oxígeno, por lo que se pueden emplear en locales sin ventilación. Las baterías de electrolito inmovilizado en forma de gel permiten que este no se vierta ante la posibilidad de rotura de algún vaso.

Baterías acumuladoras con y sin mantenimiento

5.2. Partes constitutivas de un acumulador

La forma externa de una batería acumuladora para instalaciones industriales es prismática, donde se encuentran soportadas y conectadas las placas positivas y negativas, introducidas en el electrolito, normalmente en estado líquido.

Dentro del baño de electrolito se disponen unas placas separadas con aislante, siendo unas positivas y otras negativas, conectadas según se observa en las siguientes imágenes.

 Recuerde

Las baterías tienen dos puntos de conexión denominados "bornes", uno positivo y otro negatívo, con los que se pueden conseguir 6 voltios de tensión en corriente continua.

La asociación de varias baterías en serie permite aumentar proporcionalmente la tensión en los bornes de salida final

Elementos de la batería

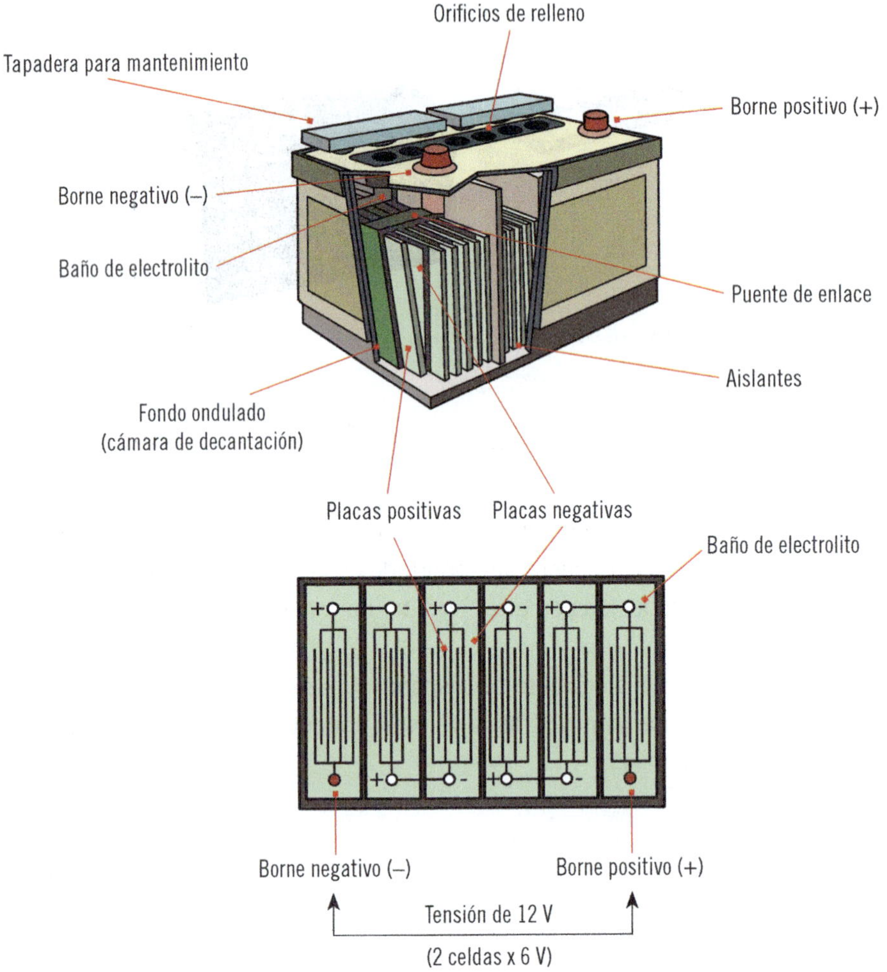

Orificios de relleno

Tapadera para mantenimiento

Borne positivo (+)

Borne negativo (−)

Baño de electrolito

Puente de enlace

Aislantes

Fondo ondulado
(cámara de decantación)

Placas positivas   Placas negativas

Baño de electrolito

Borne negativo (−)

Borne positivo (+)

Tensión de 12 V

(2 celdas x 6 V)

Las características que definen cualquier batería son la tensión, la capacidad y la intensidad máxima que se pueden conseguir con ella.

La tensión de 12 voltios se consigue con los seis vasos que tiene la batería, multiplicados por los 2 voltios que cada vaso puede proporcionar, ya que se encuentran dispuestos en serie. La capacidad (Ah) de la batería está definida por la cantidad de intensidad de descarga eléctrica que es capaz de suministrar, a una temperatura de 25 °C, durante 20 horas de utilización. Por último, la intensidad eléctrica máxima, medida en amperios, que se puede conseguir con una batería será la que es capaz de suministrar durante un período de 210 segundos.

Las características que definen a los acumuladores eléctricos y la forma de utilización siempre deberán estar indicadas en las instrucciones escritas, en el mismo equipo o en un papel separado, y que de manera obligada debe proporcionar el fabricante.

 Actividades

3. ¿Cuántas baterías se deben unir en serie para obtener una tensión de 72 voltios? ¿Qué ventajas se obtienen en comparación con la unión en paralelo?

5.3. Reacciones químicas en los acumuladores plomo-ácido, níquel-cadmio, etc.

Las reacciones químicas que se producen en el interior de las baterías acumuladoras están basadas en efectos electroquímicos por los que las cargas eléctricas se desplazan a través del electrolito acumulándose en el material que se encuentra a otro potencial distinto.

Las reacciones que se producen durante la carga en la batería de plomo-ácido, compuestas en las placas positivas por óxido de plomo (PbO_2) y en las placas negativas por plomo (Pb) dentro de un electrolito compuesto de una disolución de ácido sulfúrico (SO_4H_2) y agua (H_2O), son las siguientes:

■ **En las placas positivas:**

❚ Durante la carga se producen, a partir del óxido de plomo, agua y plomo:

$$PbO_2 + 4H^+ + 2e- \leftrightarrow 2H_2O + Pb^{2+}$$

▌Durante la descarga, a partir del plomo y el ácido sulfúrico del electrolito, se produce sulfato de plomo:

$$Pb^{2+} + SO_4^{2-} \leftrightarrow PbSO_4$$

■ **En las placas negativas:**

▌Durante la carga se producen plomo y electrones libres:

$$Pb \leftrightarrow Pb^{2+} + 2e^-$$

▌Durante la descarga, a partir del plomo y el ácido sulfúrico del electrolito, se produce sulfato de plomo:

$$Pb^{2+} + SO_4^{2-} \leftrightarrow PbSO_4$$

La reacción global que se produce entre las placas positivas de óxido de plomo y las negativas de plomo en el electrolito de ácido sulfúrico es sulfato de plomo y agua:

$$PbO_2 + Pb + 2H_2SO_4 \leftrightarrow 2PbSO_4 + 2H_2O$$

En la descarga de la batería, el plomo de las placas negativas se oxida formando sulfato de plomo, reduciéndose también a sulfato el óxido de plomo de las placas positivas, intercambiándose electrones (e-) que se aprovechan en las aplicaciones eléctricas.

$$Pb + SO_4^{2-} \rightarrow PbSO_4 + 2e\text{-}$$

Las reacciones que se producen en las baterías de níquel-cadmio formadas en las placas positivas por níquel hidratado ($NiO(OH)$) y en las placas negativas por cadmio (Cd) dentro de un electrolito compuesto por una disolución de hidróxido de potasio (KOH), que es alcalino (base), son las siguientes:

- **En las placas positivas:**

$$2NiO(OH) + 2H_2O + 2\ e^- \leftrightarrow 2Ni(OH)_2 + 2OH^-$$

- **En las placas negativas:**

$$Cd + 2\ OH^- \leftrightarrow Cd(OH)_2 + 2\ e^-$$

La reacción global que se produce entre las placas positivas de níquel hidratado y las negativas de cadmio en el electrolito de hidróxido de potasio son hidróxidos de cadmio y níquel:

$$Cd + 2NiO(OH) + 2H_2O \leftrightarrow Cd(OH)_2 + 2Ni(OH)_2$$

En este tipo de baterías de níquel-cadmio la duración es más elevada, ya que la formación de cristales de cadmio preserva los electrodos de níquel y cadmio al no disolverse estos en el electrolito, siendo las reacciones de carga y de descarga totalmente reversibles.

Existen además dos tipos de baterías que se clasifican dentro de las de plomo-ácido, las que emplean como aleación el antimonio (Sb) o el calcio (Ca).

Las reacciones que se producen en las baterías de Pb-Sb son similares a las de plomo y óxido de plomo con el ácido sulfúrico del electrolito. El antimonio, como material de la aleación en las placas, proporciona una mayor resistencia mecánica a las placas positivas y negativas. Los regímenes de descarga son más elevados, pero tienen el inconveniente de tener mayor mantenimiento al tenerse que adicionar agua con más frecuencia por la elevada autodescarga que sufren.

En cuanto a las baterías de Pb-Ca, el calcio aleado con el plomo en las placas hace que tengan menos mantenimiento que las anteriores. Como inconvenientes, soportan peor la carga después de una descarga profunda y tienen menor tiempo de vida útil tras cargas repetitivas.

Actividades

4. ¿De qué está compuesta la batería de su automóvil? ¿Por qué tiene una vida útil de tres o cuatro años si se recarga cada vez que se utiliza?

5.4. Carga de acumuladores (caracterización de la carga y la descarga)

Cualquier acumulador eléctrico o batería está sometido a una carga inicial, a una descarga parcial o total y, si se puede realizar, a una recarga. Estos ciclos reducen la vida útil de las baterías a lo largo del tiempo.

En las baterías de plomo-ácido, el plomo y el óxido de plomo de las placas negativas y positivas respectivamente se convierten en sulfato de plomo ($PbSO_4$), consumiéndose el ácido sulfúrico del electrolito en la reacción, convirtiéndolo en más diluido. Debido a esto, la tensión eléctrica en los bornes de la batería se reduce.

Durante la carga, después de haberse consumido una parte, los electrones circulan en dirección contraria a la descarga de forma que los materiales activos de plomo y óxido de plomo en las placas se vuelven a formar.

En la fase de descarga de las baterías de níquel-cadmio se obtiene hidróxido de níquel a partir del níquel hidratado en las placas positivas, e hidróxido de cadmio en las placas negativas a partir del cadmio. Al ser una reacción a través de un electrolito de tipo básico, este no modifica su concentración.

En la fase de carga la reacción química es totalmente reversible.

 Nota

En las baterías de níquel-cadmio es necesario disponer diez placas para obtener 12 voltios de tensión a partir de los 1,2 V que se obtienen en cada una de ellas.

5.5. Fases de carga de una instalación de acumuladores

Existen cuatro fases en el trabajo de una batería acumuladora que provee de energía para un consumo eléctrico. Estas son la carga inicial, la sobrecarga, la descarga y la recarga (carga).

Durante la carga inicial de las baterías se produce el aumento del voltaje en las placas positiva y negativa así como en la densidad del baño (o gel) de electrolito, debido al transporte a través de él de los electrones que se generan en los paneles fotovoltaicos (FV).

La sobrecarga a la que se somete a las baterías, la cual se controla mediante el regulador, puede estar influida por la temperatura ambiente que se tenga en ese momento, el tipo de aleación metálica del que estén compuestas las placas y las impurezas presentes por los propios procesos cíclicos durante la vida de la batería.

En esta situación se generan desprendimientos de gases por las reacciones químicas internas que conllevan una disminución del agua presente en la mezcla del electrolito, haciendo que este eleve su concentración de ácido. Con la sobrecarga se consigue que el electrolito se vuelva más homogéneo evitando la estratificación del ácido y el agua que componen la mezcla.

Cuando se produce la descarga, los elementos componentes de las placas se transforman proporcionando cargas eléctricas (electrones) hacia el circuito de consumo en corriente continua o en corriente alterna tras su paso por el inversor.

Se puede consumir CA y/o CC

Por último, durante la recarga de las baterías acumuladoras se produce un aumento del voltaje y una mayor presencia de gases en la reacción. En la recarga, que también se puede denominar **carga,** se pueden encontrar dos situaciones, la carga de mantenimiento que se realiza cuando se detecta una descarga por el no consumo y que mantiene el nivel de tensión de flotación, y una carga de igualación que se realiza a la vez que se está proporcionando electricidad para el consumo y cuyo objetivo es conseguir una carga homogénea de igual capacidad en todos los vasos que se tienen en la batería acumuladora.

Importante

El inicio de la recarga de igualación se produce cuando se detecta que existen diferencias de tensión entre los vasos o en las zonas del electrolito que los rodea.

La temperatura es un valor que tiene influencia en las baterías acumuladoras, ya que cuando es elevada las reacciones químicas que se producen en su interior se aceleran reduciendo el voltaje. Cuando las temperaturas son bajas, por el contrario, se aumenta el gaseo al retardarse las reacciones, con lo que la capacidad de acumulación desciende.

Cuando aumenta la temperatura ambiente el voltaje se reduce

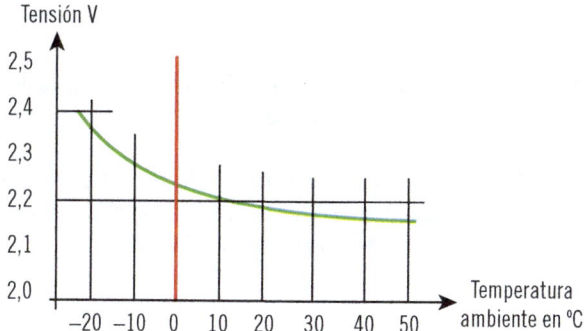

El regulador puede compensar la actuación de los diodos de control de sobrecarga en las baterías, aunque no es muy habitual que las cargas se realicen a temperaturas bajo cero grados centígrados. Es más habitual ajustar la densidad del electrolito mediante un mayor porcentaje de ácido o aumentar la carga de agua destilada en los vasos cuando las temperaturas son elevadas.

En las baterías acumuladoras de plomo-ácido que se montan en las instalaciones FV, la tensión final de carga se puede corregir aproximadamente de 4 milivoltios/°C a 5 mV/°C por cada vaso a partir de las características de voltaje final que defina el fabricante. Como se pudo observar en el gráfico, se producirá una reducción de voltaje con temperaturas ambientales elevadas y un aumento de voltaje con temperaturas frías.

Se indican algunas situaciones que se pueden presentar en la acumulación de energía eléctrica en las baterías, dependiendo de la temperatura ambiente:

- Temperatura elevada → aumento de la capacidad → reducción del voltaje → disminución de la vida útil.
- Temperatura baja → menor capacidad de la batería → mayor viscosidad en el electrolito → procesos químicos más lentos.
- Temperatura bajo cero → el electrolito se puede congelar.
- Mayor intensidad de descarga → serán más acusados los efectos de la temperatura.

 Aplicación práctica

Hoy parece que es el día más caluroso del año. Esto afecta al voltaje de las baterías en la instalación fotovoltaica del que usted es el mantenedor.

Calcule el voltaje final en cada batería de plomo-ácido de cuatro vasos de la instalación sabiendo que el termómetro marca 43 °C en la sala de acumuladores y que el fabricante indica en su placa: "Voltaje final de carga a 25 °C = 14,5 V".

SOLUCIÓN

El aumento de temperatura produce una reducción del voltaje en la batería que, aunque permita una mayor capacidad, lleva asociada una reducción de su vida útil.

En este caso, al encontrarse una temperatura ambiente superior a la marcada por el fabricante, el voltaje disminuirá, con lo que la corrección será negativa.

Se tienen cuatro vasos y una diferencia de temperatura de 18 °C.

Reducción de voltaje = 18 °C · 5 mV/°C por cada vaso · 1 V / 1.000 mV · 4 vasos = 0,36 voltios

Voltaje final = 14,5 V − 0,36 V = 13,64 voltios

5.6. Seguridad y recomendaciones generales de los acumuladores

La seguridad de las personas, y de las propias instalaciones, es un aspecto muy importante que se encuentra legislado a través de la Ley de Prevención de Riesgos Laborales (PRL).

En las particulares referentes a la instalación de baterías acumuladoras se presentan dos riesgos importantes: la presencia de electricidad y la emisión de gases durante los procesos electroquímicos que se producen en su interior.

Para los dos tipos de riesgos se recomiendan unas medidas de seguridad:

- Las baterías acumuladoras se instalarán en locales ventilados y de acceso restringido con indicaciones o carteles que avisen del peligro de explosión y presencia de electricidad de medio voltaje, así como de prohibición de fumar en las cercanías.
- Las paredes, los suelos y las cubiertas de los locales deberán ser aislantes de forma que no propaguen los posibles incendios, no utilizándose materiales de cobre, acero galvanizado o aluminio que son atacados por los gases del electrolito.
- La iluminación artificial se realizará con lámparas fluorescentes halógenas para evitar chispas eléctricas que puedan producir explosiones.
- Las baterías se protegerán mediante fusibles a la salida para evitar los efectos negativos de las sobrecargas y los cortocircuitos.
- No deberán recibir la incidencia directa de los rayos solares y deberán estar separadas de las paredes una distancia mínima de 50 cm.
- El mantenimiento por recarga del electrolito en los vasos, al estar este formado por ácido sulfúrico, debe realizarse con extremo cuidado para evitar salpicaduras en la piel o en los ojos, para lo que se exige la instalación de un grifo de agua en un lugar cercano, así como la utilización de mono de trabajo o bata, gafas protectoras y guantes homologados.
- En caso de presentarse sulfataciones en los terminales (bornes), estos se deben proteger por medio de una pintura especial o vaselina.

Actividades

5. Enumerar las cuatro fases de carga de una instalación de acumuladores e indicar la influencia que tiene una baja temperatura ambiente en ellas.

Aplicación práctica

Durante una inspección rutinaria de mantenimiento ha observado que algunas baterías con mantenimiento tienen el nivel de líquido electrolito muy bajo.

Realice un listado de los equipos de protección individual (EPI) necesarios para realizar la carga de agua destilada en los vasos.

SOLUCIÓN

Para el desarrollo de cualquier trabajo es necesaria siempre la utilización de EPI para conseguir que los accidentes, si se producen, tengan las mínimas consecuencias personales.

Durante la carga del agua destilada en los vasos de la batería se pueden producir salpicaduras del electrolito que está compuesto de ácido sulfúrico. Por ello, se deben proteger las manos, los pies, los ojos, los brazos y el cuerpo.

Se necesitarán guantes, botas, mono de trabajo y gafas protectoras. En este caso, además, se pueden proteger la boca y la nariz para no aspirar los vapores que pueden presentarse al mezclarse el agua destilada con el ácido sulfúrico.

Aplicación práctica

Para las baterías con mantenimiento, situadas en la sala de acumuladores, describa las operaciones de llenado de agua destilada en los vasos y de limpieza externa, así como la protección de los terminales (bornes) que se encuentren sulfatados.

SOLUCIÓN

Se deberán de tomar, en principio, las protecciones personales para realizar los trabajos.

Para realizar el mantenimiento de las baterías siempre es necesario desconectarlas de los terminales de carga para evitar el contacto con la electricidad, ya que el voltaje puede ser elevado.

En el llenado de la batería se deberá utilizar una jeringuilla o pipeta, nunca con chorro al aire. Destapar los vasos de electrolito. Añadir solo agua destilada (nunca del grifo), y nunca algún tipo de ácido. Cuidar no rebasar el nivel indicado en los propios vasos. Tapar los vasos con el tapón múltiple que tiene.

Limpiar con un cepillo de alambre la superficie de los bornes positivo (rojo) y negativo (negro) una vez que estos se han desmontado de la batería.

En el mantenimiento de los bornes, limpiarlos cuidadosamente si están sulfatados y montarlos en la batería, protegiéndolos con pintura especial o vaselina.

5.7. Aspectos medioambientales (reciclaje de baterías)

Las baterías tienen una vida útil que en ocasiones puede ser elevada, pero que en algún momento se ha de acabar, cuando los ciclos de carga y descarga ya han sido muy numerosos.

Los componentes de las baterías en la mayoría de las aplicaciones FV son el plomo y el ácido sulfúrico, materiales extremadamente contaminantes que deben ser reciclados en lugares apropiados y por empresas especializadas. El gestor medioambiental es una figura intermediaria que se encarga de la recogida de materiales potencialmente contaminantes.

El gestor medioambiental recoge todo tipo de baterías.

Existen en los medianos y grandes núcleos de población **puntos verdes** en los que se recogen todos los residuos que se pueden reciclar, como es el caso de las baterías, que son el medio actual más seguro para evitar el vertido de residuos muy contaminantes en los habituales contenedores que los ayuntamientos ponen a disposición de los habitantes.

El Sistema Integrado de Gestión (SIG), a través de la empresa Ecoembalajes España, SA (Ecoembes), realiza la recogida y la recuperación de envases y residuos de embalajes para su posterior reciclado. Se trata de una sociedad sin ánimo de lucro.

La participación de los ciudadanos es el principal motivo para que este sistema se mantenga, ya que en la primera separación de los residuos, teniendo en cuenta su composición en origen, hace que la clasificación posterior sea más sencilla.

Logotipo de la empresa Ecoembes

El punto verde es el símbolo que identifica los envases que están dentro del sistema SIG, y sirve para informar a los consumidores que se cumplen los puntos exigidos en la Ley 7/2022, de 8 de abril, de residuos y suelos contaminados para una economía circular, cuyo objetivo es prevenir y reducir el impacto sobre el medioambiente de los envases, además de la gestión de estos residuos de envases, a lo largo de todo su ciclo vital. Esta ley es de aplicación en todo el territorio español.

 Actividades

6. ¿Su población dispone de un punto verde? Si es así, ir e informarse de cómo está organizado y los datos que son necesarios para utilizarlo.

5.8. Inversores: funcionamiento y características técnicas de los inversores fotovoltaicos

El inversor, como ya se sabe, es el elemento de la instalación fotovoltaica que se encarga de transformar el tipo de corriente continua que se obtiene en los paneles en corriente alterna a una frecuencia de 50 Hz para su consumo habitual en iluminación y electrodomésticos.

En las instalaciones solares aisladas, el inversor toma la energía eléctrica de las baterías de acumulación a través del regulador, encargado de controlar los ciclos de carga y descarga.

La forma de situar el inversor en la instalación FV depende de la aplicación, ya sea conectado a las baterías acumuladoras que se utilizan en las habituales instalaciones aisladas o directamente conectado a los generadores eléctricos que constituyen los paneles FV para instalaciones conectadas a red.

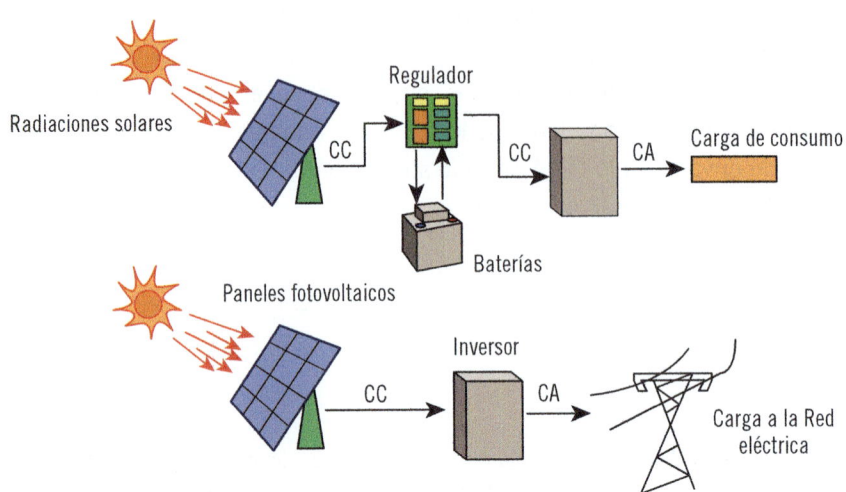

El regulador controla la carga de las baterías de acumulación

Como características técnicas de los inversores utilizados en instalaciones FV se tienen en primer lugar la tensión y la intensidad de corriente máximas de entrada, procedentes de los paneles, la potencia máxima de salida del inversor, obtenida de la suma de todos los módulos fotovoltaicos instalados, la frecuencia de salida en hercios (Hz), la calidad de la señal, definida por la presencia de armónicos en la onda sinusoidal y, por último, el rendimiento total del equipo.

Se debe recordar que durante la rectificación de la señal eléctrica de continua a alterna aparecen los armónicos, que son las variaciones presentes en la onda sinusoidal, cuya reducción se puede conseguir mediante filtros.

6. Inversores autónomos

En instalaciones aisladas de la red eléctrica existen, además de los inversores fijos, los inversores autoconmutados. Mediante ellos se puede variar la frecuencia según sea la potencia de entrada y la carga que se necesite a su salida. Lo habitual es a 230 voltios de tensión y a 50 hercios de frecuencia.

Los inversores se pueden clasificar dependiendo de la forma de la onda y la calidad que se obtenga. Se pueden tener:

- **De onda cuadrada:** con poca calidad por la presencia de grandes armónicos.
- **De onda semisinusoidal:** utilizada en localizaciones rurales aisladas para electrodomésticos.
- **De onda sinusoidal:** con una calidad que se acerca al 98 % de la normalizada en corriente alterna, que se puede utilizar incluso en instrumentos de precisión.

El inversor autónomo también se puede conectar directamente al grupo de baterías.

6.1. Configuración del circuito de potencia

La potencia en un circuito eléctrico es el dato más interesante para cuantificar el consumo de los electrodomésticos o la iluminación de una vivienda o local.

Existen tres tipos de potencias en la corriente alterna:

- Potencia aparente, denominada **S.**
- Potencia activa, denominada **P.**
- Potencia reactiva, denominada **Q.**

El producto, en cada instante, de la tensión por la intensidad se denomina **potencia aparente,** o **potencia compleja,** y viene dada por la expresión:

$$\text{Potencia aparente (S)} = \text{Tensión (V)} \cdot \text{Intensidad (I)}$$

Su unidad es el voltio-amperio (VA), y su múltiplo más empleado es el kilovoltio-amperio (KVA).

La tensión aplicada a un circuito de elementos pasivos está en función del tiempo de consumo, y la intensidad depende de los elementos de los que consta dicho circuito.

En la potencia activa interviene un valor que existe en la corriente alterna debido a su especial desfase entre la tensión y la intensidad. Es el **coseno de fi (cosφ)**, que en electricidad se denomina **factor de potencia,** muy importante a la hora de la facturación eléctrica por parte de la empresa suministradora.

$$\text{Potencia activa (P)} = V \cdot I \cdot \cos\varphi$$

La potencia reactiva se representa por la letra mayúscula Q, su unidad es el voltio-amperio reactivo (VAR) y su múltiplo es el kilovoltio-amperio reactivo.

$$\text{Potencia reactiva (Q)} = V \cdot I \cdot \text{sen}\varphi$$

La carga inductiva se produce en el paso de la electricidad por las bobinas electromagnéticas que se encuentran en motores, frigoríficos y ventiladores.

La carga resistiva es debida al consumo de electricidad que genera calor (pero sin movimiento) en lámparas y radiadores.

En el inversor autónomo, el circuito de potencia está controlado por los elementos semiconductores (diodos y transistores) que se encargan de ir modulando la corriente continua para adaptarla desde la forma lineal, cuadrada, escalonada, hasta la final en forma sinusoidal con el mínimo de armónicos para que no afecten a los aparatos de consumo que se encuentran conectados, y el control de esos semiconductores.

6.2. Requerimientos de los inversores autónomos

Es necesario en el inversor autónomo tener en cuenta una serie de características para su buen funcionamiento dentro de la instalación fotovoltaica:

- Capacidad de sobrecarga para facilitar el arranque de los electrodomésticos con motores que requieren carga inductiva.
- Rendimiento, el cual se ve reducido cuando no se utiliza al no recibir carga nocturna de los paneles FV.
- Posibilidad de conectar inversores en paralelo cuando existen diferencias considerables de consumo. Se ayudan en el reparto del consumo.
- Estabilidad de voltaje para no dañar los elementos de consumo que se encuentren conectados.
- Distorsión armónica THD y regulación en frecuencia para conseguir un buen funcionamiento de los elementos conectados.
- Arranque automático cuando se detecta un consumo, y desconexión controlada por un sensor.
- Autoconsumo reducido para mantener en standby (pausa-espera) el equipo.
- Protección de seguridad para desconexiones de la batería, cortocircuitos, sobrecargas que producen sobrecalentamientos e inversión de la polaridad, controlado por los diodos.

Los inversores autónomos, en su montaje en la instalación FV, necesitan un convertidor de corriente continua en continua previo, así como un filtro PWM que reduce la presencia de armónicos en la señal final que se consumirá en los aparatos electrodomésticos o en la red de iluminación.

El filtro PWM reduce los armónicos

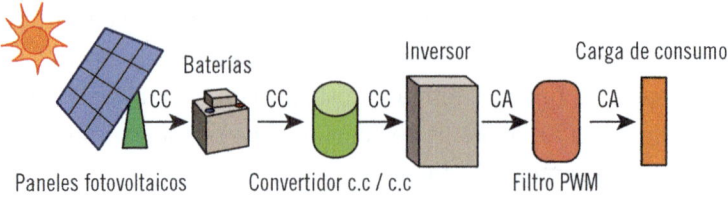

6.3. Compatibilidad fotovoltaica

Las instalaciones fotovoltaicas aisladas consumen la electricidad generada en los paneles de forma que no se entrega el exceso a la red eléctrica general, como es el caso de las ya vistas en el capítulo anterior del manual.

Debe existir compatibilidad fotovoltaica entre la energía eléctrica generada y la consumida en los elementos que se puedan encontrar conectados. Este es el punto más importante para el diseño y el montaje de los elementos de la instalación FV.

Con la instalación del inversor existe la posibilidad de consumir energía de corriente alterna a partir de la corriente continua, pero si se dispone de elementos de consumo en corriente continua solamente, el inversor no es necesario. Por ejemplo, para la iluminación, que consume solamente carga resistiva, se puede emplear la corriente continua directamente.

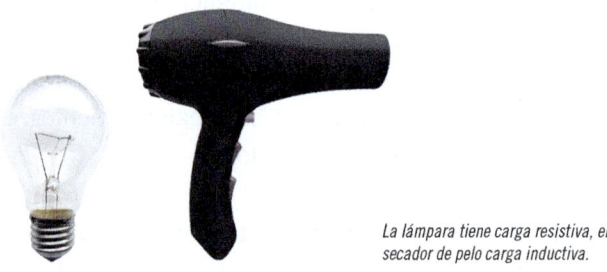

La lámpara tiene carga resistiva, el secador de pelo carga inductiva.

Es necesario que el nivel de armónicos sea muy reducido en aplicaciones con inversor de CC a CA, ya que los aparatos electrodomésticos pueden sufrir averías o roturas cuando la calidad de la señal no es elevada.

Actividades

7. Dibujar un esquema general en el que aparezca la situación del inversor en una instalación FV conectada a red.

7. Sistemas energéticos de apoyo y acumulación

En las viviendas aisladas en muchas ocasiones son necesarias otras fuentes de energía que permitan un confort adecuado a las necesidades, consistentes en calor para el agua caliente sanitaria o para el calentamiento de las estancias en períodos otoñales e invernales.

La biomasa es una fuente de energía renovable que se puede utilizar como recurso en lugares aislados. Aunque es la fuente energética más antigua para producir calor, la combustión de leña está volviendo a recuperarse por la concienciación de mejora del medioambiente, así como por el aumento significativo en el precio de la electricidad.

En la combustión de la biomasa se emite dióxido de carbono que toman las plantas de los bosques para realizar la fotosíntesis y su crecimiento.

La biomasa es una energía renovable

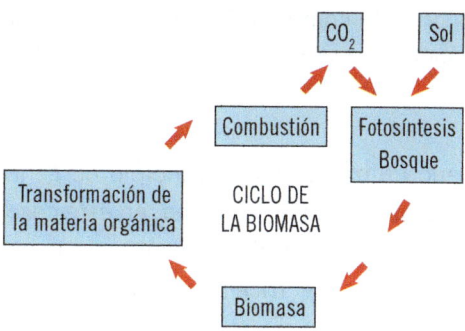

Otra aplicación actual es el aprovechamiento de las radiaciones solares para acumular energía calorífica que se utilizará en el calentamiento de agua en las instalaciones sanitarias (ACS), así como para calefacción de las estancias. Esta tecnología de paneles solares, que ya se describió en capítulos anteriores del manual, puede ser empleada como apoyo a las instalaciones de paneles fotovoltaicos de generación eléctrica, para viviendas, refugios de montaña o instalaciones agropecuarias, o para conseguir el nivel de energía necesario.

8. Otros generadores eléctricos (pequeños aerogeneradores y grupos electrógenos)

La mayor o menor estimación del consumo que se va a realizar en los electrodomésticos y la iluminación a partir de la energía eléctrica generada en una instalación FV aislada es el factor más importante para definir su tamaño.

En ocasiones, la demanda es mucho mayor que la electricidad que se genera, por lo que se hace imprescindible acudir a otros medios de generación eléctrica que aprovechan también la energía renovable del viento, como es el caso de los aerogeneradores, así como los que utilizan la explosión de una mezcla combustible en el caso de los grupos electrógenos.

En el aerogenerador eléctrico la incidencia de la fuerza dinámica del viento al pasar a través de las aspas produce un giro de estas y una generación de electricidad por el cambio del campo magnético de la bobina a la que se encuentra unido. Este funcionamiento es igual al que se emplea en las plantas generadoras de electricidad, aunque los voltajes y las intensidades son mucho más reducidos, y de corriente continua. Esta energía eléctrica se puede canalizar a través de un regulador hacia las baterías acumuladoras para cuando se demande su consumo.

El grupo electrógeno utiliza el mismo principio de generación eléctrica a partir del giro de un alternador que proporciona, en este caso, energía eléctrica del tipo alterna. Se puede consumir directamente, sin tener que formar parte de la instalación de generación eléctrica a partir de paneles FV.

A continuación se recuerda el sistema que utiliza en las instalaciones aisladas el apoyo del aerogenerador y grupo electrógeno:

La demanda eléctrica hace necesario el apoyo de otros generadores eléctricos

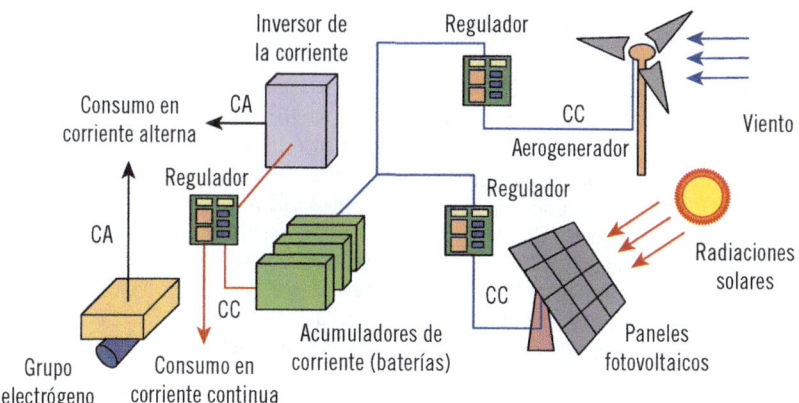

En muchas ocasiones se ha hablado de la demanda de una vivienda, y es así porque con ella se puede realizar una estimación del tamaño de la instalación, así como del presupuesto para la inversión económica en la adquisición de los equipos.

 Actividades

8. ¿Qué energías renovables conoce? Realizar un esquema en el que se muestren todas las que dependen del Sol.

9. Potencias de consumo

Conocer la potencia aproximada de todos los elementos de consumo en una vivienda es del todo esencial para estimar la potencia necesaria y con ello el número de paneles FV y baterías acumuladoras de electricidad.

En las siguientes tablas se ha agrupado el consumo habitual en algunos electrodomésticos, agrupados según la actividad o la situación en una vivienda.

Consumo de electrodomésticos

Iluminación
Lámpara de nW: nW
Radiador: 2.200 W
Tubo fluorescente: 135 W

Imagen y sonido
Equipo de música: 75 W
Ordenador: 360 W
Radio: 80 W
Tv pequeña: 115 W
Tv grande: 205 W
Vídeo DVD: 25 W

Labores
Aspiradora: 350 W
Máquina de coser: 100 W
Plancha: 1.200 W

Cocina
Batidora: 200 W
Cafetera: 750 W
Cocina eléctrica: 850 W
Congelador: 150 W
Exprimidor: 50 W
Frigorífico: 265 W
Horno eléctrico: 900 W
Lavadora: 2.200 W
Lavavajillas: 2.300 W
Microondas: 1.300 W
Tostador de pan: 800 W

Acondicionado
Aire acondicionado: 1.000 W
Radiador: 2.200 W
Secador de pelo: 700 W
Ventilador: 100 W

Sabía que...

El vatio (W) es una unidad de potencia, mientras que el vatio · hora (W · h) es una unidad de trabajo que corresponde a 3.600 julios.

Aplicación práctica

Un vecino de su edificio quiere utilizar solo energías renovables en su vivienda mediante la instalación en la cubierta de paneles solares FV y un pequeño aerogenerador. Le

Continúa en página siguiente >>

<< Viene de página anterior

pide a usted, que ya es técnico de instalaciones fotovoltaicas, un cálculo de potencias previstas.

Los puntos de luz y electrodomésticos de los que dispone son: una lavadora, un lavavajillas, un microondas, un frigorífico, tres radiadores, tres ventiladores, cinco lámparas de 60 W, cuatro tubos fluorescentes, un TV grande, un TV pequeño, un equipo de música y una plancha.

Deberá realizar un cálculo de la potencia total de todos ellos cuando estén encendidos simultáneamente, colocándolos previamente sobre el plano de distribución que le ha proporcionado el vecino correspondiente a su instalación eléctrica.

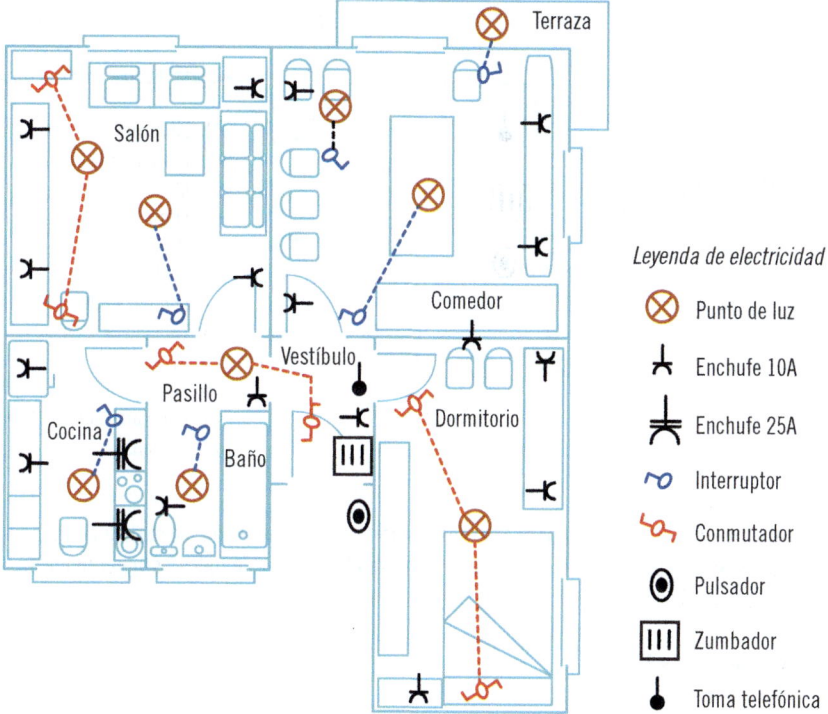

SOLUCIÓN

Teniendo en cuenta la situación de los puntos de luz y las bases de enchufe se pueden colocar, de manera lógica, los electrodomésticos en la distribución de la vivienda.

Continúa en página siguiente >>

<< Viene de página anterior

La situación de los electrodomésticos no afecta al cálculo de la potencia, pero para un futuro puede servir de base si se necesita la reforma de la instalación eléctrica, para elegir los distintos circuitos que se reparten en la vivienda.

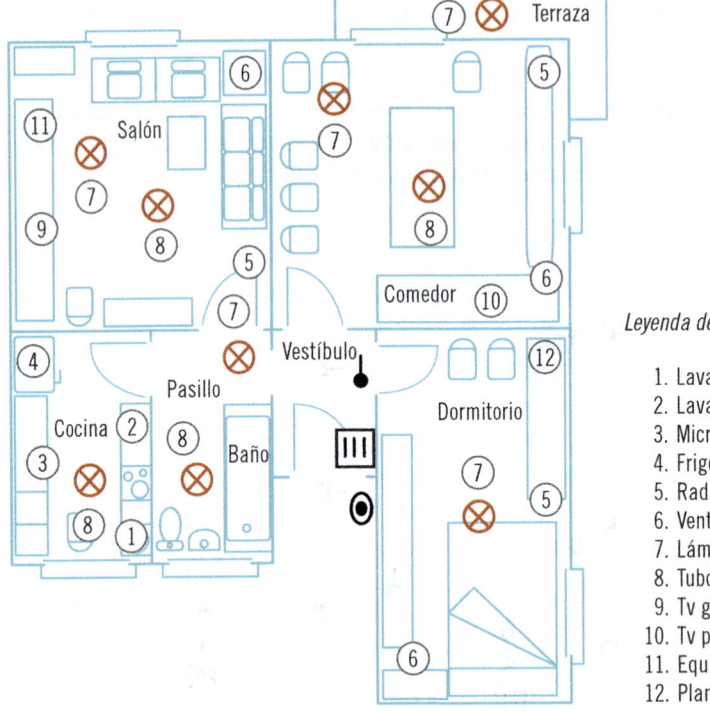

Leyenda de aparatos eléctricos

1. Lavadora
2. Lavavajillas
3. Microondas
4. Frigorífico
5. Radiador
6. Ventilador
7. Lámpara 60W
8. Tubo fluorescente
9. Tv grande
10. Tv pequeña
11. Equipo de sonido
12. Plancha

Una vez situados los electrodomésticos y los elementos de iluminación, se realiza un listado con el consumo de potencia de cada uno de ellos en el caso de que todos estuvieran encendidos al mismo tiempo:

- 1x lavadora → 2.200 W.
- 1 x lavavajillas → 2.300 W.
- 1 x microondas →1.300 W.
- 1 x frigorífico → 265 W.
- 3 x radiador → 3 x 2.200 W = 6.600 W.
- 3 x ventilador → 3 x 100 W = 300 W.
- 5 x lámpara 60 W → 5 x 60 W = 300 W.
- 4 x tubo fluorescente → 4 x 135 W = 540 W.

Continúa en página siguiente >>

<< Viene de página anterior

- 1 x TV grande → 205 W.
- 1 x TV pequeño →115 W.
- 1 x equipo de música → 75 W.
- 1 x plancha → 1.200 W.

Potencia total de todos los aparatos funcionando à 15.200 W.

El cálculo siempre estará dimensionado con la realidad, ya que debido al cambio estacional no es muy habitual tener encendidos los ventiladores y las estufas en el mismo momento, ni tampoco las luces de todas las habitaciones durante la noche a la vez que se está cocinando, etc.

Actividades

9. Realizar un recuento de los electrodomésticos que se encuentran en su vivienda y sumar las potencias de los que habitualmente se encienden en invierno.

10. Dispositivos de optimización

Cuando se quiere realizar un aprovechamiento de la energía renovable que proporciona el Sol existe una dependencia del mayor o el menor número de horas de incidencia de sus radiaciones electromagnéticas.

En el hemisferio norte la mejor orientación es la dirección sur geográfico, además del período anual que va desde el 21 de marzo al 21 de septiembre, teniendo su punto óptimo el día 21 de junio que es el solsticio de verano. Las trayectorias de la Tierra alrededor del Sol son perfectamente conocidas, y se pueden utilizar sistemas robotizados de seguimiento en los soportes de los paneles fotovoltaicos para conseguir el mayor rendimiento en la instalación.

El ciclo anual de incidencia solar en la Tierra está perfectamente calculado y registrado

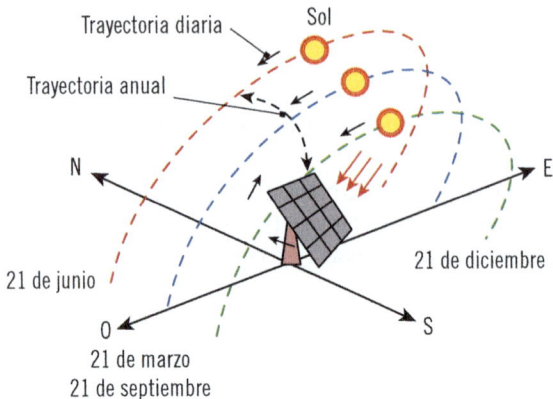

En cualquier proyecto de instalación de aprovechamiento solar intervienen tres puntos que se deben controlar para elevar el rendimiento:

- Supervisar el funcionamiento dependiendo de las características físicas de los elementos de la instalación en cuanto a superficie, temperatura, sombras, orientación, inclinación (siempre dependiendo de la latitud del lugar), aislamientos, etc.
- Realizar una estimación de la incidencia de los rayos solares por medio de previsiones meteorológicas para decidir las características óptimas de los elementos fundamentales como son los paneles, las baterías, el regulador y el inversor.
- Controlar el modo de funcionamiento de la instalación solar a partir de la energía almacenada y que se puede consumir sin la necesidad de ampliar ni reducir los elementos.

11. Normativa de aplicación

Para instalaciones fotovoltaicas aisladas, la electricidad generada será para el consumo propio normalmente, aunque existe la posibilidad de poner en la red el excedente. En cualquier caso, se deberán realizar con arreglo a las disposiciones aprobadas mediante el Real Decreto 1578/2008, de 26 de septiembre, de retribución de la actividad de producción de energía eléctrica mediante tecnología solar fotovoltaica.

En él se realiza una clasificación de tipologías.

Las de tipo I son las instalaciones que estén ubicadas en cubiertas o fachadas de construcciones fijas, cerradas, hechas de materiales resistentes, dedicadas a usos residencial, de servicios, comercial o industrial, incluidas las de carácter agropecuario.

O bien, instalaciones que estén ubicadas sobre estructuras fijas de soporte que tengan por objeto un uso de cubierta de aparcamiento o de sombreamiento, en ambos casos de áreas dedicadas a alguno de los usos anteriores, y se encuentren ubicadas en una parcela con referencia catastral urbana.

- Subgrupo tipo I.1: instalaciones con una potencia inferior o igual a 20 kW.
- Subgrupo tipo I.2: con una potencia superior a 20 kW.

Las de tipo II corresponden a los campos solares donde se genera electricidad para inyectarla o ponerla en la red.

El Código Técnico de la Edificación (CTE), aprobado mediante el Real Decreto 314/2006, de 17 de marzo, especifica la obligatoriedad de instalación de paneles fotovoltaicos para uso propio o su puesta en la red a través del Documento Básico Ahorro de energía (HE5 - Contribución fotovoltaica mínima de energía eléctrica).

**El CTE es de obligado cumplimiento
en el sector de la edificación**

12. Resumen

En este capítulo, el tercero que se dedica en este manual al aprovechamiento de la energía solar, se han repasado los distintos tipos de estructuras que se encuentran para soportar los módulos fotovoltaicos que proporcionan energía eléctrica y que posteriormente queda acumulada en las baterías de plomo-ácido o níquel-cadmio.

Las reacciones químicas que se producen dentro de las baterías consiguen la acumulación eléctrica, en las fases de carga inicial, sobrecarga, descarga y recarga, para que se pueda consumir esta energía cuando la demanda así lo exija. El cuidado del medioambiente obliga al reciclado de las baterías una vez que se ha consumido su vida útil.

El inversor de CC en CA se utiliza en estas instalaciones cuando se utilizan electrodomésticos en las condiciones habituales de baja tensión en las viviendas. Existen además pequeñas instalaciones autónomas, como el areogenerador y el grupo electrógeno, que proveen de energía eléctrica para conseguir aumentar la acumulación de carga, y utilizarla en los picos de consumo.

El cálculo de la potencia de consumo es el punto inicial para conseguir que el diseño y la inversión económica inicial en la adquisición de los equipos sea el adecuado a la demanda. También se puede optimizar la captación de la energía solar con sistemas de seguimiento solar.

En determinados centros urbanos también está obligada por la legislación el empleo de captadores solares que generan electricidad a partir de ellas para aprovechar la energía renovable que el Sol pone a nuestro servicio en la Tierra.

Ejercicios de repaso y autoevaluación

1. **En el cálculo de estructuras, la concarga es:**

   a. La sobrecarga de nieve.
   b. La acción dinámica del viento (en cualquier dirección).
   c. El peso de los paneles FV.
   d. El peso propio de los elementos sustentantes.

2. **El arnés se debe utilizar en los trabajos como protección frente a...**

   a. ... caídas al mismo nivel.
   b. ... caídas a distinto nivel.
   c. ... caídas al suelo desde el tejado.
   d. ... movimientos inesperados de la estructura soporte.

3. **En las baterías Pb-a, el electrolito que se encarga de disociar las diferentes cargas eléctricas está compuesto de una mezcla...**

   a. ... de óxido de plomo y ácido niqueloso.
   b. ... de gel de antimonio (Sb) y cal.
   c. ... de ácido sulfúrico y H_2O.
   d. ... de agua destilada y mercurio.

4. **Complete el dibujo con indicación de los elementos de una batería acumuladora.**

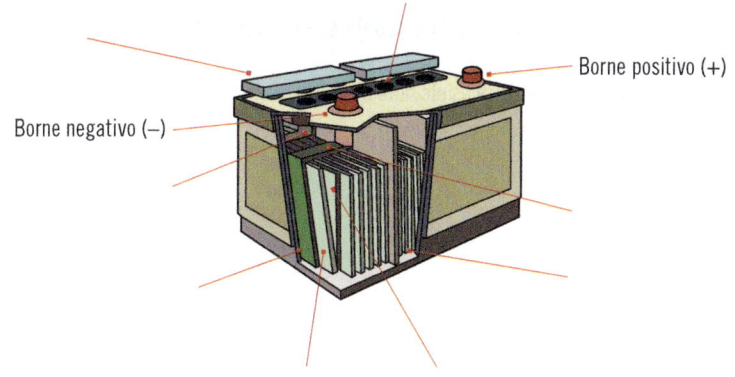

Borne positivo (+)

Borne negativo (−)

5. **Complete:**

En la _____ de la batería, el plomo de las placas negativas se _____ formando sulfato de plomo, reduciéndose también a sulfato el óxido de _____ de las placas positivas, intercambiándose _____ que se aprovechan en las aplicaciones eléctricas.

6. **En la columna A se indican fases de carga de una instalación de acumuladores y en la B la característica más importante de ellas. Enlace ambas columnas según corresponda.**

   1. Recarga.
   2. Carga inicial
   3. Descarga.
   4. Sobrecarga.

   __ Aumento de la densidad del electrolito.
   __ Transformación de elementos componentes.
   __ Desprendimiento de gases.
   __ Aumento del voltaje.

7. **El elemento que se encarga de compensar la carga de las baterías es:**

   a. El transistor semiconductor.
   b. La pinza de recarga.
   c. El regulador.
   d. El modulador de frecuencia.

8. **De las siguientes afirmaciones, indique cuál es verdadera o falsa.**

   a. Cuando la temperatura es elevada se produce un aumento de la capacidad.

   □ Verdadero
   □ Falso

b. Cuando la temperatura es baja se genera una mayor viscosidad en el electrolito.

☐ Verdadero
☐ Falso

c. Cuando la temperatura es muy baja se produce una reducción del voltaje.

☐ Verdadero
☐ Falso

d. Cuando la temperatura es alta aumenta la duración de la vida útil.

☐ Verdadero
☐ Falso

9. **El reciclado de las baterías se debe realizar...**

a. ... mediante el gestor medioambiental homologado.
b. ... llevándolas a un punto limpio.
c. ... disponiéndolas en el contenedor municipal de aparatos eléctricos y electrónicos.
d. ...cumpliendo la Ley 7/2022, de 8 de abril, de residuos y suelos contaminados para una economía circular.

10. **El inversor autónomo para instalaciones FV transforma la CC en CA habitualmente a...**

a. ... 220 voltios de tensión y a 60 hercios de frecuencia.
b. ... 240 voltios de tensión y a 50 hercios de frecuencia.
c. ... 230 voltios de tensión y a 50 hercios de frecuencia.
d. ... 230 voltios de tensión y a 60 hercios de frecuencia.

11. **El paso de la electricidad por los electrodomésticos que disponen de una bobina electromagnética produce...**

a. ... carga resistiva.
b. ... carga capacitiva.

c. ... carga electroactiva.
d. ... carga inductiva.

12. **Realice un croquis-esquema en el que aparezca cómo se conectan un pequeño equipo aerogenerador y un grupo electrógeno en una instalación autónoma de paneles fotovoltaicos, con indicación del tipo de electricidad que proporciona cada uno de ellos.**

13. **¿Qué se produce en la combustión de la biomasa que se aprovecha posteriormente en el crecimiento de los bosques?**

    a. Dióxido de carbono.
    b. Ozono (O_3).
    c. Fotosíntesis.
    d. Humo con alto contenido en vapor de agua.

14. **¿Qué día del año es el óptimo, en el hemisferio norte, para la captación de los rayos solares?**

    a. El 21 de junio.
    b. El 22 de julio
    c. El equinoccio de verano.
    d. El solsticio de primavera.

15. **En el Real Decreto 1578/2008, de 26 de septiembre, de retribución de la actividad de producción de energía eléctrica mediante tecnología solar fotovoltaica, se definen dos subgrupos en la tipología I separados por una potencia de producción inferior o igual y superior a...**

    a. ... 15 kW.
    b. ... 1 mW (megavatio).
    c. ... 20 kW.
    d. ... 24 kW.

Capítulo 8
Promoción de instalaciones solares

Contenido

1. Introducción

A lo largo del manual se han estudiado las diferentes formas de aprovechamiento de la energía solar por medio de paneles que captan las radiaciones y las transforman en electricidad directamente, o que acumulan el calor para otras aplicaciones en calentamiento de fluidos.

Estas energías renovables son solo dos de las diferentes que existen y que la naturaleza pone a nuestro servicio.

Es necesario promover las instalaciones solares para conseguir los objetivos marcados por la Unión Europea para el 2050, en el que se considera primordial la mejora del medioambiente por medio del desarrollo de las energías renovables que son limpias y no provocan el efecto invernadero tan perjudicial para el Planeta.

La situación actual del modelo solar se encuentra aún en sus inicios, pero con las subvenciones y las ayudas de los estados se puede aumentar la oferta energética. La mediana o elevada inversión inicial que se debe realizar en las instalaciones solares se ve pronto amortizada.

El nuevo Código Técnico de la Edificación marca la obligación de proporcionar energía solar para el propio consumo en las edificaciones de nueva construcción, iniciando de esta manera el desarrollo de la industria solar que puede ayudar a superar situaciones temporales de crisis económica.

2. Promoción de las energías renovables

La demanda energética ha aumentado extraordinariamente en los últimos años debido al aumento del confort que se ha instalado en las sociedades industrializadas, lo que ha llevado al necesario aumento de la oferta energética.

Hoy en día es más recomendable completar esa demanda mediante energías renovables, pues no emiten contaminación al ambiente en su consumo.

2.1. Promoción

En estos momentos, la inversión en el estudio de nuevas tecnologías de generación energética debe ser una prioridad, ya que con ello se pueden desarrollar nuevas actividades encaminadas a ayudar a resolver el principal problema que en la actualidad sufren las sociedades desarrolladas: el aumento de la demanda de energía.

El planeta Tierra posee enormes potenciales, aún no muy explotados, como las energías renovables, que tienen su origen en la influencia del Sol y la Luna.

Existen tecnologías que aprovechan este potencial y lo transforman en energía calorífica o eléctrica, que es la más utilizada hoy en día en la inmensa mayoría de hogares e industrias.

Con una mediana inversión inicial, las instalaciones de aprovechamiento de la energía solar se amortizan en cortos o medianos períodos de tiempo, proporcionando a partir de ese momento un beneficio económico sustancial solo interrumpido por el porcentaje de inversión que se ha de realizar en los eventuales mantenimientos de las instalaciones.

Centrado en el aprovechamiento de la energía solar mediante paneles solares de tipo térmico o fotovoltaico, el desarrollo de esta nueva tecnología proporciona un nuevo campo laboral que puede ayudar en dos frentes: primero, conseguir que la actividad económica se active y, segundo, el beneficio medioambiental que supone la reducción de emisiones de CO_2 a la atmósfera terrestre.

El Sol es el origen de las energías renovables.

El Sol es la fuente de energía más importante para la generación de energía natural renovable. Su influencia en la Tierra es muy importante, ya que proporciona recursos energéticos como el viento, los rayos solares, el crecimiento de la vegetación, las olas, etc. La Luna también influye en la creación de las mareas.

La energía eléctrica que se puede obtener a partir de la influencia del Sol va desde la fuerza del viento, las olas y los saltos de agua, hasta las células fotovoltaicas, pasando por los rayos solares directos en las centrales solares térmicas y la biomasa obtenida de los restos de procesos agrícolas y residuos sólidos urbanos (RSU).

 Actividades

1. Dibujar un sencillo esquema en el que aparezca la forma de aprovechamiento de la energía solar térmica en una vivienda.
2. ¿Se puede utilizar solo energía solar térmica para la calefacción?

2.2. Energías renovables

Las energías renovables son aquellas que no se agotan y que pueden transformarse en otros tipos de energía para que los seres humanos puedan consumirlas en las poblaciones y las industrias. Son energías alternativas que ayudan a la reducción del consumo de energías convencionales como el petróleo, el carbón y el gas natural, que tantos problemas de contaminación producen en el medioambiente.

En el siguiente esquema se hace una distribución de los tipos de energía que se pueden obtener, a partir de la influencia del Sol, como recurso para la generación de energía utilizable en las viviendas y las industrias.

La influencia del Sol en la Tierra es la base de las energías renovables

Las energías renovables dependen directa o indirectamente de la influencia del Sol en nuestro planeta:

- **Energía eólica:** las turbinas eólicas convierten la energía de movimiento (cinética) del viento en giro de las aspas, y con el giro a su vez del generador eléctrico (alternador). Estos aerogeneradores se componen de torre, aspas, rotor, transmisión, generador eléctrico y controles.

La energía cinética del aire y el agua puede generar electricidad.

- **Energía hidroeléctrica:** en las presas de agua se mantiene la energía almacenada (potencial) de forma que se puede liberar a través de una tubería (cinética) hacia las aspas de una turbina que se mueve, generando por rotación, como en el caso de los aerogeneradores, electricidad. Tiene muy bajo coste de mantenimiento, sin contaminación y con la posibilidad de regular y canalizar el agua para el consumo humano y el regadío.

- **Energía mareomotriz:** las interacciones entre el Sol, la Tierra y la Luna producen unas variaciones en el nivel del mar. Son las llamadas **mareas.** Esas diferencias entre marea alta y marea baja se pueden aprovechar para generar electricidad. Las corrientes de agua hacen que, a través del movimiento de las aspas, se pueda transmitir el giro en la turbina generadora.

Las aspas se encuentran acopladas a la turbina que genera electricidad.

- **Energía olamotriz:** también llamada **undimotriz,** es la energía producida por el movimiento de las olas. Existen sistemas en los que se aprovecha el movimiento vertical alternativo de una boya flotante y la llamada **serpiente marina,** que aprovecha el movimiento relativo de sus componentes. Se suelen situar en las costas, ya que así se puede controlar más fácilmente la influencia de las olas.

Se puede generar electricidad con elementos intermedios.

- **Energía térmica:** consiste en concentrar los rayos solares mediante reflexión en espejos hacia un colector. La instalación tiene los espejos distribuidos en superficie y reflejan la luz hacia un punto de la torre que la recoge, calentando una tubería con agua que produce vapor y electricidad por medio de una turbina.
- **Sistemas arquitectónicos pasivos:** el aislamiento de los edificios, tanto de viviendas como industriales, es un campo muy importante para el ahorro de energía, aprovechando además su exterior para tomar la energía calorífica generada por el Sol.

Estos métodos consiguen la eficiencia energética.

- **Biomasa:** es la energía que se obtiene de los residuos agrícolas y forestales, cultivos acuáticos, vegetación, e incluso de los residuos urbanos y desechos de los animales. El uso de la energía almacenada en la biomasa se renovará siempre que se replanten tantos árboles como los utilizados. De esta manera no se alterará la cantidad total de CO_2 que existe en la atmósfera.

    Existen biocombustibles en los que se utilizan residuos orgánicos que se transforman mediante fermentación bacteriana.
- **Energía fotovoltaica:** las células de los paneles convierten las radiaciones electromagnéticas de la luz solar directamente en electricidad. Se utiliza un material semiconductor, el silicio monocristalino (tipo de arena), que absorbe fotones de la luz y los transforma en electricidad. Se trata de instalaciones sin ruido ni contaminaciones.

España posee una latitud ideal para el aprovechamiento de la energía solar.

Además de estas energías producidas por la influencia del Sol en nuestro planeta, existe otro tipo de energía muy utilizado desde hace muchos años, la energía geotérmica. Se utiliza tanto en la producción de electricidad con turbinas de vapor en las centrales geotérmicas, como en los balnearios de aguas termales que utilizan este calor para el agua caliente sanitaria (ACS).

La tierra posee "calor interno" que se puede aprovechar

Central termoeléctrica

Pozo de producción

Pozo de inyección

Actividades

3. Realizar un cuadro-resumen con los tipos de energías renovables generadas a partir de la influencia del Sol en la Tierra.

3. Modelos y políticas energéticas

Cada día más existe una concienciación en las sociedades industrializadas para la mejora del medioambiente, tanto en la utilización de los recursos naturales que proporciona el propio planeta como en la reducción de las emisiones de efecto invernadero y los residuos que se generan en el consumo de productos.

Los estados y sus dirigentes han tomado conciencia de los efectos perjudiciales que genera al medioambiente la quema incontrolada de combustibles fósiles como el carbón y los derivados del petróleo que se utilizan en los medios de transporte, la calefacción y la refrigeración de las viviendas.

Además, debido al extraordinario incremento de la demanda energética en la última década, se hace necesario ampliar los campos de investigación y desarrollo (I+D) en el aprovechamiento de las energías renovables para conseguir, primero, que nuestro planeta pueda sobrevivir a la explotación actual, además de un futuro en el que la energía no sea moneda de cambio en el desarrollo del ser humano.

3.1. Modelo insostenible

En la actualidad, la producción y el consumo de energía componen una de las mayores causas de destrucción del Planeta. Está demostrado que el dióxido de carbono (CO_2), que proviene de la quema de combustibles fósiles, es el máximo responsable del efecto invernadero y que contribuye de manera decisiva a la alteración del clima mundial.

Los óxidos de nitrógeno y azufre provocan la lluvia ácida que envenena los ríos y los lagos y destruye la flora, mientras que el ozono troposférico enrarece la atmósfera de las ciudades y todo tipo de residuos peligrosos son liberados al aire, al agua y al suelo.

Actividades

4. ¿Conoce la energía nuclear? ¿Considera que se debe abandonar su uso?

3.2. Propuestas de eficiencia energética

Las diferentes administraciones realizan propuestas de mejora del medioambiente mediante el aprovechamiento de las energías renovables. Pero es una carrera de fondo, ya que en muchas ocasiones las decisiones políticas no se toman en la dirección adecuada, más por ideología que por el verdadero objetivo común.

De esta forma, se deben analizar varios puntos para conseguir que una propuesta sea debatida y aprobada por medio de las leyes en las Cortes Generales y en los reglamentos del Consejo de Ministros:

- **Estudio minucioso de la oferta y la demanda:** para conseguir un equilibrio que suponga la eficiencia y el ahorro energético.
- **Mantenimiento del sector de energías renovables:** que necesita empleo cualificado de alta calidad, así como los beneficios económicos a medio y largo plazo que supone este campo de actividad.
- **Impulso de la investigación, el desarrollo y la innovación (I+D+i):** ya que se ha demostrado que son el pilar fundamental para reducir el déficit energético que presenta España en combustibles fósiles.
- **Desarrollo de tecnología en las escuelas:** tanto de formación profesional como universitaria, que proporcione a la sociedad profesionales especializados en el campo de las energías renovables.
- **Participación activa de la sociedad:** permitiendo que cualquier ciudadano participe en la generación de energía eléctrica o térmica para consumo propio o para aportarlo a la red comunitaria.
- **Desarrollo de los medios de comunicación entre comunidades:** que aprovechen la energía eléctrica para el movimiento de los medios de transporte.

- **Reducción de la demanda eléctrica en la edificación:** por medio de aislamientos, temporizadores y educación en el ahorro y la eficiencia energética en los hogares.
- **Considerar la energía renovable como un sector estratégico:** que puede proporcionar elevada actividad económica, tanto en beneficio del empleo como en la recaudación fiscal, aportando subvenciones para el montaje de las instalaciones particulares.

 Sabía que...

España es el segundo país que más kilómetros de trenes de alta velocidad tiene en todo el mundo. Estas infraestructuras se desplazan utilizando la energía eléctrica.

El bus eléctrico no necesita una gran velocidad para realizar el recorrido urbano.

3.3. Criterios a seguir para el ahorro energético

Si verdaderamente se quiere conseguir una reducción del consumo de energía en las poblaciones, se recomiendan unas medidas perfectamente realizables:

- Reducir al mínimo necesario la energía primaria utilizada directamente, y de la contenida en los materiales y los servicios empleados así como consumos superfluos, aumentando la eficiencia energética evitando pérdidas, transportes y transformaciones innecesarias. Conseguir con métodos alternativos los efectos deseados; el confort por medio de una buena arquitectura y una calefacción débil, en lugar de una mala arquitectura y una calefacción fuerte.

- Desplazar el consumo de fuentes no renovables hacia fuentes renovables mediante el aprovechamiento de los recursos locales.
- Reducir los impactos derivados del uso de la energía en el ámbito local e interurbano manteniendo la renovación de la fuente, como es el caso de usar leña (biomasa) de los árboles.
- Utilizar los combustibles fósiles solo en situaciones anormales o extremas para construir las infraestructuras necesarias, con un funcionamiento posterior mediante energías renovables.

 **Actividades**

5. Buscar en Internet información referente al reciclado de residuos sólidos urbanos (RSU) y realizar un listado de los productos que se deben colocar en cada contenedor con la indicación del color de cada uno de ellos.
6. Realizar una estimación, en tanto por ciento, de los tipos de residuos que se generan en su vivienda.

4. Contexto internacional, nacional y autonómico de la energía solar

La Unión Europea (EU) ha marcado unos objetivos progresivos para evitar la dependencia energética externa que tiene de los derivados del petróleo.

Aunque en la actualidad la energía nuclear proporciona un abaratamiento considerable en la generación eléctrica. El 11 de diciembre de 2019, en virtud del Pacto Verde Europeo, la Unión se comprometió a hacer frente a los retos energéticos, climáticos y medioambientales y a conseguir la neutralidad climática para 2050, de conformidad con el Acuerdo de París.

En cifras, el acuerdo propone una reducción del consumo final de energía en la Unión Europea en un 11,7 % desde aquí hasta el 2030.

Esa reducción progresiva, debe ser implantada por cada Estado miembro teniendo en cuenta sus propias características y condiciones.

El futuro energético en España se perfila con un enfoque importante hacia las fuentes renovables, con el objetivo ambicioso de generar el 81 % de su electricidad a partir de energías limpias para el año 2030. Este compromiso representa un gran avance en la lucha contra el cambio climático y refuerza el liderazgo del país en la transición hacia un sistema energético más sostenible y respetuoso con el medioambiente.

El Parlamento Europeo emite directivas que se adaptan y desarrollan en cada Estado miembro.

Existe una administración que se encarga del desarrollo referente a la utilización de las energías renovables, donde se pueden presentar las cuestiones y solicitar las subvenciones que este tipo de energías poseen. Los ayuntamientos y los gobiernos autonómicos serán los encargados de la tramitación de los permisos y las licencias de instalación de las plantas generadoras de electricidad a partir de las energías renovables.

En la página web de la empresa pública red Eléctrica de España <https://ree.es>, se puede consultar en tiempo real el consumo y las fuentes de energía que se utilizan en la generación.

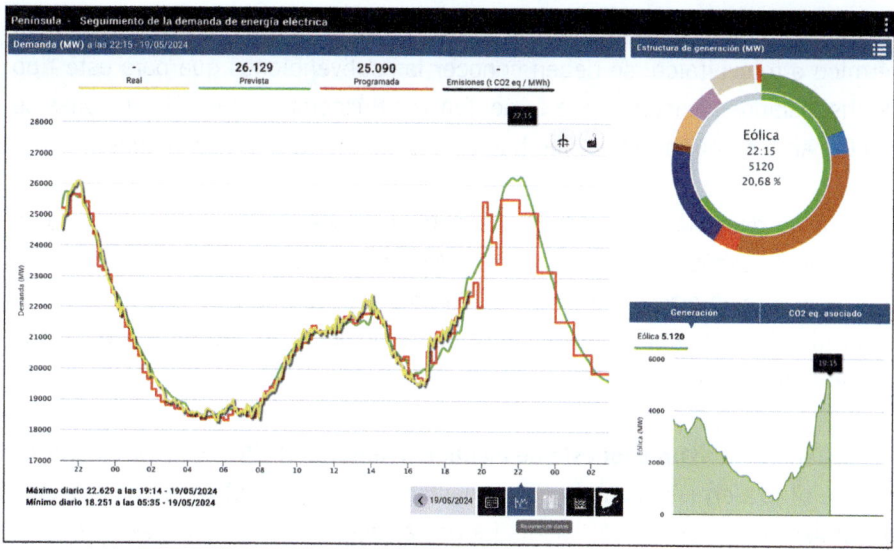

Consulta en tiempo real de la generación en la página <https://demanda.ree.es/>

5. Estudios económicos y financieros de instalaciones solares

Adelantarse al futuro no es una tarea sencilla, pero con el proyecto técnico y el estudio económico que se realiza sobre los elementos de una instalación se puede llegar a estimar el beneficio que proporcionará esta.

En cuanto al proyecto técnico, se deben estudiar las siguientes partidas:

- Medición de todos los elementos de los que consta la instalación.
- Referencia comercial, códigos y especificaciones técnicas de los elementos del proyecto incluidos en la lista de materiales.
- Precios unitarios de cada uno de los materiales y equipos para realizar el total de toda la instalación.
- Coste de la mano de obra para el montaje de los elementos, así como el porcentaje de ayudas realizadas por empresas auxiliares.
- Gastos generales (GG), beneficio industrial (BI) y porcentaje de impuestos directos e indirectos (IVA) que se han de pagar.
- Coste de la redacción del proyecto.

Para la financiación material del proyecto solar, ya sea de aprovechamiento térmico o fotovoltaico, se deben conocer las subvenciones que para este tipo de instalaciones existen y que fomentan la utilización. Estas subvenciones se modifican a menudo, por lo que habrá de estar siempre atento a ellas.

Toda la documentación deberá seguir un proceso lógico de archivo para disponer de todos los datos que permitan decidir si la inversión económica inicial se verá amortizada a medio o a largo plazo, ya que a partir de una fecha determinada los beneficios serán altos quitando la parte proporcional dedicada al mantenimiento.

El denominado **presupuesto de ejecución material (PEM)** es la base habitual que se utiliza en los cálculos presupuestarios para proyectos de construcción e instalación. A partir de él, mediante porcentajes tabulados, se puede realizar una estimación global de la inversión económica que se ha de llevar a cabo.

Se tendrán en cuenta los siguientes puntos, siempre necesarios en cualquier tipo de proyecto:

- Memoria técnica, con programa de necesidades y todos los datos societarios.
- Estudio económico de la inversión, con previsiones.
- Proyecto técnico, realizado por ingenieros o empresas especializadas.
- Permisos de obra de inicio y ejecución.
- Presupuesto, incluyendo la medición de todos los elementos.
- Financiación, propia o con bancos intermediarios.
- Contrato de ejecución en el que queden reflejadas las obligaciones del promotor, el constructor-montador y la dirección técnica.
- Ejecución de la obra por la empresa contratada y sus subcontratadas.
- Puesta en marcha de la instalación.
- Contratos con las compañías eléctricas que comprarán la electricidad generada.
- Mantenimiento de las instalaciones de manera externa o propia.
- Garantías de funcionamiento en caso de accidentes laborales o con bajo rendimiento de la instalación solar.

La vida útil de las instalaciones solares está estimada en 25 o 35 años, ya sea por el desgaste de los propios elementos de los que consta la instalación o a consecuencia del imparable avance de la técnica, que proporciona a la sociedad nuevos ingenios tecnológicos.

 Aplicación práctica

La finca de un familiar suyo donde se deben instalar paneles solares fotovoltaicos (FV) para generar electricidad dispone de una superficie rectangular de 160 m x 100 m. El cálculo de pérdidas por sombra situaba a 36 paneles de 3 m x 3 m en el lado más largo.

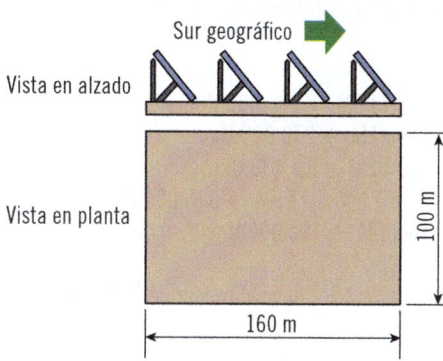

Si el precio del panel es de 100 unidades monetarias (Um) y el de montaje de 20 Um, realice un presupuesto aproximado del precio total de instalación a máxima superficie en la finca sabiendo que el precio del proyecto será el 7 % del PEM, que se deberá obtener un beneficio industrial del 15 % del PEM y que los gastos generales suponen el 8 % del PEM. El IVA será del 21 % y el mantenimiento supondrá un 10 % del PEM.

SOLUCIÓN

El primer cálculo será el número de paneles FV que se puede instalar en la finca.

Cada uno de los paneles es de 3 m x 3 m, por lo que en una anchura de 100 m se pueden disponer → 100 m / 3 m = 33 paneles completos.

Continúa en página siguiente >>

<< Viene de página anterior

Para facilitar el montaje, dejando un pasillo entre ellos, se elige poner 25 paneles en los 100 metros de ancho.

En total, se tendrán para toda la superficie → 36 x 25 = 900 paneles FV.

Existen dos partidas para obtener el presupuesto de ejecución material (PEM), que son el precio del panel y el precio de montaje, por lo que el PEM total se obtiene de multiplicarlos:

$$PEM = 900 \text{ paneles FV} \times 100 \text{ Um} \times 20 \text{ Um} = 1.800.000 \text{ Um}$$

Teniendo en cuenta los porcentajes que intervienen en la documentación del proyecto, el BI, los GG, los impuestos y el precio del mantenimiento, se obtendrá el presupuesto total de la instalación:

- Precio del proyecto → 7 % del PEM → 126.000 Um.
- Beneficio industrial → 15 % PEM → 270.000 Um.
- Gastos generales → 8 % del PEM → 14.400 Um.
- Impuestos indirectos (IVA) → 21 % del PEM → 378.000 Um.
- Mantenimiento → 10 % del PEM → 180.000 Um.

Sumando todos los precios parciales se obtiene el presupuesto total:

$$Ptotal = 1.800.000 + 126.000 + 270.000 + 14.400 + 378.000 + 180.000$$

$$Ptotal = 2.768.400 \text{ Um}$$

6. Código Técnico de la Edificación

El Código Técnico de la Edificación (CTE), aprobado mediante el Real Decreto 314/2006, de 17 de marzo, especifica la obligatoriedad de instalación de paneles fotovoltaicos para uso propio o su puesta en la red eléctrica general.

El ámbito de aplicación del CTE, en referencia a la Sección HE1- Limitación de demanda energética, es:

1. Campo de aplicación:

   a. Edificios de nueva construcción.

   b. Modificaciones, reformas o rehabilitaciones de edificios existentes con una superficie útil superior a 1000 m² donde se renueve más del 25 % del total de sus cerramientos.

2. Se excluyen del campo de aplicación:

   a. Aquellas edificaciones que por sus características de utilización deban permanecer abiertas.

   b. Edificios y monumentos protegidos oficialmente por ser parte de un entorno declarado o en razón de su particular valor arquitectónico o histórico, cuando el cumplimiento de tales exigencias pudiese alterar de manera inaceptable su carácter o aspecto.

   c. Edificios utilizados como lugares de culto y para actividades religiosas.

   d. Construcciones provisionales con un plazo previsto de utilización igual o inferior a dos años.

   e. Instalaciones industriales, talleres y edificios agrícolas no residenciales.

   f. Edificios aislados con una superficie útil total inferior a 50 m².

La Sección HE4 – Contribución solar mínima de ACS tiene en cuenta la zona donde se encuentre la vivienda, indicada en el mapa de radiación solar media anual de la Península ibérica:

Distribución de las radiaciones solares a lo largo del año

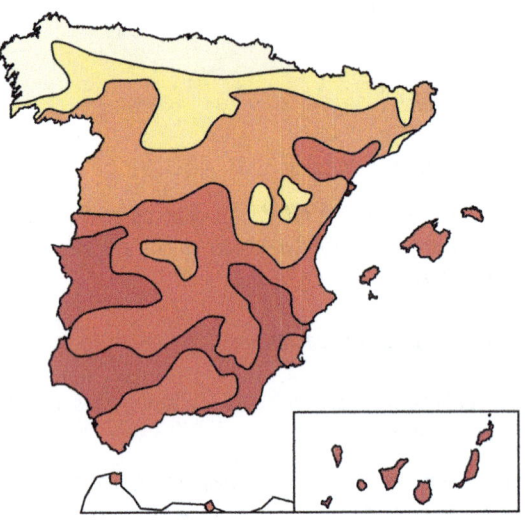

☐ Zona 1 H < 3,8 kWh/m²   ☐ Zona 3 4,2 ≤ H < 4,6 kWh/m²   ■ Zona 5 H ≥ 5,0 kWh/m²
☐ Zona 2 3,8 ≤ H < 4,2 kWh/m²   ■ Zona 4 4,6 ≤ H < 5,0 kWh/m²

 Actividades

7. Localizar su situación geográfica en el mapa y pensar si sería rentable una instalación solar térmica en el tejado o la terraza de su edificio. Realizar un listado de ventajas e inconvenientes.

Es aplicable a los edificios de nueva construcción y a la rehabilitación de edificios existentes de cualquier uso en los que exista una demanda de agua caliente sanitaria o climatización de piscina cubierta.

Existen diferentes aplicaciones en las que debe realizar un estudio previo del tipo de energía, ya que se debe utilizar el que más se adapte a la aplicación, siempre contando con el ahorro energético y el cuidado del medioambiente.

A. La contribución solar mínima anual es la fracción entre los valores anuales de la energía solar aportada exigida y la demanda energética anual, obtenidos a partir de los valores mensuales. Se consideran los siguientes casos:

- **General:** suponiendo que la fuente energética de apoyo sea gasóleo, propano, gas natural u otras.
- **Efecto Joule:** suponiendo que la fuente energética de apoyo sea electricidad mediante efecto Joule.

  Recuerde: el efecto Joule es la energía calorífica que se produce cuando la intensidad eléctrica de un circuito cerrado es alta.

B. En la aplicación para climatización de piscinas cubiertas se establecen unos porcentajes para la contribución solar mínima dependiendo de la zona climática de la que se trate:

- **Zona 1 y zona 2:** 30 %.
- **Zona 3:** 50 %.
- **Zona 4:** 60 %.
- **Zona 5:** 70 %.

C. Existe un caso excepcional cuando, por razones arquitectónicas, no se puede dar toda la contribución solar mínima anual. Se deberá justificar la imposibilidad mediante el análisis de las distintas alternativas de ubicación y se optará por aquella que más se aproxime a las condiciones de máxima contribución solar.

De igual manera, el CTE especifica la obligatoriedad de instalar paneles fotovoltaicos para uso propio o su puesta en la red a través del Documento Básico Ahorro de Energía (Sección HE5 - Contribución fotovoltaica mínima de energía eléctrica) en las siguientes situaciones:

TABLA 1.1. ÁMBITO DE APLICACIÓN

Tipo de uso	Límite de aplicación
Hipermercado	5.000 m² construidos
Multitienda y centros de ocio	3.000 m² construidos
Nave de almacenamiento	10.000 m² construidos
Administrativos	4.000 m² construidos
Hoteles y hostales	100 plazas
Hospitales y clínicas	100 camas
Pabellones de recintos feriales	10.000 m² construidos

Tabla 1.1 (CTE - Documento Básico Ahorro de energía HE5 - Contribución fotovoltaica mínima de energía eléctrica)

Aplicación práctica

Quiere conocer la viabilidad de una instalación de aprovechamiento de la energía solar térmica en el hotel que su empresa debe reformar.

Realice una estimación de los kWh/m² que se podrán obtener, sabiendo que el hotel se encuentra en Ciudad Real, y de cuánto debe aportar para climatizar la piscina cubierta de la que dispone.

SOLUCIÓN

Observando el plano de distribución de las radiaciones solares a lo largo del año, Ciudad Real se encuentra en la zona climática 4 pero bordeando la 3.

□ Zona 1 H < 3,8 kWh/m²   ■ Zona 3 4,2 ≤ H < 4,6 kWh/m²   ■ Zona 5 H ≥ 5,0 kWh/m²
□ Zona 2 3,8 ≤ H < 4,2 kWh/m²   ■ Zona 4 4,6 ≤ H < 5,0 kWh/m²

Con esa situación geográfica, los kWh/m² se encuentran comprendidos entre 4,6 y 5. Esta es una zona elevada, por lo que se toma la decisión de aprovechar las radiaciones solares mediante paneles solares térmicos en la producción de ACS.

Continúa en página siguiente >>

<< Viene de página anterior

Para la climatización de la piscina cubierta se debe aportar un 60 % del calor por medio de esta instalación solar térmica según se indica en los datos del Código Técnico de la Edificación.

7. Ordenanzas municipales y normativa de aplicación

Las administraciones autonómica y local o municipal son las encargadas de desarrollar los programas de adaptación de las directivas establecidas primero por la UE y la aplicación de estas, que se encuentran recogidas en las leyes y los reales decretos que se realizan a nivel estatal.

Las entidades locales colaboran con el Instituto para la Diversificación y el Ahorro de Energía (IDAE) y la Federación Española de Municipios y Provincias (FEMP) para adoptar propuestas de mejora de la calidad atmosférica con el empleo de la energía solar térmica y fotovoltaica que se capta en los colectores situados en suelo urbano.

Instalación para autoconsumo

Desde las pequeñas instalaciones particulares para autoconsumo hasta las medianas y las grandes superficies situadas en los tejados y las terrazas comunitarias de los edificios de viviendas necesitan la aprobación administrativa para cumplir con las normas municipales, ya que el impacto visual puede llegar a repercutir en el no cumplimiento de los planes generales de ordenación urbana (PGOU) de cada municipio.

Una vez comprobado el cumplimiento del CTE, y de las normas urbanísticas, existe además legislación sobre la eficiencia energética que debe cumplir un edificio de nueva construcción. El Real Decreto 235/2013, de 5 de abril, que hasta hace muy poco se había venido utilizando ha sido derogado dando paso al Real Decreto 390/2021, de 1 de junio, por el que se aprueba el procedimiento básico para la certificación de eficiencia energética de edificios.

Actividades

8. Escribir un listado-resumen de propuestas de eficiencia energética.

8. Marco normativo de subvenciones

A nivel estatal, el ya comentado IDAE se encarga de la tramitación de las subvenciones que estas tecnologías de aprovechamiento solar tienen.

Acuerdos con el Instituto de Crédito Oficial (ICO) ayudan en la inversión inicial para la adquisición de equipos, el montaje y el mantenimiento de las instalaciones, aportando créditos a medio o bajo interés, dependiendo de la potencia calorífica o eléctrica generada mediante energía solar térmica o a partir de paneles solares fotovoltaicos respectivamente.

Las subvenciones autonómicas para la promoción del ahorro energético y el autoconsumo de las energías renovables se dirigen a pequeñas empresas y a productores particulares que instalen paneles solares para el aprovechamiento térmico de las radiaciones solares y su consumo en ACS y calefacción de edificios de viviendas, así como el uso de la biomasa en calderas de calefacción.

Quedan incluidos los edificios públicos dedicados a la educación situados en núcleos urbanos.

 Nota

En la calefacción de viviendas se necesita un aporte extra además del que se puede aprovechar de las radiaciones solares.

Los tipos de proyectos subvencionables son:

- De ahorro y eficiencia energética en ACS, calefacción, aire acondicionado y piscinas cubiertas.
- De autoconsumo a partir de energías renovables de tipo térmico, termoeléctrico y fotovoltaico, y pequeñas instalaciones aisladas de aprovechamiento de energía eólica, biomasa y minihidráulica.

Cada una de las comunidades autónomas dispone de un cuadro de subvenciones que varía frecuentemente.

A nivel comunitario, la Unión Europea promueve concursos públicos para proyectos de energías renovables, mejora del medioambiente, eficiencia y ahorro energético en los que se conceden ayudas económicas. Se aplican más a instalaciones singulares que reúnen varias aplicaciones de ahorro y eficiencia a partir de energías renovables como ejemplo real de hacia dónde debe estar encaminado el futuro de la energía.

Por último, existen entidades bancarias especialmente concienciadas con el aprovechamiento de la energía renovable que disponen en su línea de negocio el préstamo a bajo interés para el desarrollo de proyectos.

9. Resumen

Ante el panorama actual de incremento de necesidades energéticas en España, las energías renovables pueden suponer un gran impulso para aportar un alto porcentaje de la energía a nuestro país.

La latitud ideal que España tiene debe ser aprovechada promoviendo políticas que incentiven la participación de todos los ciudadanos por medio de la energía solar térmica en el autoconsumo y de la energía solar fotovoltaica que puede inyectarse en la red eléctrica a precio mayor que la de consumo.

Los modelos actualmente insostenibles de emisiones de gases de efecto invernadero pueden y deben sustituirse en un futuro cercano por tipos de energía que el propio planeta proporciona.

La Unión Europea dicta directivas que se desarrollan en las leyes y los reales decretos de los Estados miembros, y que se aplican por medio de las administraciones autonómica y local. Estas entidades promueven el montaje de las instalaciones por medio de subvenciones y créditos a bajo interés.

El Código Técnico de la Edificación es el instrumento básico que obliga a utilizar la energía solar térmica para consumo en los edificios de viviendas. Existe además legislación para realizar el procedimiento básico para la certificación de la eficiencia energética de los edificios de nueva planta.

Con la implantación de las instalaciones de aprovechamiento de la energía solar térmica y fotovoltaica se consigue avanzar en la mejora del medioambiente, clave para el futuro desarrollo de las personas en nuestro planeta.

Ejercicios de repaso y autoevaluación

1. **Las mareas, cuya presencia se puede aprovechar como energía renovable, son debidas...**

   a. ... a cambios bruscos de temperatura en la superficie del mar.
   b. ... a la influencia de la Luna en la Tierra.
   c. ... a la influencia del Sol en la Tierra.
   d. ... al cambio climático por el efecto invernadero.

2. **En la columna A se indican elementos para generar energía y en la B las formas de captación de las energías renovables generadas por el Sol. Enlace ambas columnas según corresponda.**

   1. Biomasa.
   2. Central solar térmica.
   3. Células solares.
   4. Aerogeneradores.
   5. Sistemas arquitectónicos pasivos.

   __ Energía solar indirecta.
   __ Energía solar directa.
   __ Captación térmica.
   __ Captación fotoquímica.
   __ Captación fotónica.

3. **Combustibles fósiles que contaminan por la emisión de CO_2 son:**

   a. El petróleo y el carbón.
   b. El carbón y los derivados del petróleo.
   c. El alquitrán y el gas natural.
   d. El nitrógeno y la gasolina.

4. Complete.

El uso de la energía almacenada en la _____ se renovará siempre que se replanten tantos _____ como los utilizados. De esta manera no se alterará la cantidad total de _____ que existe en la _____.

5. El primer paso para conseguir la eficiencia y el ahorro energético es:

a. Apagar las luces y los electrodomésticos que no sean necesarios.
b. Aumentar la oferta energética que haga bajar los precios.
c. Comprar los electrodomésticos más caros.
d. El estudio minucioso de la oferta y la demanda.

6. Escriba algunos criterios a seguir para el ahorro energético.

_____

_____

_____

_____

7. establece que el consumo final de energía de aquí hasta el año 2030 es de ...

a. ... un porcentaje total del 20 %.
b. ... un porcentaje del 11,7 %.
c. ... un 15 %.
d. ... un 25 %.

8. La base habitual que se utiliza en los cálculos presupuestarios para proyectos de construcción e instalación se denomina...

a. ... presupuesto de estimación industrial.
b. ... cuantificación económica real.
c. ... presupuesto de ejecución material.
d. ... cálculo contable de inversión.

9. ¿Qué tres puntos son necesarios asegurar por medio de garantías para una instalación solar?

_____

_____

_____

_____

10. ¿Cuánto tiempo se estima que es la vida útil de una instalación solar?

_____

_____

11. De las siguientes afirmaciones, indique cuál es verdadera o falsa.

   a. Las nuevas instalaciones industriales, los talleres y los edificios agrícolas no residenciales están incluidos el campo de aplicación de la Sección HE1-Limitación de demanda energética del CTE.

      ☐ Verdadero
      ☐ Falso

   b. No están incluidos en la misma sección HE1 del CTE los edificios utilizados como lugares de culto y para actividades religiosas.

      ☐ Verdadero
      ☐ Falso

   c. Dentro de la zona 5 del mapa de distribución de las radiaciones solares a lo largo del año, la contribución solar mínima para piscinas cubiertas será del 70 %.

      ☐ Verdadero
      ☐ Falso

12. **Las siglas que identifican al Instituto para la Diversificación y el Ahorro de Energía son:**

      a. ICO
      b. IAE
      c. IVI
      d. IDAE

13. **Complete.**

Las administraciones _____ y local o municipal son las encargadas de desarrollar los programas de adaptación de las _____ establecidas primero por la UE y la aplicación de estas, que se encuentran recogidas en las leyes y los reales _____ que se realizan a nivel estatal.

14. **¿Cuál es el Real Decreto por el que se aprueba el procedimiento básico para la certificación de eficiencia energética de edificios de nueva planta?**

      a. El 253/2012, de 4 de mayo.
      b. El 135/2011, de 25 de noviembre.
      c. El 390/2021, de 1 de junio.
      d. El 35/209, de 15 de enero.

15. **¿Qué es el ICO y para qué se utiliza en las instalaciones solares?**

_____
_____
_____
_____

Bibliografía

Monografías

❚ CASA, M.: *Instalaciones solares fotovoltaicas*. Barcelona: Marcombo, 2012.

❚ JARABO, C., PÉREZ, C. y ELORTEGUI, N.: *El libro de las energías renovables*. Colección Era Solar. Madrid: SAPT, 2000.

❚ KIELY, G.: *Ingeniería ambiental*. Madrid: McGraw-Hill-Interamericana de España, 2009.

❚ MERCHÁN Gabaldón, F.: *Manual de seguridad y prevención en la construcción*. Madrid: CIE Inversiones Editoriales, 1999.

❚ SILVA Rodríguez F.: *Tecnología industrial*. Madrid: McGraw-Hill-Interamericana de España, 2012.

❚ TORRESCUSA, A.: *Conocimientos básicos de instalaciones térmicas en edificios*. Murcia: Ceysa Cano Pina Ediciones, 2021.

Legislación

❚ Directiva 2012/27/UE del Parlamento Europeo y del Consejo, de 25 de octubre de 2012, relativa a la eficiencia energética, por la que se modifican las Directivas 2009/125/CE y 2010/30/UE, y por la que se derogan las Directivas 2004/8/CE y 2006/32/CE Texto pertinente a efectos del EEE.

▌Directiva 2010/31/CE en relación a la eficiencia energética de edificios.

▌Reglamento (CE) n.º 1221/2009 del Parlamento Europeo y del Consejo de 25 de noviembre (EMAS III).

▌Ley 7/2022, de 8 de abril, de residuos y suelos contaminados para una economía circular.

▌Ley 54/2003, de 12 de diciembre, de reforma del marco normativo de la prevención de riesgos laborales.

▌Ley 31/1995, de 8 de noviembre, de Prevención de Riesgos Laborales.

▌Ley 21/1992, de 16 de julio, de Industria.

▌Real Decreto Legislativo 8/2015, de 30 de octubre, por el que se aprueba el texto refundido de la Ley General de la Seguridad Social.

▌Real Decreto 390/2021, de 1 de junio, por el que se aprueba el procedimiento básico para la certificación de la eficiencia energética de los edificios.

▌Real Decreto 1699/2011, de 18 de noviembre, por el que se regula la conexión a red de instalaciones de producción de energía eléctrica de pequeña potencia.

▌Reforma y ampliación del RITE, aprobado mediante el Real Decreto 1826/2009, de 27 de noviembre, en el que se ponen al día determinados aspectos para la Activación del Ahorro y Eficiencia Energética 2008-2011.

▌Real Decreto 1644/2008, de 10 de octubre, por el que se establecen las normas para comercialización y puesta en servicio de las máquinas.

▌Real Decreto 1578/2008, de 26 de septiembre, de retribución de la actividad de producción de energía eléctrica mediante tecnología solar fotovoltaica.

▌Real Decreto 1027/2007, de 20 de julio, por el que se aprueba el Reglamento de Instalaciones Térmicas en los Edificios (RITE).

Real Decreto 1299/2006, de 10 de noviembre, por el que se aprueba el cuadro de enfermedades profesionales en el sistema de la Seguridad Social y se establecen criterios para su notificación y registro.

Real Decreto 314/2006, de 17 de marzo, por el que se aprueba el Código Técnico de la Edificación (CTE).

Real Decreto 2267/2004, de 3 de diciembre, por el que se aprueba el Reglamento de seguridad contra incendios en los establecimientos industriales.

Real Decreto 2177/2004, de 12 de noviembre, por el que se establecen las disposiciones mínimas de seguridad y salud para la utilización por los trabajadores de los equipos de trabajo.

Real Decreto 842/2002, de 2 de agosto, por el que se aprueba el Reglamento Electrotécnico para Baja Tensión. (REBT).

Real Decreto 614/2001, de 8 de junio, sobre disposiciones mínimas para la protección de la salud y seguridad de los trabajadores frente al riesgo eléctrico.

Real Decreto 487/1997, de 14 de abril, sobre disposiciones mínimas de seguridad y salud relativas a la manipulación manual de cargas que entrañen riesgos, en particular dorsolumbares, para los trabajadores.

Real Decreto 485/1997, de 14 de abril, sobre disposiciones mínimas en materia de señalización de seguridad y salud en el trabajo.

Real Decreto 773/1997, de 30 de mayo, sobre disposiciones mínimas de seguridad y salud relativas a la utilización por los trabajadores de Equipos de Protección Individual.

Real Decreto 1215/1997, de 18 de julio, por el que se establecen las disposiciones mínimas de seguridad y salud para la utilización por los trabajadores de los equipos de trabajo.

▌UNE-EN IEC 61215-1-1:2022 Módulos fotovoltaicos (FV) para uso terrestre. Cualificación del diseño y homologación. Parte 1-1: Requisitos especiales de ensayo para los módulos fotovoltaicos (FV) de silicio cristalino.

Textos electrónicos, bases de datos y programas informáticos

▌Ministerio de Industria y Turismo, de: <https://www.mintur.gob.es>.

▌Asociación Española de Normalización y Certificación (AENOR), de: <https://www.aenor.com>.

▌Ministerio de Trabajo y Economía Social, de: <https://www.mites.gob.es>.

▌Ministerio de Agricultura, Pesca y Alimentación, de: <https://www.mapa.gob.es/es/>.